普通高等学校少数民族预科教材

高 等 数 学

（第 2 版）

王　敏　王勇兵　主编

U0310345

中国铁道出版社有限公司
CHINA RAILWAY PUBLISHING HOUSE CO., LTD.

内 容 简 介

本书以教育部民族司制定的《少数民族预科数学课程教学大纲》为依据,结合《高中数学新课程标准》和《高等数学课程教学基本要求》编写而成。

本书主要包括函数、极限与连续、导数与微分、微分中值定理与导数的应用、不定积分、定积分及其应用、微分方程等内容。此外,还附有微积分发展史、常用初等代数公式、常用基本三角函数公式。

本书适合作为普通高等学校少数民族预科及高职高专数学课程教材。

图书在版编目(CIP)数据

高等数学/王敏,王勇兵主编. —2 版. —北京:
中国铁道出版社,2018.7(2024.4重印)
普通高等学校少数民族预科教材
ISBN 978-7-113-24409-5

Ⅰ.①高… Ⅱ.①王… ②王… Ⅲ.①高等数学-高
等学校-教材 Ⅳ.①O13

中国版本图书馆 CIP 数据核字(2018)第 113099 号

书　　名：高等数学
作　　者：王　敏　王勇兵

策　　划：曾露平　　　　　　　　　编辑部电话:(010)63551926
责任编辑：曾露平
封面制作：刘　颖
责任校对：张玉华
责任印制：樊启鹏

出版发行：中国铁道出版社有限公司(100054,北京市西城区右安门西街 8 号)
网　　址：http://www.tdpress.com/51eds/
印　　刷：三河市燕山印刷有限公司
版　　次：2014 年 6 月第 1 版　　2018 年 7 月第 2 版　　2024 年 4 月第 6 次印刷
开　　本：787 mm×1 092 mm　1/16　印张：13　字数：325 千
书　　号：ISBN 978-7-113-24409-5
定　　价：34.00 元

第 2 版前言

近年来,随着经济快速发展和民族政策深入贯彻落实,民族地区的教育教学水平稳步提高,少数民族预科生素质逐年提升,全国民族预科教育进入全新的发展阶段。新时代对民族教育发展提出了更高的要求,民族预科教育教学改革势在必行。追求预科内涵发展和质量提升,促进预科办学上台阶、上水平、上档次是我们民族预科教育者的重要使命。

预科数学是高校民族预科教育的主干课程,承担着强化初等数学、预修高等数学的双重任务,在培养预科生逻辑思维能力和可持续发展能力方面发挥了重要的作用。多年来,预科数学虽有统编教材,但为弥补统编教材在地域差异和学生层次差异中适用性的不足,我们始终在努力开发适合本校学生的地方教材。

我们的教材特色和目标定位是:以全国预科数学教学大纲为指导,积极挖掘数学学科的应用价值、思维价值和人文价值,有意识地发展学生的数学学科核心素养,落实数学学科育人的总体目标。

本教材内容作为讲义,于 2013 年在校内试用,2014 年由中国铁道出版社正式出版,2016 年进行勘误和部分例题修订后重印,学生反映良好。

2018 年编者对教材进行全面修订。除教材外,我们还将推出与本教材相配套的练习册,以期夯实预科生数学基础知识和基本技能。本次修订版和第 1 版相比,有三个变化:第一,每章起首增加与数学有关的名人名言,增强学科人文价值,引领学生走入更高的数学殿堂,体味数学的重要性、科学性和普适性;第二,每章结尾依据教学大纲,增加本章内容考核要求,以便于学生熟悉预科教学大纲,系统掌握本章内容要点;第三,附加课后习题详细参考答案,以利于学生提前预习和自主学习,便于学生在训练中自我纠错和反思。

本书由王敏、王勇兵担任主编,编写和修订过程中得到了苏建勇、李保堂、王磊以及崔光红老师的大力支持和帮助,在此表示由衷的感谢。

由于编者水平有限,书中的不足和错误在所难免,请广大读者批评指正。

编 者
2018 年 4 月

第1版前言

高等数学是少数民族预科教育的主干课程之一,它对培养学生的理性思维至关重要。随着少数民族预科教育的快速发展和数学在各领域的广泛应用,少数民族预科数学教学也亟待改革和创新。本书以教育部民族司制定的《民族预科数学课程教学大纲》为依据,结合《高中数学新课程标准》和《高等数学课程教学基本要求》编写而成。

全书共7章:函数、极限与连续、导数与微分、微分中值定理与导数的应用、不定积分、定积分及其应用、微分方程。每章均配备大量的习题,用以检查学生对本章内容掌握的程度。习题按照学生的不同需求,习题分为A组和B组两个层次:A组为基础练习题,考查学生对各章基本内容的掌握程度;B组练习题灵活多变、技巧性强,它是对基本内容的拓展和延伸,学生可根据自己的数学基础有选择地做。另外,为了体现数学课程的人文特点和增加学生学习数学的兴趣,在每章末都附加了阅读材料,其内容是一些数学家的生平简介、数学发展史等,供学生课外阅读。

本书由王敏、王勇兵担任主编。在本书编写过程中得到了李晓芬教授、李宗铭老师、张雪梅老师以及崔光红老师的大力支持和帮助,在此表示衷心的感谢。

虽然我们尽了很大的努力,但由于教学经验和水平有限,加之时间比较仓促,错误和不妥之处在所难免,恳请同行和读者批评指正。

编　者

2013 年 11 月

目　　录

第1章 函 数

宇宙之大,粒子之微,火箭之速,化工之巧,地球之变,生物之谜,日用之繁,无处不用数学.

——华罗庚

高等数学是这样的一门数学学科——它以极限理论为基础,着重研究函数的连续性、可微性和可积性等问题.它研究的基本对象是函数,本章将在中学数学已有函数知识的基础上,系统阐述函数的相关知识.

§1.1 预 备 知 识

1.1.1 变量与区间

1. 变量

所谓**变量**就是指在某一过程中不断变化的量,例如自由落体的速度和距离.另外有的量在某一过程中始终保持不变,称这样的量为**常量**,例如自由落体的质量和重力加速度(同一地理位置).

初等数学以研究常量为主,而高等数学主要研究变量.通常用字母 a,b,c 等表示常量,用字母 x,y,z 等表示变量.在数轴上,常量 a 用一个定点表示,而变量 x 则用一个动点表示.

2. 区间

任何变量的取值都有一定的范围.如果变量的变化是连续的,则变化范围通常用区间来表示.设 a,b 为两个实数,且 $a<b$,数集 $\{x|a<x<b\}$ 称为**开区间**,记为 (a,b),即

$$(a,b)=\{x|a<x<b\}.$$

类似地有闭区间和半开半闭区间:

$$[a,b]=\{x|a\leqslant x\leqslant b\}, \quad [a,b)=\{x|a\leqslant x<b\}, \quad (a,b]=\{x|a<x\leqslant b\}.$$

这四个区间统称为**有限区间**,a、b 分别称为区间的**左、右端点**,数 $b-a$ 称为区间的**长度**.从数轴上看,这些有限区间是长度有限的线段(见图 $1-1$).

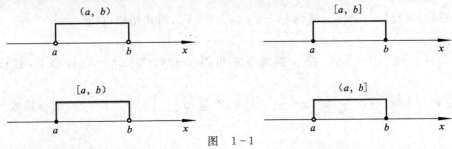

图 $1-1$

此外,还有无限区间.引进记号$+\infty$(读作"正无穷大")及$-\infty$(读作"负无穷大")后,则可类似地表示无限区间如下(见图$1-2$):

$$[a,+\infty)=\{x\,|\,a\leqslant x\}, \quad (a,+\infty)=\{x\,|\,a<x\},$$
$$(-\infty,b]=\{x\,|\,x\leqslant b\}, \quad (-\infty,b)=\{x\,|\,x<b\}.$$

此外还有$(-\infty,+\infty)$,即实数集 **R**.

需要注意的是,∞不是数,仅仅是个记号,表示无穷大或无限大.

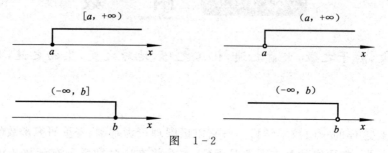

图 $1-2$

1.1.2 绝对值与邻域

1. 绝对值

定义 1 设x是一个实数,则x的绝对值定义为

$$|x|=\begin{cases} x & \text{当 } x\geqslant 0 \\ -x & \text{当 } x<0 \end{cases}.$$

绝对值$|x|$的几何意义是:$|x|$表示点x到原点O的距离.易知,$|x-y|$表示两点x,y之间的距离.

绝对值有以下一些基本性质:设x,y为任意实数,则

(1) $|x|\geqslant 0$;

(2) $|-x|=|x|$;

(3) $-|x|\leqslant x\leqslant|x|$;

(4) $|x|<a(a>0)\Leftrightarrow -a<x<a$;

(5) $|x|>c(c>0)\Leftrightarrow x>c$ 或 $x<-c$;

(6) $|x|-|y|\leqslant|x\pm y|\leqslant|x|+|y|$;

(7) $|xy|=|x|\cdot|y|$;

(8) $\left|\dfrac{x}{y}\right|=\dfrac{|x|}{|y|}(y\neq 0)$.

下面只给出性质(6)的证明,其余性质利用绝对值的定义很容易得到.

性质(6)的证明:

由性质(3)可得,$-|x|\leqslant x\leqslant|x|$,$-|y|\leqslant y\leqslant|y|$,两式相加可得

$$-(|x|+|y|)\leqslant x+y\leqslant|x|+|y|,$$

这等价于$|x+y|\leqslant|x|+|y|$.把y换成$-y$,可得$|x-y|\leqslant|x|+|y|$.综上,有$|x\pm y|\leqslant|x|+|y|$.

因为$|x|=|(x-y)+y|\leqslant|x-y|+|y|$,于是$|x|-|y|\leqslant|x-y|$.把$y$换成$-y$,可得

$|x|-|y|\leqslant |x+y|$. 因而，有 $|x|-|y|\leqslant |x\pm y|$.

综上，证得 $|x|-|y|\leqslant |x\pm y|\leqslant |x|+|y|$.

2. 邻域

当考虑某点附近的点所构成的集合时，通常用邻域的概念来描述.

定义 2　设 $\delta>0$，则开区间 $(x_0-\delta,x_0+\delta)$（即 $|x-x_0|<\delta$）称为点 x_0 的 δ **邻域**，记为 $U(x_0,\delta)$，点 x_0 称为该邻域的**中心**，δ 称为该邻域的**半径**. 如图 $1-3$ 所示.

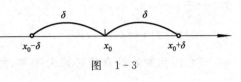

图　$1-3$

若把邻域的中心 x_0 去掉，即

$$(x_0-\delta,x_0)\bigcup(x_0,x_0+\delta)\quad（即\ 0<|x-x_0|<\delta）$$

称为点 x_0 的去心 δ 邻域，记为 $\overset{\circ}{U}(x_0,\delta)$，其中 $(x_0-\delta,x_0)$ 称为 x_0 的**左邻域**，$(x_0,x_0+\delta)$ 称为 x_0 的**右邻域**.

若不强调 δ 的大小，点 x_0 的邻域简记为 $U(x_0)$，点 x_0 的去心邻域简记为 $\overset{\circ}{U}(x_0)$.

§1.2　函数的概念

1.2.1　函数的定义

变量之间按照一定的规律相联系，其中一个变量的变化会引起另一变量的变化，当前者的值确定后，后者的值按着一定的关系相应地被确定，变量之间的这种依赖关系抽象出来就是函数的概念.

定义　给定一个数集 I，如果对于每一个 $x\in I$，按照一定的法则，都有唯一的一个 y 与它相对应，则称 y 是 x 的**函数**，记作

$$y=f(x)\quad(x\in I),$$

其中 x 称为**自变量**，y 称为**函数**或**因变量**，数集 I 称为函数的**定义域**.

对于每个 $x\in I$，由法则 f 所对应的 y 称为函数在点 x 处的函数值. 全体函数值所构成的集合称为函数的**值域**，记作 $f(I)$，即

$$f(I)=\{y\,|\,y=f(x),x\in I\}.$$

由定义可知，确定一个函数需要两个要素，即定义域和对应法则. 如果两个函数的定义域和对应法则都相同，就称这两个函数相同.

当给定某个函数时，事先要给定其定义域，通常按两种情况考虑：一是对有实际背景的函数，要根据实际背景中变量的实际意义来确定. 二是对抽象的用算式表达的函数，其定义域就是使表达式有意义的自变量的全体.

例 1　求下列函数的定义域.

$(1)\,y=\dfrac{1}{1-x^2}$；

$(2)\,y=\sqrt{3x+2}$；

$(3)\,y=\arcsin(x-3)$；

$(4)\,y=\ln x+\dfrac{1}{\sqrt{x^2-1}}$.

解 (1)只有分母 $1-x^2\neq 0$，即 $x\neq\pm 1$ 时，表达式才有意义，因此函数的定义域为 $(-\infty,-1)\cup(-1,1)\cup(1,+\infty)$.

(2)因为根式内的 $3x+2$ 不能为负，即 $3x+2\geqslant 0$，解得 $x\geqslant-\dfrac{2}{3}$，因此函数的定义域为 $\left[-\dfrac{2}{3},+\infty\right)$.

(3)因为 $|x-3|\leqslant 1$，即 $-1\leqslant x-3\leqslant 1$，解得 $2\leqslant x\leqslant 4$，因此函数的定义域为 $[2,4]$.

(4)因为对数的真数必须大于零，故 $x>0$，而 $\dfrac{1}{\sqrt{x^2-1}}$ 需满足 $x^2-1>0$，即 $x<-1$ 或 $x>1$，因此所求函数的定义域为 $(1,+\infty)$.

1.2.2 函数的表示法

函数的表示法一般有三种：表格法、图示法和解析法．用例子说明．

例 2 20 世纪 60 年代世界人口的数据如表 1-1 所示．

表 1-1　　　　　　　　　　　　　　　　　　　　单位：百万人

年份	1960	1961	1962	1963	1964	1965	1966	1967	1968
人口	2972	3061	3151	3213	3234	3285	3356	3420	3483

从表 1-1 可以看出 20 世纪 60 年代世界人口随年份的变化而变化的规律：随着时间 t 的变化，世界人口数 n 在不断增长．n 是 t 的函数，其定义域为 $\{1960,1961,\cdots,1968\}$.

这种用表格表示函数关系的方法称为**表格法**.

例 3 某气象站用温度自动记录仪记录某地的气温变化情况．设某天 24 h 的气温变化曲线如图 1-4 所示．

该曲线描述了一天中的温度 T 随时间 t 变化的规律．T 是 t 的函数，其定义域为 $[0,24]$. t 与 T 之间的相互对应关系由曲线上的点的位置确定，例如曲线上的点 P 的横坐标为 t_0，纵坐标 T_0 就是曲线所描述的函数在 t_0 点的函数值．

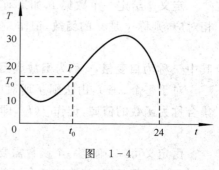

图 1-4

这种用图形表示函数关系的方法称为**图示法**.

例 4 设有一个半径为 r 的半圆形铁皮，将此铁皮做成一个圆锥形容器，问该圆锥形容器的体积 V 是多少？

解 易知圆锥形容器的底圆半径 $r_1=\dfrac{1}{2}r$，圆锥形容器的高 $h=\dfrac{\sqrt{3}}{2}r$，故其体积

$$V=\frac{1}{3}\pi r_1^2 h=\frac{\sqrt{3}}{24}\pi r^3. \tag{*}$$

式($*$)表示了体积 V 与 r 之间的关系，V 随着 r 的变化而变化．V 是 r 的函数，其定义域为 $(0,+\infty)$.

这种用解析表达式(简称解析式)表示函数关系的方法称为**解析法**.

函数的三种表示法各有特点，表格法和图示法直观明了，解析法易于运算．在实际中可以结合使用．

在用解析法表示函数时,有一种特别的情形,有些函数在它的定义域的不同部分,其表达式不同. 即用多个解析式表示一个函数,这类函数称为**分段函数**.

例如,某市为了提高能源效率对本市居民用电实行阶梯电价,标准分为三档. 第一档:当居民月用电量在 180 度(1 度＝1kW·h)及以内,电价每度 0.52 元;第二档:当居民月用电量在 181 度～280 度,在第一档电价基础上每度提高 0.05 元;第三档:居民月用电量在 281 度及以上,在第一档电价基础上每度提高 0.3 元.

此时居民的月电费 y 就是月用电量 x 的一个分段函数

$$y=\begin{cases} 0.52x & \text{当 } 0 \leqslant x \leqslant 180 \\ (0.52+0.05)x & \text{当 } 181 \leqslant x \leqslant 280. \\ (0.52+0.3)x & \text{当 } x \geqslant 281 \end{cases}$$

需要注意,分段函数的定义域是其各段定义域的并集. 另外,分段函数在其整个定义域上是一个函数,而不是几个函数.

求分段函数的函数值时,应把自变量代入所对应的式子中去. 例如在上式中,当 $x=100$ 时,应代入第一个式子中求 y 值,得 $y|_{x=100}=0.52\times100=52$;当 $x=200$ 时,应代入第二个式子中求 y 值,得 $y|_{x=200}=(0.52+0.05)\times200=114$;当 $x=300$ 时,应代入第三个式子中求 y 值,得 $y|_{x=300}=(0.52+0.3)\times300=246$.

§1.3　函数的性质

本节将介绍函数的有界性、单调性、奇偶性及周期性等基本特性.

1.3.1　有界性

定义 1　设 $f(x)$ 为定义在 I 上的函数,若存在数 A(或 B),使得对一切 $x\in I$,都有
$$f(x)\leqslant A \quad (\text{或 } f(x)\geqslant B)$$
成立,则称 $f(x)$ 在 I 内有上界(或有下界).

定义 2　设 $f(x)$ 为定义在 I 上的函数,如果存在正数 M,对一切 $x\in I$,都有
$$|f(x)|\leqslant M$$
成立,则称 $f(x)$ 在 I 内**有界**. 如果这样的 M 不存在,就称函数 $f(x)$ 在 I 内**无界**.

显然,有界函数必有上界和下界;反之,既有上界又有下界的函数必是有界函数. 有界函数的图形完全落在两条平行于 x 轴的直线之间,如图 1-5 所示.

例如,$y=\sin x$ 在 $(-\infty,+\infty)$ 上有界,因为 $|\sin x|\leqslant1$;$y=x^2$ 在 $(-\infty,+\infty)$ 上有下界但无上界(因 $x^2\geqslant0$),因此 $y=x^2$ 在 $(-\infty,+\infty)$ 上是无界函数,但 $y=x^2$ 在 $[-1,1]$ 上是有界函数.

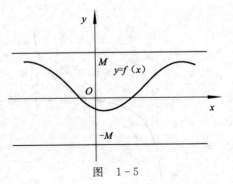

图　1-5

1.3.2　单调性

　　定义 3　如果对于区间 I 上任意两点 x_1 及 x_2,当 $x_1 < x_2$ 时,恒有
$$f(x_1) < f(x_2) \quad (或 \ f(x_1) > f(x_2)),$$
则称函数 $f(x)$ 在区间 I 上是**单调增加**的(或**单调减少**的). 单调增加和单调减少的函数统称为**单调函数**.

　　单调增加(或单调减少)函数的图形沿横轴正向上升(或下降),如图 1-6 所示.

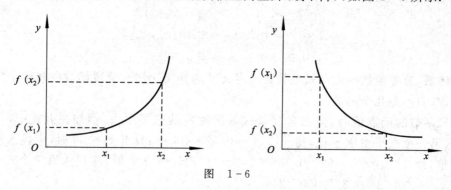

图　1-6

　　例如,$y = x^2$ 在 $[0, +\infty)$ 内是单调增加的,在 $(-\infty, 0)$ 内是单调减少的,在 $(-\infty, +\infty)$ 内不是单调的;$y = x^3$ 在 $(-\infty, +\infty)$ 内是单调增加的.

1.3.3　奇偶性

　　定义 4　设函数 $f(x)$ 的定义域 I 关于原点对称(即若 $x \in I$,则有 $-x \in I$),如果对于任意 $x \in I$,都有
$$f(-x) = -f(x) \quad (或 \ f(-x) = f(x))$$
恒成立,则称 $f(x)$ 为**奇函数**(或**偶函数**).

　　由定义易知,奇函数的图形关于原点对称,而偶函数的图形关于 y 轴对称,如图 1-7 所示.

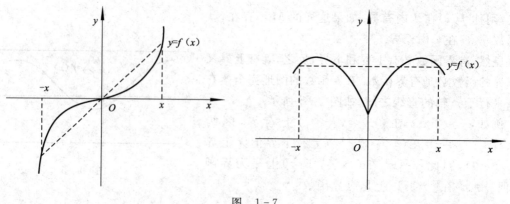

图　1-7

　　例如,$y = x^{2k+1}$(k 为整数)为奇函数,$y = x^{2k}$(k 为整数)为偶函数;$y = \sin x$ 为奇函数,$y =$

$\cos x$ 为偶函数；$y=C$(C 为非零常数)为偶函数；$y=0$ 既是奇函数又是偶函数；$y=x^2+x$ 既不是奇函数也不是偶函数.

例 1　判断下列函数的奇偶性.

(1) $f(x)=\dfrac{2^x-1}{2^x+1}$；
(2) $f(x)=\ln(x+\sqrt{x^2+1})$.

解　(1)定义域$(-\infty,+\infty)$关于原点对称，又因为

$$f(-x)=\frac{2^{-x}-1}{2^{-x}+1}=\frac{1-2^x}{1+2^x}=-\frac{2^x-1}{2^x+1}=-f(x),$$

所以 $f(x)$ 为奇函数.

(2)定义域$(-\infty,+\infty)$关于原点对称，又因为

$$f(-x)=\ln(\sqrt{x^2+1}-x)=\ln\frac{1}{\sqrt{x^2+1}+x}=-\ln(\sqrt{x^2+1}+x)=-f(x),$$

所以 $f(x)$ 为奇函数.

1.3.4　周期性

定义 5　设函数 $f(x)$ 在 I 内有定义，如果存在非零常数 T，使得对于任意 $x\in I$，恒有
$$f(x+T)=f(x),\quad (x+T)\in I,$$
则称 $f(x)$ 为**周期函数**，T 称为 $f(x)$ 的**周期**.

显然，如果 T 为 $f(x)$ 的周期，则 $nT(n=\pm1,\pm2,\cdots)$ 也是 $f(x)$ 的周期.通常说函数的周期是指最小正周期.

例如，$\sin x$ 和 $\cos x$ 是以 2π 为周期的周期函数；$\tan x$ 和 $\cot x$ 是以 π 为周期的周期函数.

若 $f(x)$ 是以 T 为周期的一个周期函数，则在每个长度为 T 的区间上，函数图形有相同的形状.

并非每个周期函数都有最小正周期，例如 $f(x)=C$ 是周期函数，任何非零数都是它的周期.因为不存在最小的正数，所以它没有最小正周期.

例 2　求函数 $f(t)=A\sin(\omega t+\varphi)$ 的周期，其中 A,ω,φ 为常数且 $\omega\neq0$.

解　设所求周期为 T，由于 $f(t+T)=A\sin(\omega t+\varphi+\omega T)$，要使 $f(t+T)=f(t)$，即 $A\sin(\omega t+\varphi+\omega T)=A\sin(\omega t+\varphi)$ 成立，只需
$$\omega T=2n\pi\quad(n=0,\pm1,\pm2,\cdots).$$

因为 $T=\dfrac{2n\pi}{\omega}$，其最小正数为 $\dfrac{2\pi}{|\omega|}$，所以 $f(t)=A\sin(\omega t+\varphi)$ 是以 $\dfrac{2\pi}{|\omega|}$ 为周期的周期函数.

一般地，有以下结论成立：

设函数 $f(x)$ 是以 T 为周期的周期函数，则 $f(ax+b)(a\neq0)$ 也是周期函数，其周期为 $\dfrac{T}{|a|}$.

例如，$\cos\left(\dfrac{1}{2}x+3\right)$ 的周期为 $\dfrac{2\pi}{\frac{1}{2}}=4\pi$，$\tan 3x$ 的周期为 $\dfrac{\pi}{3}$.

§1.4 反 函 数

自变量与因变量的关系往往是相对的. 设变量 x、y 有着某种依赖关系,不仅要研究 y 随 x 变化的状况,有时也要研究 x 随 y 变化的情况,由此引入反函数的概念.

定义 设函数 $y=f(x)$ 的定义域为 I,如果对每一个 $y\in f(I)$,都有唯一的 $x\in I$,使得 $f(x)=y$,则 x 是定义在 $f(I)$ 上以 y 为自变量的函数,记此函数为

$$x=f^{-1}(y),y\in f(I),$$

并称其为函数 $y=f(x)$ 的**反函数**,而 $y=f(x)$ 称为**直接函数**.

显然,$x=f^{-1}(y)$ 与 $y=f(x)$ 互为反函数,且 $x=f^{-1}(y)$ 的定义域和值域分别是 $y=f(x)$ 的值域和定义域.

注意到在 $x=f^{-1}(y)$ 中,y 是自变量,x 是因变量. 但是习惯上,常用 x 作为自变量,y 作为因变量. 因此,$y=f(x)$ 的反函数 $x=f^{-1}(y)$ 常记为

$$y=f^{-1}(x),\quad x\in f(I).$$

在平面直角坐标系 xOy 中,函数 $y=f(x)$ 与其反函数 $y=f^{-1}(x)$ 的图形关于直线 $y=x$ 对称,如图 1-8 所示.

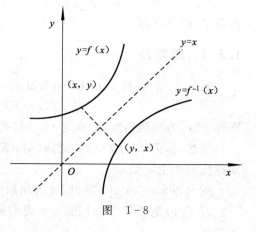

图 1-8

对于反函数的存在条件,有下述定理:

定理 如果函数 $y=f(x)$ 在区间 I 上单调增加(或单调减少),则它的反函数 $y=f^{-1}(x)$ 存在且在 $f(I)$ 上也是单调增加(或单调减少)的(证明从略).

对于单调函数,求其反函数的步骤是先从 $y=f(x)$ 中解出 $x=f^{-1}(y)$,然后将 x 与 y 对调,便得到反函数 $y=f^{-1}(x)$.

例 1 函数 $y=kx+b(k\neq 0)$ 的反函数为 $y=\dfrac{x-b}{k}$;函数 $y=a^x(a>0,a\neq 1)$ 的反函数为 $y=\log_a x$;函数 $y=x^2,x\in(0,+\infty)$ 的反函数为 $y=\sqrt{x}$;而函数 $y=x^2,x\in(-\infty,0)$ 的反函数为 $y=-\sqrt{x}$.

注意 函数 $y=x^2$ 在整个定义域 $(-\infty,+\infty)$ 上不存在反函数.

例 2 求下列函数的反函数.

$$(1)\, y=\frac{2x-1}{x+1};\qquad\qquad (2)\, y=\frac{e^x-e^{-x}}{2};\qquad\qquad (3)\, y=\ln(x+\sqrt{x^2+1}).$$

解 (1)由 $y=\dfrac{2x-1}{x+1}$ 得,$xy+y=2x-1$. 整理得,$x(y-2)=-y-1$. 于是,

$$x=\frac{y+1}{2-y},$$

故所求反函数为

$$y=\frac{x+1}{2-x}\quad (x\neq 2).$$

(2)由 $y=\dfrac{e^x-e^{-x}}{2}$ 得,$e^{2x}-2ye^x-1=0$,解之得 $e^x=y\pm\sqrt{y^2+1}$.

因 $e^x>0$，故 $e^x=y-\sqrt{y^2+1}$ 应舍去，从而有 $e^x=y+\sqrt{y^2+1}$，求得

$$x=\ln(y+\sqrt{y^2+1}).$$

因此，$y=\dfrac{e^x-e^{-x}}{2}$ 的反函数为

$$y=\ln(x+\sqrt{x^2+1}).$$

(3) 由 (2) 可知，$y=\ln(x+\sqrt{x^2+1})$ 的反函数为 $y=\dfrac{e^x-e^{-x}}{2}$.

§1.5　复 合 函 数

定义　已知函数

$$y=f(u),\quad u\in I_1,$$
$$u=g(x),\quad x\in I_2,$$

如果 $I_1\bigcap g(I_2)$ 不是空集，则称函数

$$y=f(g(x)),x\in\{x\,|\,g(x)\in I_1\}$$

为由函数 $y=f(u)$ 和 $u=g(x)$ 复合而成的**复合函数**，其中 u 称为**中间变量**.

例如，$y=\arctan x^2$ 可以看作由函数 $y=\arctan u$ 及 $u=x^2$ 复合而成，其定义域为 $(-\infty,+\infty)$.

注意　要求 $I_1\bigcap g(I_2)$ 非空是必要的，因为若不然，则复合函数 $y=f(g(x))$ 的定义域为空集，从而复合函数不存在. 例如，函数 $y=\arcsin u$ 和函数 $u=2+x^2$ 不能构成复合函数，这是因为对任一 $x\in\mathbf{R}$，$u=2+x^2$ 均不在 $y=\arcsin u$ 的定义域 $[-1,1]$ 内.

例 1　讨论下列各组函数能否复合成复合函数，若可以，求出复合函数及其定义域.

(1) $y=\sqrt{u+1},\quad u=\ln x$；　　　　　　　　　(2) $y=\ln(u^2-1),\quad u=\cos x$.

解　(1) 因 $y=\sqrt{u+1}$ 的定义域为 $[-1,+\infty)$，$u=\ln x$ 的值域为 $(-\infty,+\infty)$，于是其交集非空，所以 $y=\sqrt{u+1}$ 与 $u=\ln x$ 可以复合成复合函数，其表达式为

$$y=\sqrt{\ln x+1},$$

它的定义域为 $[e^{-1},+\infty)$.

(2) 因 $y=\ln(u^2-1)$ 的定义域为 $(-\infty,-1)\bigcup(1,+\infty)$，$u=\cos x$ 的值域为 $[-1,1]$，所以其交集为空集，故此两函数不能复合成复合函数.

以上所述的是两个函数复合的情况，还有由多个函数复合构成的复合函数，例如三个函数 $y=e^u$，$u=\sqrt{v}$ 以及 $v=\sin x+2$ 可复合构成函数 $y=e^{\sqrt{\sin x+2}}$.

例 2　设 $f(x)=\dfrac{1}{1-x}$，求 $f(f(x))$，$f(f(f(x)))$.

解　$f(f(x))=\dfrac{1}{1-f(x)}=\dfrac{1}{1-\dfrac{1}{1-x}}=\dfrac{x-1}{x}\quad(x\neq 0,1)$.

$$f(f(f(x)))=\frac{1}{1-f(f(x))}=\frac{1}{1-\dfrac{x-1}{x}}=x\quad(x\neq 0,1).$$

例 3 设函数 $f(x)$ 的定义域是$[1,2]$,求函数 $f(1+\ln x)$ 的定义域.

解 由题意可知,$\begin{cases} 1\leqslant 1+\ln x\leqslant 2 \\ x>0 \end{cases} \Rightarrow 1\leqslant x\leqslant e$,故所求函数的定义域为$[1,e]$.

例 4 设 $f(1+\sqrt{x})=x$,求 $f(x)$.

解 令 $u=1+\sqrt{x}$,则 $x=(u-1)^2$ 且 $u\geqslant 1$. 于是,$f(u)=(u-1)^2,u\geqslant 1$. 即 $f(x)=(x-1)^2,x\in[1,+\infty)$.

§1.6 初 等 函 数

1.6.1 基本初等函数

我们把幂函数、指数函数、对数函数、三角函数、反三角函数这五类函数称为**基本初等函数**,它们是今后研究各种函数的基础.

1. 幂函数

幂函数:$y=x^\mu$,μ 为实数. 其定义域随 μ 的不同而相异. 不论 μ 取何值,$y=x^\mu$ 总在$(0,+\infty)$内有定义,并且图形经过$(1,1)$点. 当 $\mu<0$ 时,在$(0,+\infty)$上单调减少;当 $\mu>0$ 时,在$(0,+\infty)$上单调增加,且 $y=x^\mu$ 与 $y=x^{\frac{1}{\mu}}$ 互为反函数.

下面画出 $y=x^\mu$ 当 $\mu=\pm 1,\pm 2,\pm\frac{1}{2}$ 在第一象限内的图形(见图 1-9).

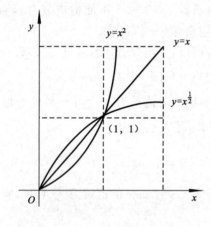 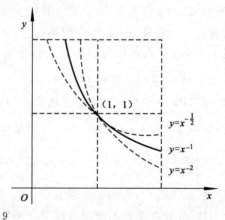

图　1-9

2. 指数函数

指数函数:$y=a^x(a>0,a\neq 1)$,其定义域为$(-\infty,+\infty)$. 当 $0<a<1$ 时,$y=a^x$ 为单调减少函数;当 $a>1$ 时,$y=a^x$ 为单调增加函数,它们的图形都过点$(0,1)$. 当 $a>1$ 时,$y=a^x$ 与 $y=\left(\dfrac{1}{a}\right)^x=a^{-x}$ 的图形关于 y 轴对称(见图 1-10).

3. 对数函数

对数函数:$y=\log_a x(a>0,a\neq 1)$,它是指数函数 $y=a^x$ 的反函数. 其定义域为$(0,+\infty)$. 当 $0<a<1$ 时,$y=\log_a x$ 单调减少;当 $a>1$ 时,$y=\log_a x$ 单调增加,它们的图形都过点$(1,0)$. 当 $a>$

1 时，$y=\log_a x$ 与 $y=\log_{\frac{1}{a}} x$ 的图形关于 x 轴对称(见图 1-11).

通常以 10 为底的对数函数记为 $y=\lg x$，称为**常用对数**，而以 e 为底的对数函数记为 $y=\ln x$，称为**自然对数**.

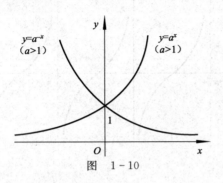
图　1-10

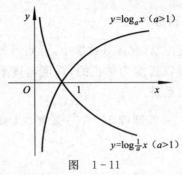
图　1-11

4. 三角函数

常见的三角函数有：

(1)**正弦函数**　$y=\sin x$，其定义域为 $(-\infty,+\infty)$，值域为 $[-1,1]$，是奇函数及以 2π 为周期的周期函数(见图 1-12).

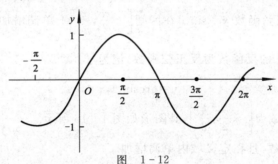
图　1-12

(2)**余弦函数**　$y=\cos x$，其定义域为 $(-\infty,+\infty)$，值域为 $[-1,1]$，是偶函数及以 2π 为周期的周期函数(见图 1-13).

(3)**正切函数**　$y=\tan x$，其定义域为 $\{x\mid x\neq k\pi+\dfrac{\pi}{2},k=0,\pm 1,\pm 2,\cdots\}$，值域为 $(-\infty,+\infty)$，是奇函数及以 π 为周期的周期函数(见图 1-14). $y=\tan x$ 在 $\left(-\dfrac{\pi}{2},\dfrac{\pi}{2}\right)$ 内单调增加.

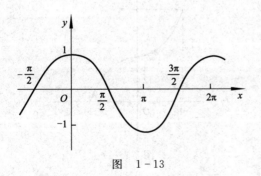
图　1-13

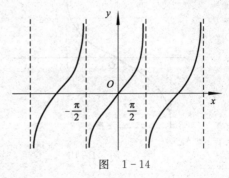
图　1-14

（4）余切函数 $y=\cot x$，其定义域为 $\{x\,|\,x\neq k\pi,k=0,\pm1,\pm2,\cdots\}$，值域为 $(-\infty,+\infty)$，是奇函数及以 π 为周期的周期函数（见图 1-15）．$y=\cot x$ 在 $(0,\pi)$ 内单调减少．

此外，三角函数还包括**正割函数** $\sec x=\dfrac{1}{\cos x}$，**余割函数** $\csc x=\dfrac{1}{\sin x}$．

在此要注意，在高等数学中，三角函数的自变量 x 是以弧度为单位的，弧度与度数之间的换算关系是：

$$360°=2\pi\ \text{弧度}\ \text{或}\ 1°=\frac{\pi}{180}\ \text{弧度}\ \text{或}\ 1\ \text{弧度}=\frac{180°}{\pi}.$$

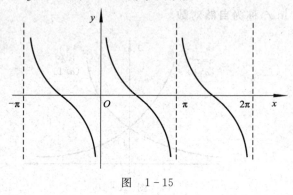

图 1-15

5. 反三角函数

由于三角函数均具有周期性，因此对应于一个函数值 y 的自变量 x 有无穷多个，这表明三角函数在其定义域上不存在反函数．但可以考虑三角函数在其某一区间上的反函数，此即反三角函数．

（1）**反正弦函数**　正弦函数 $y=\sin x$ 在区间 $\left[-\dfrac{\pi}{2},\dfrac{\pi}{2}\right]$ 上单调增加，值域为 $[-1,1]$．定义正弦函数在 $\left[-\dfrac{\pi}{2},\dfrac{\pi}{2}\right]$ 上的反函数为反正弦函数，记为

$$y=\arcsin x,$$

其定义域为 $[-1,1]$，值域为 $\left[-\dfrac{\pi}{2},\dfrac{\pi}{2}\right]$，其图形如图 1-16 所示．

$y=\arcsin x$ 是奇函数，且在定义域内单调增加．

（2）**反余弦函数**　余弦函数 $y=\cos x$ 在区间 $[0,\pi]$ 上单调减少，值域为 $[-1,1]$．定义余弦函数在 $[0,\pi]$ 上的反函数为反余弦函数，记为

$$y=\arccos x,$$

其定义域为 $[-1,1]$，值域为 $[0,\pi]$，其图形如图 1-17 所示．

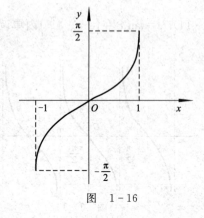

图 1-16

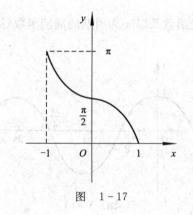

图 1-17

$y=\arccos x$ 在定义域内单调减少．

（3）**反正切函数**　正切函数 $y=\tan x$ 在区间 $\left(-\dfrac{\pi}{2},\dfrac{\pi}{2}\right)$ 上单调增加,值域为 $(-\infty,+\infty)$.

定义正切函数在 $\left(-\dfrac{\pi}{2},\dfrac{\pi}{2}\right)$ 上的反函数为反正切函数,记为

$$y=\arctan x,$$

其定义域为 $(-\infty,+\infty)$,值域为 $\left(-\dfrac{\pi}{2},\dfrac{\pi}{2}\right)$,其图形如图 1-18 所示.

$y=\arctan x$ 是奇函数,且在定义域内单调增加.

（4）**反余切函数**　余切函数 $y=\cot x$ 在区间 $(0,\pi)$ 上单调减少,值域为 $(-\infty,+\infty)$.定义余切函数在 $(0,\pi)$ 上的反函数为反余切函数,记为

$$y=\text{arccot}\,x,$$

其定义域为 $(-\infty,+\infty)$,值域为 $(0,\pi)$,其图形如图 1-19 所示.

$y=\text{arccot}\,x$ 在定义域内单调减少.

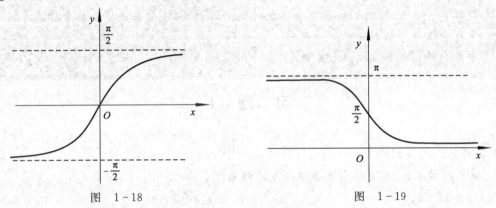

图　1-18　　　　　　　　　　　　　　图　1-19

1.6.2　初等函数的概念

由基本初等函数和常数经过有限次的四则运算和有限次的复合步骤所构成的,并可用一个式子表示的函数,称为**初等函数**.

例如,$y=\dfrac{2x-1}{x^2+1}$,$y=e^{\sin x+\cos x}$,$y=\ln\sin^2 x$ 均为初等函数.

例　指出下列函数是由哪些函数复合而成的.

（1）$y=\ln\tan x$;　　　　　　　　　（2）$y=\ln\cos(e^x)$.

解　（1）$y=\ln\tan x$ 是由 $y=\ln u$,$u=\tan x$ 复合而成.

（2）$y=\ln\cos(e^x)$ 是由 $y=\ln u$,$u=\cos v$,$v=e^x$ 复合而成.

这里要强调的是形如

$$[f(x)]^{g(x)}$$

的函数（$f(x)$,$g(x)$ 是初等函数）,其中 $f(x)>0$,称为**幂指函数**.由于有恒等式

$$[f(x)]^{g(x)}=e^{g(x)\ln f(x)},$$

因此幂指函数是初等函数.

例如,$x^x=e^{x\ln x}$ $(x>0)$,$(1+x)^{\frac{1}{x}}=e^{\frac{1}{x}\ln(1+x)}$ $(x>-1$ 且 $x\neq 0)$,$x^{\sin x}=e^{\sin x\ln x}$ $(x>0)$ 均为幂指函数.

微积分学主要研究初等函数,但根据实际需要,也会研究一些非初等函数.本课程中常见的非初等函数有前面已介绍的分段函数(注意:$|x|$ 是初等函数,因为 $|x| = \sqrt{x^2}$)和以后章节中出现的隐函数、积分上限函数等.

第一章　考核要求

◇了解变量、区间和绝对值的概念,理解绝对值的性质和邻域的概念.

◇理解函数的概念,会求函数的定义域、表达式和函数值.

◇了解函数的基本性质,会判断函数的有界性、单调性、奇偶性和周期性.

◇了解反函数的概念,会求函数的反函数.

◇理解分段函数的概念,会求分段函数的定义域和函数值.

◇理解复合函数的概念,会求复合函数的定义域,掌握复合函数复合和分解的方法.

◇掌握基本初等函数的性质和图形.

◇了解初等函数和幂指函数的概念.

习　题　1

A　　组

1. 解下列不等式,并用区间表示不等式的解集.

(1)$|x+1| < 3$;

(2)$|x-2| \geqslant 5$;

(3)$|x| > x+1$;

(4)$|x+1| + |x-1| \leqslant 4$.

2. 证明:

(1)当 $|x+1| < \dfrac{1}{2}$ 时,$|x-2| < \dfrac{7}{2}$;

(2)$|a-b| \leqslant |a-c| + |c-b|$.

3. 求下列函数的定义域,并用区间表示.

(1)$y = e^{\frac{1}{x-5}}$;

(2)$y = \sqrt{x^2-4}$;

(3)$y = \arcsin \dfrac{x-1}{2}$;

(4)$y = \dfrac{2x}{x^2-3x+2}$;

(5)$y = \dfrac{1}{\sqrt{4-x^2}}$;

(6)$y = \dfrac{1}{x} - \sqrt{1-x^2}$;

(7)$y = \ln x + \arcsin x$;

(8)$y = \sqrt{x} + \dfrac{1}{\sqrt[3]{x-2}}$;

(9)$y = \sqrt{x+1} + \dfrac{1}{\lg(1-x)}$;

(10)$y = \dfrac{x}{\sqrt{x^2-3x+2}}$.

4. 判断下列每对函数是否是相同的函数,并说明理由.

(1)$f(x) = \lg x^2$ 与 $g(x) = 2\lg x$;

(2)$f(x) = x$ 与 $g(x) = \sqrt{x^2}$;

(3)$f(x) = \sqrt[3]{x^4-x^3}$ 与 $g(x) = x\sqrt[3]{x-1}$;

(4)$f(x) = x$ 与 $g(x) = (\sqrt{x})^2$;

(5)$f(x)=\sin^2 x+\cos^2 x$ 与 $g(x)=1$；

(6)$f(x)=x$ 与 $g(x)=\arcsin(\sin x)$；

(7)$f(x)=2x+1$ 与 $g(y)=2y+1$；

(8)$f(x)=x$ 与 $g(x)=2^{\log_2 x}$；

(9)$f(x)=\ln(x^2-1)$ 与

$g(x)=\ln(x+1)+\ln(x-1)$；

(10)$f(x)=\sqrt{1+\cos 2x}$ 与

$g(x)=\sqrt{2}\cos x$.

5. 求下列分段函数的定义域，并作出函数的图形.

(1)$y=\begin{cases} \sqrt{4-x^2} & \text{当 } |x|<2 \\ x^2-1 & \text{当 } 2\leqslant|x|<4 \end{cases}$；

(2)$y=\begin{cases} \dfrac{1}{x} & \text{当 } x<0 \\ x-3 & \text{当 } 0\leqslant x<1 \\ -2x+1 & \text{当 } x\geqslant 1 \end{cases}$.

6. 设 $f(x)=\begin{cases} |\sin x| & \text{当 } |x|<\dfrac{\pi}{3} \\ 0 & \text{当 } |x|\geqslant\dfrac{\pi}{3} \end{cases}$，求 $f(0),f\left(\dfrac{\pi}{6}\right),f\left(-\dfrac{\pi}{4}\right),f(-2)$，并作出函数

$y=f(x)$ 的图形.

7. 下列函数在指定区间内是否有界？

(1)$y=\sqrt[3]{x}$，$(-\infty,+\infty)$，$(-1,1)$；

(2)$y=\dfrac{2}{x-1}$，$(1,2)$，$(2,+\infty)$.

8. 指出下列函数在指定区间内的单调性.

(1)$y=x^2$，$(-1,0)$；

(2)$y=\dfrac{1}{x}$，$(0,+\infty)$；

(3)$y=\cos x$，$(-\pi,0)$；

(4)$y=\ln x$，$(0,+\infty)$.

9. 判断下列函数的奇偶性.

(1)$y=3x^2-x^3$；

(2)$y=\dfrac{1-x^2}{1+x^2}$；

(3)$y=x(x-1)(x+1)$；

(4)$y=\dfrac{e^x+e^{-x}}{2}$；

(5)$y=2^x$；

(6)$y=\ln\dfrac{1-x}{1+x}$；

(7)$y=x\sin x$；

(8)$y=\sin x-\cos x$.

10. 设 $f(x)$ 在 $(-\infty,+\infty)$ 上有定义，证明：$f(x)+f(-x)$ 为偶函数，而 $f(x)-f(-x)$ 为奇函数.

11. 求下列周期函数的周期.

(1)$y=\sin(\dfrac{x}{2}+3)$；

(2)$y=\cos 4x$；

(3)$y=1+\sin\pi x$；

(4)$y=1+|\sin 2x|$；

(5)$y=\sin^2 x$；

(6)$y=\sin x+\sin 2x+\sin 3x$.

12. 求下列函数的反函数.

(1)$y=\dfrac{1-x}{1+x}$；

(2)$y=\sqrt[3]{x+1}$；

(3)$y=10^{x+1}$；

(4)$y=\ln(1-2x)$.

13. 讨论下列各组函数能否复合成复合函数.

(1) $y=\sqrt{u}$, $u=\ln\dfrac{1}{2+x^2}$;   (2) $y=\ln(1-u)$, $u=\sin x$.

14. 求由下列给定函数构成的复合函数,并求复合函数的定义域.

(1) $y=\arcsin u$, $u=(1-x)^2$;   (2) $y=\sqrt{u}$, $u=e^x-1$;

(3) $y=\sin u$, $u=\sqrt{v}$, $v=2x-1$;   (4) $y=u^2$, $u=\ln v$, $v=\dfrac{x}{3}$.

15. 设 $f(x)=\dfrac{1-x}{1+x}$, 求 $f(1+f(x))$.

16. 设 $f(x+1)=x^2+3x+5$, 求 $f(x)$, $f(x-1)$.

17. 设 $f(x)$ 的定义域是 $[0,1]$, 求下列函数的定义域.

(1) $f(x^2)$;   (2) $f(\ln x)$;

(3) $f\left(x+\dfrac{1}{5}\right)+f\left(x-\dfrac{1}{5}\right)$;   (4) $f(\sin x)$.

18. 指出下列函数是由哪些函数复合而成的.

(1) $y=\sin 2x$;   (2) $y=(1+x)^{\frac{3}{2}}$;

(3) $y=\sqrt{\tan e^x}$;   (4) $y=\cos^2\left(3x+\dfrac{\pi}{4}\right)$;

(5) $y=\ln(\ln(\ln x))$;   (6) $y=2^{\cot^2\frac{1}{x}}$.

B 组

1. 设 $f(x)$ 是以 2 为周期的函数, 在 $(0,2)$ 内, $f(x)=x^2$, 求 $f(x)$ 在 $(4,6)$ 内的表达式.

2. 将下列函数写成分段函数.

(1) $f(x)=3x+|x-5|$;   (2) $f(x)=|x^2-9|$.

3. 设 $f(x)=\dfrac{x}{\sqrt{1+x^2}}$, 求 $\underbrace{f(f(f\cdots f(x)))}_{n\,\uparrow}$.

4. 设 $\pi<x<\dfrac{3\pi}{2}$, 且满足 $\sin x=a$, 其中 $-1<a<0$, 求 x 的值(用反正弦表示).

5. (1) 已知 $f\left(x-\dfrac{1}{x}\right)=\dfrac{x^2}{1+x^4}$, 求 $f(x)$.

(2) 已知 $f(x^2-1)=\ln\dfrac{x^2}{x^2-2}$, 且 $f(\varphi(x))=\ln x$, 求 $\varphi(x)$.

6. 设 $f(x)$ 满足 $f(x)-2f\left(\dfrac{1}{x}\right)=x$, 求 $f(x)$.

阅读材料 1

函数是什么

数学史表明,重要数学概念的产生和发展,对数学发展都起着不可估量的作用.有些重要的数学概念对数学分支的产生起着奠定性的作用,函数就是这样的重要概念.函数概念的发展过程可以分为以下四个阶段:

1. 早期函数概念——几何观念下的函数

17 世纪伽俐略在《两门新科学》一书中，几乎全部包含函数或称为变量关系的这一概念，用文字和比例的语言表达函数的关系.1673 年前后笛卡儿在他的《解析几何》中，已注意到一个变量对另一个变量的依赖关系，但因当时尚未意识到要提炼函数概念，因此直到 17 世纪后期牛顿、莱布尼茨建立微积分时还没有人明确函数的一般意义，大部分函数是被当作曲线来研究的.

1673 年，莱布尼茨首次使用"function"（函数）表示"幂"，后来他用该词表示曲线上点的横坐标、纵坐标、切线长等曲线上点的有关几何量. 与此同时，牛顿在微积分的讨论中，使用"流量"来表示变量间的关系.

2. 18 世纪函数概念——代数观念下的函数

1718 年约翰·伯努利在莱布尼茨函数概念的基础上对函数概念进行了定义："由任一变量和常数的任一形式所构成的量."他的意思是凡变量 x 和常量构成的式子都称为 x 的函数，并强调函数要用公式来表示.

1755 年，欧拉把函数定义为"如果某些变量，以某一种方式依赖于另一些变量，即当后面这些变量变化时，前面这些变量也随着变化，把前面的变量称为后面变量的函数."

18 世纪中叶欧拉给出了定义："一个变量的函数是由这个变量和一些数即常数以任何方式组成的解析表达式."他把约翰·伯努利给出的函数定义称为解析函数，并进一步把它区分为代数函数和超越函数，还考虑了"随意函数". 不难看出，欧拉给出的函数定义比约翰·伯努利的定义更普遍、更具有广泛意义.

3. 19 世纪函数概念——对应关系下的函数

1821 年，柯西从定义变量起给出了定义："在某些变数间存在着一定的关系，当一经给定其中某一变数的值，其他变数的值可随着而确定时，则将最初的变数称为自变量，其他各变数叫做函数."在柯西的定义中，首先出现了自变量一词，同时指出对函数来说不一定要有解析表达式. 不过他仍然认为函数关系可以用多个解析式来表示，这是一个很大的局限.

1822 年傅里叶发现某些函数可以用曲线表示，也可以用一个式子表示，或用多个式子表示，从而结束了函数概念是否以唯一一个式子表示的争论，把对函数的认识又推进了一个新层次.

1837 年狄利克雷突破了这一局限，认为怎样去建立 x 与 y 之间的关系无关紧要，他拓广了函数概念，指出："对于在某区间上的每一个确定的 x 值，y 都有一个或多个确定的值，那么 y 称为 x 的函数."这个定义避免了函数定义中对依赖关系的描述，以清晰的方式被所有数学家接受. 这就是人们常说的经典函数定义.

等到康托创立的集合论在数学中占有重要地位之后，维布伦用"集合"和"对应"的概念给出了近代函数定义，通过集合概念把函数的对应关系、定义域及值域进一步具体化了，且打破了"变量是数"的极限，变量可以是数，也可以是其他对象.

4. 现代函数概念——集合论下的函数

1914 年豪斯道夫在《集合论纲要》中用不明确的概念"序偶"来定义函数，其避开了意义不明确的"变量""对应"概念. 库拉托夫斯基于 1921 年用集合概念来定义"序偶"使豪斯道夫的定义很严谨了.

1930 年新的现代函数定义为:"若对集合 M 的任意元素 x,总有集合 N 确定的元素 y 与之对应,则称在集合 M 上定义一个函数,记为 $y = f(x)$. 元素 x 称为自变元,元素 y 称为因变元."术语函数、映射、对应、变换通常都有同一个意思. 但函数只表示数与数之间的对应关系,映射还可表示点与点之间、图形之间等的对应关系. 可以说函数包含于映射.

现在数学书上使用的"函数"一词是转译词,是我国清代数学家李善兰在翻译《代数学》(1895 年)一书时,把"function"译成"函数"的. 中国古代"函"字与"含"字通用,都有着"包含"的意思. 李善兰给出的定义是:"凡式中含天,为天之函数."中国古代用天、地、人、物这四个字表示四个不同的未知数或变量. 这个定义的含义是:"凡是公式中含有变量 x,则该式子称为 x 的函数",所以"函数"是指公式里含有变量的意思. 我们可以预计到,关于函数的争论、研究、发展、拓展将不会完结,也正是这些影响着数学及其相邻学科的发展.

第2章　极限与连续

没有任何问题可以像无穷那样深深地触动人的情感,很少有别的观念能像无穷那样激励理智产生富有成果的思想,然而也没有任何其他的概念能像无穷那样需要加以阐明.

——希尔伯特

本章是微积分的基础,主要讨论函数的极限和函数的连续性.

极限是微积分中最基本的概念之一,微积分中一些基本概念都以极限概念来表达,并且它们的运算和性质也都用极限的运算和性质来论证.函数的连续性是与极限概念有着紧密联系的另一重要的概念,在本章的后几节将进一步研究函数连续性的有关性质以及初等函数的连续性.

§2.1　数列的极限

2.1.1　数列的概念

按正整数编号,依次排列的一列数

$$x_1, x_2, \cdots, x_n, \cdots$$

称为**数列**,记作$\{x_n\}$.数列中的每一个数称为数列的**项**,第n项称为数列的**一般项**或**通项**.

例如,

$$\frac{1}{3}, \frac{2}{4}, \frac{3}{5}, \cdots, \frac{n}{n+2}, \cdots;$$

$$3, 9, 27, \cdots, 3^n, \cdots;$$

$$-1, 1, -1, \cdots, (-1)^n, \cdots;$$

$$1, \frac{5}{2}, \frac{5}{3}, \cdots, \frac{2n+(-1)^n}{n}, \cdots.$$

都是数列的例子,它们的通项依次是

$$\frac{n}{n+2}; \quad 3^n; \quad (-1)^n; \quad \frac{2n+(-1)^n}{n}.$$

在几何上,数列$\{x_n\}$可看作数轴上的一个动点,它依次取数轴上的点$x_1, x_2, \cdots, x_n, \cdots$(见图 2-1).

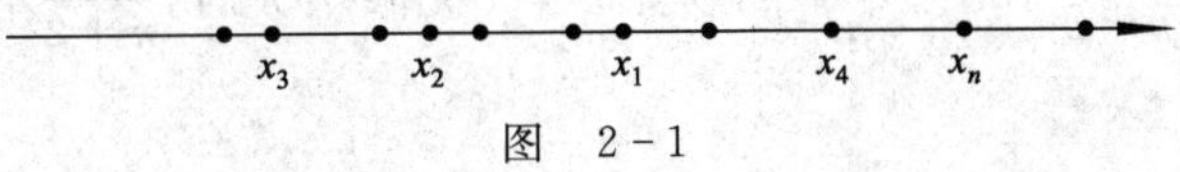

图　2-1

另一方面,数列$\{x_n\}$也可看作自变量为正整数n的函数

$$x_n = f(n),$$

它的定义域为全体正整数.

对于数列$\{x_n\}$,要讨论的问题是:当n无限增大时(即$n \to \infty$),其通项x_n是否能无限接近于某个确定的数值.

2.1.2 数列极限实例

例1 春秋战国时期的哲学家庄周(公元前4世纪)所著的《庄子·天下篇》中对"截丈问题"引用过一句话:"一尺之棰,日取其半,万世不竭."意思是说,一根长为一尺的木棒,每天截去一半,这样的过程可以无限地进行下去.

把木棒每天截后剩余部分的长度记录如下(单位:尺):

$$\frac{1}{2}, \frac{1}{2^2}, \frac{1}{2^3}, \cdots, \frac{1}{2^n}, \cdots.$$

很显然,数列$\left\{\frac{1}{2^n}\right\}$的通项随着$n$的无限增大而无限地接近于0.

例2 数学家刘徽(公元3世纪)利用圆内接正多边形推算圆的面积,即"割圆术".首先做圆的内接正六边形,其面积记为A_1;再做内接正十二边形,其面积记为A_2;再做内接正二十四边形,其面积记为A_3;依次下去,每次边数加倍,得到一系列圆的内接正多边形面积$A_1, A_2, A_3, \cdots, A_n, \cdots$(见图2-2).

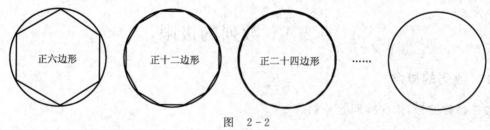

正六边形　　　正十二边形　　　正二十四边形　　……

图　2-2

当n无限增大时,内接正多边形无限接近于圆.随着n的增大,A_n将无限接近于某一确定的数值,该数值就是圆的面积.

这些实例反映出数列的某种特性,即随着n的无限增大,x_n无限地接近某一常数.

2.1.3 数列极限的概念

定义1 设有数列$\{x_n\}$,如果当n无限增大时,x_n无限趋近于某个确定的常数a,则称a是数列$\{x_n\}$的**极限**,或称数列$\{x_n\}$**收敛**于a.

如果数列没有极限,则称数列是**发散**的.

例3 下列数列是否收敛,若收敛,指出其极限值.

(1) $\left\{\dfrac{n}{n+2}\right\}$;　　(2) $\{3^n\}$;　　(3) $\{(-1)^n\}$;　　(4) $\left\{\dfrac{2n+(-1)^n}{n}\right\}$.

解 (1) $\dfrac{n}{n+2} = \dfrac{n+2-2}{n+2} = 1 - \dfrac{2}{n+2}$,易见,当$n$无限增大时,$\dfrac{n}{n+2}$不断增大且无限接近于1,故该数列收敛于1.

(2)当 n 无限增大时，3^n 也无限增大，故该数列是发散的.

(3)当 n 无限增大时，$(-1)^n$ 无休止地反复取 -1、1 两个数，而不会无限接近于任何一个确定的常数，故该数列是发散的.

(4)$\dfrac{2n+(-1)^n}{n}=2+(-1)^n\dfrac{1}{n}$，易见，当 n 无限增大时，$\dfrac{2n+(-1)^n}{n}$ 的值在 2 的两侧且无限接近于 2，故该数列收敛于 2.

定义 1 给出了数列极限概念的定性描述，n 的变化过程与 x_n 的变化趋势均借助了"无限"这个带有直观模糊性的词语. 在数学中仅凭直观是不可靠的，必须将定性描述转化为用数学语言表达的定量描述.

对数列 $\left\{\dfrac{2n+(-1)^n}{n}\right\}$ 进行分析，当 n 无限增大时，$x_n=\dfrac{2n+(-1)^n}{n}$ 无限趋近于 2.

两个数 a,b 之间的接近程度可以用 $|a-b|$（在数轴上 $|a-b|$ 表示 a,b 之间的距离）来度量，$|a-b|$ 越小，a 与 b 就越接近.

因为

$$|x_n-2|=\left|(-1)^n\dfrac{1}{n}\right|=\dfrac{1}{n},$$

所以，当 n 越来越大时，$\dfrac{1}{n}$ 越来越小，从而 x_n 越来越接近于 2. 因为只要 n 足够大，$|x_n-2|$（即 $\dfrac{1}{n}$）可以小于任意给定的正数. 所以说，当 n 无限增大时，x_n 无限接近于 2.

例如，给定 $\dfrac{1}{100}$，欲使 $\dfrac{1}{n}<\dfrac{1}{100}$，只要 $n>100$，即从第 101 项 x_{101} 起，后面的所有项都满足

$$|x_n-2|<\dfrac{1}{100};$$

同样地，如果给定 $\dfrac{1}{1000}$，则从第 1001 项 x_{1001} 起，后面的所有项都满足

$$|x_n-2|<\dfrac{1}{1000}.$$

一般地，不论给定的正数 ε 多么小，总存在一个正整数 N，使得对于 $n>N$ 的一切 x_n，不等式

$$|x_n-2|<\varepsilon$$

都成立，这就是当 $n\to\infty$ 时数列 $\{x_n\}$ 无限接近于 2 的实质. 下面给出数列极限的严格定义.

定义 2 设 $\{x_n\}$ 为一数列，如果存在常数 a，对于任意给定的正数 ε（不论它多么小），总存在正整数 N，使得对于 $n>N$ 的一切 x_n，不等式

$$|x_n-a|<\varepsilon$$

都成立，则称常数 a 是数列 $\{x_n\}$ 的**极限**，或者称数列 $\{x_n\}$ **收敛**于 a，记作

$$\lim_{n\to\infty}x_n=a \text{ 或 } x_n\to a \quad (n\to\infty).$$

如果不存在这样的常数 a，则称数列 $\{x_n\}$ **没有极限**，或者称数列 $\{x_n\}$ 是**发散**的.

上面定义中正数 ε 可以任意给定是很重要的，因为只有这样，不等式 $|x_n-a|<\varepsilon$ 才能表达出 x_n 与 a 无限接近的意思. 此外还应注意到：定义中的正整数 N 是与 ε 有关的，它随着 ε 的给定而选定. 同时，N 的值不唯一. 因为对已给的 ε，若 $N=100$ 能满足要求，则 $N=101$ 或 1000

或 10 000 自然更能满足要求.其实在很多场合下,最重要的是 N 的存在性,而不在于它的值有多大.

给"数列 $\{x_n\}$ 收敛于 a"一个几何解释:

将常数 a 在数轴上表示出来,再在数轴上作点 a 的 ε 邻域,即开区间 $(a-\varepsilon,a+\varepsilon)$(见图 2-3). 因 $|x_n-a|<\varepsilon$ 等价于 $a-\varepsilon<x_n<a+\varepsilon$,所以当 $n>N$ 时,所有的点 x_n 都落在开区间 $(a-\varepsilon,a+\varepsilon)$ 内,而只有有限项(至多只有 N 个)在该区间以外.或者说,收敛于 a 的数列 $\{x_n\}$,在 a 的任何邻域内含有 $\{x_n\}$ 几乎全体的项.

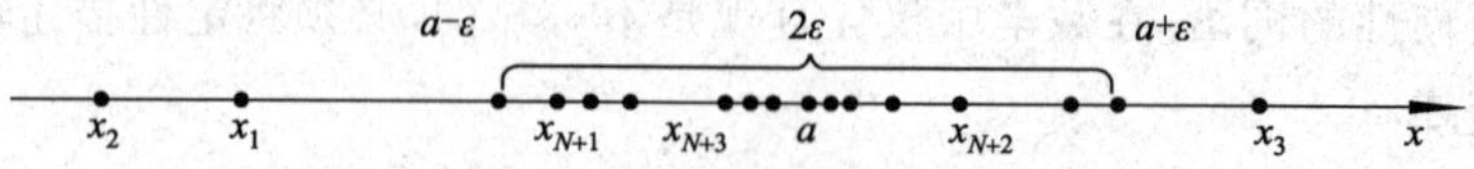

图 2-3

数列极限的定义并没有直接提供如何去求数列的极限,但是可以根据定义验证给定的数列 $\{x_n\}$ 是否以 a 为极限.

例 4 证明数列 $\left\{\dfrac{2n+(-1)^n}{n}\right\}$ 的极限是 2.

证 任意给定 $\varepsilon>0$,要使

$$|x_n-2|=\frac{1}{n}<\varepsilon,$$

只须 $n>\dfrac{1}{\varepsilon}$.因此,取正整数 $N\geqslant\dfrac{1}{\varepsilon}$,则当 $n>N$ 时,就有

$$\left|\frac{2n+(-1)^n}{n}-2\right|<\varepsilon$$

成立,即 $\lim\limits_{n\to\infty}\dfrac{2n+(-1)^n}{n}=2$.

例 5 证明数列 $\left\{\dfrac{1}{n^2}\right\}$ 的极限是 0.

证 任意给定 $\varepsilon>0$,要使

$$\left|\frac{1}{n^2}-0\right|=\frac{1}{n^2}\leqslant\frac{1}{n}<\varepsilon,$$

只须 $n>\dfrac{1}{\varepsilon}$.因此,取正整数 $N\geqslant\dfrac{1}{\varepsilon}$,则当 $n>N$ 时,就有

$$\left|\frac{1}{n^2}-0\right|<\varepsilon$$

成立,即 $\lim\limits_{n\to\infty}\dfrac{1}{n^2}=0$.

2.1.4 收敛数列的性质

定理 1(极限的唯一性) 若数列 $\{x_n\}$ 收敛,则极限值是唯一的.

证 设 $\lim\limits_{n\to\infty}x_n=a$,任取 $b\neq a$,下证 b 不是 $\{x_n\}$ 的极限.

取 $\varepsilon=\dfrac{|b-a|}{2}$,则在点 a 的 ε 邻域外至多含有 $\{x_n\}$ 的有限项,从而在点 b 的 ε 邻域内至多含有 $\{x_n\}$ 的有限项,故 b 一定不是 $\{x_n\}$ 的极限.

下面先介绍数列的有界性概念,然后证明收敛数列的有界性.

定义 3　对于数列 $\{x_n\}$,如果存在正数 M,使得对一切 x_n 都满足不等式

$$|x_n| \leqslant M,$$

则称数列 $\{x_n\}$ **有界**. 如果这样的 M 不存在,则称数列 $\{x_n\}$ **无界**.

数轴上对应于有界数列的点 x_n 都落在区间 $[-M, M]$ 上.

例如,数列 $\left\{\dfrac{n}{n+2}\right\}$ 是有界的,因为 $\left|\dfrac{n}{n+2}\right| < 1$;数列 $\{3^n\}$ 是无界的,因为当 n 无限增加时,3^n 可超过任何正数.

定理 2(收敛数列的有界性)　如果数列 $\{x_n\}$ 收敛,则数列 $\{x_n\}$ 一定有界.

证　因为数列 $\{x_n\}$ 收敛,设 $\lim\limits_{n\to\infty} x_n = a$,根据数列极限的定义,对于 $\varepsilon = 1$,存在正整数 N,使得对于一切 $n > N$ 的一切 x_n,不等式

$$|x_n - a| < 1$$

都成立. 于是,当 $n > N$ 时,

$$|x_n| = |x_n - a + a| \leqslant |x_n - a| + |a| < 1 + |a|.$$

取 $M = \max\{|x_1|, |x_2|, \cdots, |x_N|, 1 + |a|\}$,则数列 $\{x_n\}$ 中的一切 x_n 都满足

$$|x_n| \leqslant M.$$

这就证明了 $\{x_n\}$ 是有界的.

根据上述定理,如果数列 $\{x_n\}$ 无界,则该数列一定发散. 此结论可作为判定数列敛散性的方法之一. 例如,数列 $\{3^n\}$ 是无界的,因此该数列发散.

如果数列 $\{x_n\}$ 有界,却不能断定数列 $\{x_n\}$ 一定收敛. 例如,数列 $\left\{\dfrac{1}{n}\right\}$ 有界,它收敛于 0;数列 $\{(-1)^n\}$ 有界,但它却是发散的. 因此,数列有界是数列收敛的必要条件,但不是充分条件.

§2.2　函数的极限

把数列 $\{x_n\}$ 看作函数 $x_n = f(n)$,那么数列 $x_n = f(n)$ 的极限 a 是指:当自变量 n 取正整数而无限增大($n \to \infty$)时,对应的函数值 $f(n)$ 无限接近于数 a. 由此引出函数极限的一般概念:在自变量的某个变化过程中,如果对应的函数值无限接近于某个确定的常数,那么这个确定的常数就称为在这一变化过程中函数的极限.

下面讨论在自变量 x 的变化过程中函数 $f(x)$ 的极限,主要研究两种情形:

(1) 当自变量 x 的绝对值 $|x|$ 无限增大(记作 $x \to \infty$)时,函数 $f(x)$ 的变化趋势;

(2) 当自变量 x 任意地接近于有限值 x_0(记作 $x \to x_0$)时,函数 $f(x)$ 的变化趋势.

2.2.1　$x \to \infty$ 时,函数 $f(x)$ 的极限

设函数 $f(x)$ 在 $|x|$ 充分大时有定义,如果当 $|x|$ 无限增大($x \to \infty$)时,对应的函数值 $f(x)$ 无限接近于确定的数值 A,则称 A 为函数 $f(x)$ 当 $x \to \infty$ 时的极限. 下面给出 $x \to \infty$ 时函数极限的精确定义.

定义 1　设函数 $f(x)$ 在 $|x|$ 充分大(即 $|x|$ 大于某一正数)时有定义,如果存在常数 A,对于任意给定的正数 ε(不论它多小),总存在正数 X,使得对于适合 $|x| > X$ 的一切 x,对应的函

数值 $f(x)$ 都满足不等式

$$|f(x)-A|<\varepsilon,$$

则称常数 A 是函数 $f(x)$ 当 $x\to\infty$ 时的极限,记作

$$\lim_{x\to\infty}f(x)=A \quad \text{或} \quad f(x)\to A(x\to\infty).$$

如果 $x>0$ 且无限增大(记作 $x\to+\infty$),那么只要把上述定义中的 $|x|>X$ 改为 $x>X$,就可得到 $\lim_{x\to+\infty}f(x)=A$ 的定义.同样,如果 $x<0$ 且 $|x|$ 无限增大(记作 $x\to-\infty$),那么只要把 $|x|>X$ 改为 $x<-X$,便得到 $\lim_{x\to-\infty}f(x)=A$ 的定义.

从几何上来说,$\lim_{x\to\infty}f(x)=A$ 的意义是:任给 $\varepsilon>0$,作直线 $y=A-\varepsilon$ 和 $y=A+\varepsilon$,则总有一个正数 X 存在,使得当 $x<-X$ 或 $x>X$ 时,函数 $f(x)$ 的图形位于这两直线之间(见图 2-4).

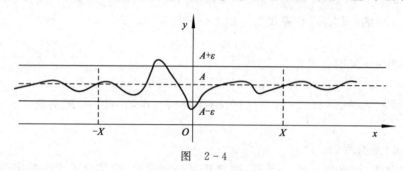

图 2-4

例 1 证明 $\lim_{x\to\infty}\dfrac{1}{x}=0$.

证 任意给定 $\varepsilon>0$,要使

$$\left|\frac{1}{x}-0\right|=\frac{1}{|x|}<\varepsilon,$$

只须 $|x|>\dfrac{1}{\varepsilon}$. 因此,取 $X=\dfrac{1}{\varepsilon}$,则当 $|x|>X$ 时,就有

$$\left|\frac{1}{x}-0\right|<\varepsilon$$

成立,即 $\lim_{x\to\infty}\dfrac{1}{x}=0$.

例 2 证明 $\lim_{x\to+\infty}\dfrac{x}{x+1}=1$.

证 任意给定 $\varepsilon>0$,要使

$$\left|\frac{x}{x+1}-1\right|=\frac{1}{x+1}<\frac{1}{x}<\varepsilon,$$

只须 $x>\dfrac{1}{\varepsilon}$. 因此,取 $X=\dfrac{1}{\varepsilon}$,则当 $x>X$ 时,就有

$$\left|\frac{x}{x+1}-1\right|<\varepsilon$$

成立,即 $\lim_{x\to+\infty}\dfrac{x}{x+1}=1$.

2.2.2　$x \to x_0$ 时,函数 $f(x)$ 的极限

先看两个具体的例子.

例 3　对于函数 $f(x)=2x+1$,由图 2-5 可见,当 x 从任何一方趋向于 0 时,$f(x)$ 的对应值都无限趋近于 1.

例 4　函数 $f(x)=\dfrac{x^2-1}{x-1}$ 在 $x=1$ 时无定义,由图 2-6 可见,当 x 趋向于 1 时 $(x \neq 1)$,$f(x)$ 无限趋近于 2.

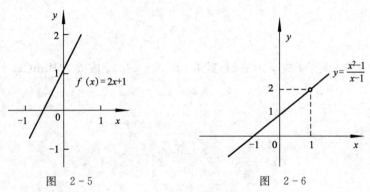

图　2-5　　　　　　　　　图　2-6

只要求自变量 x 任意地接近于 x_0,因此首先假定函数 $f(x)$ 在点 x_0 的某个去心邻域内有定义,即 $x \to x_0$ 的过程中 $x \neq x_0$.

函数 $f(x)$ 无限接近于 A,就是 $|f(x)-A|$ 能任意小,可用

$$|f(x)-A|<\varepsilon$$

来表达,其中 ε 是任意给定的正数.因为 $f(x)$ 无限接近于 A 是在 $x \to x_0$ 的过程中实现的,所以对于任意给定的正数 ε,只要求充分接近于 x_0 的 x 所对应的函数值 $f(x)$ 满足不等式 $|f(x)-A|<\varepsilon$,而充分接近于 x_0 的 x 可表达为

$$0<|x-x_0|<\delta,$$

其中 δ 是某个正数.从几何上看,适合 $0<|x-x_0|<\delta$ 的 x 的全体,就是点 x_0 的去心 δ 邻域,而邻域半径 δ 体现了 x 接近 x_0 的程度.

通过以上的分析,给出 $x \to x_0$ 时函数极限的精确定义.

定义 2　设函数 $f(x)$ 在点 x_0 的某个去心邻域内有定义,如果存在常数 A,对于任意给定的正数 ε(不论它多小),总存在正数 δ,使得对于适合不等式 $0<|x-x_0|<\delta$ 的一切 x,对应的函数值 $f(x)$ 都满足不等式

$$|f(x)-A|<\varepsilon,$$

则称常数 A 是函数 $f(x)$ 当 $x \to x_0$ 时的极限,记作

$$\lim_{x \to x_0} f(x)=A \text{ 或 } f(x) \to A(x \to x_0).$$

定义中 $0<|x-x_0|$ 表示 $x \neq x_0$,所以 $x \to x_0$ 时 $f(x)$ 有没有极限,与 $f(x)$ 在点 x_0 是否有定义无关.此外,正数 δ 是与 ε 有关的,它随着 ε 的给定而选定且值不唯一.

$\lim\limits_{x \to x_0} f(x)=A$ 的几何意义是:任意给定 $\varepsilon>0$,作平行于 x 轴的两条直线 $y=A-\varepsilon$ 和 $y=A+\varepsilon$,介于这两条直线之间是一横条区域.根据定义,存在点 x_0 的一个去心 δ 邻域,在此邻域内函数

$f(x)$的图形全部落在该横条区域内(见图 2-7).

例 5 证明$\lim\limits_{x \to x_0} x = x_0$.

证 任意给定$\varepsilon > 0$,要使

$$|f(x) - x_0| = |x - x_0| < \varepsilon$$

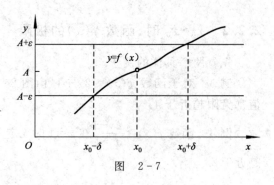

图 2-7

成立,可取$\delta = \varepsilon$,当$0 < |x - x_0| < \delta$时,就有$|f(x) - x_0| < \varepsilon$成立,即$\lim\limits_{x \to x_0} x = x_0$.

例 6 证明$\lim\limits_{x \to 0}(2x + 1) = 1$.

证 任意给定$\varepsilon > 0$,要使

$$|f(x) - 1| = |(2x + 1) - 1| = 2|x| < \varepsilon,$$

只须$|x| < \dfrac{\varepsilon}{2}$,取$\delta = \dfrac{\varepsilon}{2}$,当$0 < |x| < \delta$时,就有$|f(x) - 1| < \varepsilon$成立,即$\lim\limits_{x \to 0}(2x + 1) = 1$.

例 7 证明$\lim\limits_{x \to 1}\dfrac{x^2 - 1}{x - 1} = 2$.

证 任意给定$\varepsilon > 0$,要使

$$|f(x) - 2| = \left|\frac{x^2 - 1}{x - 1} - 2\right| = |x - 1| < \varepsilon$$

成立,可取$\delta = \varepsilon$,当$0 < |x - 1| < \delta$时,就有$|f(x) - 2| < \varepsilon$成立,即$\lim\limits_{x \to 1}\dfrac{x^2 - 1}{x - 1} = 2$.

例 8 证明当$x_0 > 0$时,$\lim\limits_{x \to x_0}\sqrt{x} = \sqrt{x_0}$.

证 任意给定$\varepsilon > 0$,因为

$$|f(x) - \sqrt{x_0}| = |\sqrt{x} - \sqrt{x_0}| = \left|\frac{x - x_0}{\sqrt{x} + \sqrt{x_0}}\right| < \frac{|x - x_0|}{\sqrt{x_0}},$$

要使$|f(x) - \sqrt{x_0}| < \varepsilon$,只要$|x - x_0| < \sqrt{x_0}\,\varepsilon$且$x \geqslant 0$,而$x \geqslant 0$可用$|x - x_0| \leqslant x_0$来保证,因此取$\delta = \min\{x_0, \sqrt{x_0}\,\varepsilon\}$,当$0 < |x - x_0| < \delta$时,就有$\left|f(x) - \sqrt{x_0}\right| < \varepsilon$成立,所以$\lim\limits_{x \to x_0}\sqrt{x} = \sqrt{x_0}$.

有些函数在其定义域上的某些点,它的左侧和右侧所用的解析式不同(如分段函数的某些点),或函数仅在其某一侧有定义(如在其定义区间的端点上),这时函数在这些点上的极限问题只能或只需单侧地加以讨论.

上述$x \to x_0$是指x既从x_0的左侧也从x_0的右侧趋于x_0.若x仅从x_0的左侧趋于x_0,记作$x \to x_0^-$;若x仅从x_0的右侧趋于x_0,记作$x \to x_0^+$.在$x \to x_0^-$的情形,x在x_0的左侧,$x < x_0$.在$\lim\limits_{x \to x_0} f(x) = A$的定义中,把$0 < |x - x_0| < \delta$改为$x_0 - \delta < x < x_0$,则$A$称为函数$f(x)$当$x \to x_0$时的**左极限**,记作

$$\lim_{x \to x_0^-} f(x) = A \text{ 或 } f(x_0^-) = A.$$

类似地,在$\lim\limits_{x \to x_0} f(x) = A$的定义中,把$0 < |x - x_0| < \delta$改为$x_0 < x < x_0 + \delta$,则$A$称为函数$f(x)$当$x \to x_0$时的**右极限**,记作

$$\lim_{x \to x_0^+} f(x) = A \text{ 或 } f(x_0^+) = A.$$

左极限与右极限统称为**单侧极限**.

根据函数 $f(x)$ 在 $x \to x_0$ 时的极限定义,以及左、右极限的定义,容易证明:$\lim\limits_{x \to x_0} f(x)$ 存在的充分必要条件是左、右极限都存在且相等,即

$$\lim_{x \to x_0^-} f(x) = \lim_{x \to x_0^+} f(x).$$

因此,如果左、右极限至少有一个不存在,或者两个都存在,但不相等,则 $\lim\limits_{x \to x_0} f(x)$ 不存在.

例 9　讨论当 $x \to 0$ 时,函数 $f(x) = \begin{cases} -x & \text{当 } x \leq 0 \\ 1+x & \text{当 } x > 0 \end{cases}$ 的极限.

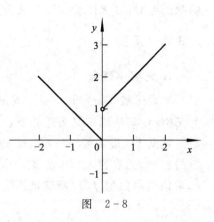

图　2-8

解　从图 2-8 可以看出

$$\lim_{x \to 0^-} f(x) = \lim_{x \to 0^-} (-x) = 0, \quad \lim_{x \to 0^+} f(x) = \lim_{x \to 0^+} (1+x) = 1.$$

因为左、右极限都存在,但不相等,因而 $\lim\limits_{x \to 0} f(x)$ 不存在.

2.2.3　函数极限的性质

讨论 $\lim\limits_{x \to x_0} f(x)$ 存在时 $f(x)$ 的性质,就是讨论 $f(x)$ 在点 x_0 的某一去心邻域内的性质.习惯上称函数在某一点的邻域(或去心邻域)内的性质为函数的局部性质.

函数极限有与数列极限类似的定理 1 和定理 2(证明从略).

定理 1(极限的唯一性)　如果 $\lim\limits_{x \to x_0} f(x)$ 存在,则极限值是唯一的.

定理 2(局部有界性)　如果 $\lim\limits_{x \to x_0} f(x)$ 存在,则 $f(x)$ 在点 x_0 的某一去心邻域内是有界的.

定理 3(局部保号性)　如果 $\lim\limits_{x \to x_0} f(x) = A$,而且 $A > 0$(或 $A < 0$),则存在点 x_0 的某一去心邻域,当 x 在该邻域内时,有 $f(x) > 0$(或 $f(x) < 0$).

证　设 $A > 0$,根据 $\lim\limits_{x \to x_0} f(x) = A$ 的定义,对于 $0 < \varepsilon \leq A$,必存在 $\delta > 0$,当 x 满足 $0 < |x - x_0| < \delta$ 时,有 $|f(x) - A| < \varepsilon$,即

$$A - \varepsilon < f(x) < A + \varepsilon.$$

因为 $A - \varepsilon \geq 0$,故 $f(x) > 0$.

类似地,可以证明 $A < 0$ 的情形.

定理 4　如果在 x_0 的某一去心邻域内 $f(x) \geq 0$(或 $f(x) \leq 0$),而且 $\lim\limits_{x \to x_0} f(x) = A$,则 $A \geq 0$(或 $A \leq 0$).

证　用反证法证明.设 $f(x) \geq 0$,若 $A < 0$,由定理 3 可得,存在 x_0 的某一去心邻域,在该邻域内 $f(x) < 0$,这与 $f(x) \geq 0$ 矛盾,因此 $A \geq 0$.

类似地,可以证明 $f(x) \leq 0$ 的情形.

当 $x \to \infty$ 时,上述几个定理同样成立.

§2.3 无穷小与无穷大

当研究函数的变化趋势时,经常遇到两种情形:一是函数的绝对值"无限变小",另一种是函数的绝对值"无限变大".下面分别研究这两种情形.

2.3.1 无穷小

1. 无穷小概念

如果函数 $f(x)$ 当 $x \to x_0$(或 $x \to \infty$)时的极限为零,则称函数 $f(x)$ 当 $x \to x_0$(或 $x \to \infty$)时为**无穷小**.其精确定义表述如下:

定义 1 设函数 $f(x)$ 在 x_0 的某一去心邻域内(或 $|x|$ 充分大时)有定义,如果对于任意给定的 $\varepsilon > 0$,总存在 $\delta > 0$(或 $X > 0$),使得对于适合不等式 $0 < |x - x_0| < \delta$(或 $|x| > X$)的一切 x,对应的函数值 $f(x)$ 都满足不等式

$$|f(x)| < \varepsilon,$$

则称函数 $f(x)$ 当 $x \to x_0$(或 $x \to \infty$)时为**无穷小**,记作

$$\lim_{x \to x_0} f(x) = 0 \left(或 \lim_{x \to \infty} f(x) = 0\right).$$

例如,因为 $\lim_{x \to 1}(x - 1) = 0$,所以函数 $x - 1$ 为当 $x \to 1$ 时的无穷小;因为 $\lim_{x \to \infty} \frac{1}{x} = 0$,所以函数 $\frac{1}{x}$ 为当 $x \to \infty$ 时的无穷小.

注意 不要把无穷小与很小的数(例如百万分之一)混为一谈,因为无穷小是以零为极限的函数,在 $x \to x_0$(或 $x \to \infty$)的过程中,函数的绝对值能小于任意给定的正数 ε.例如,取 ε 为千万分之一,则百万分之一就不能小于这个给定的 ε.但是零是可以作为无穷小的唯一的常数,因为如果 $f(x) \equiv 0$,那么对于任意给定的 $\varepsilon > 0$,总有 $|f(x)| < \varepsilon$.

下面的定理说明无穷小与函数极限的关系.

定理 1 在自变量的同一变化过程 $x \to x_0$(或 $x \to \infty$)中,函数 $f(x)$ 具有极限 A 的充分必要条件是 $f(x) = A + \alpha$,其中 α 是无穷小.

证 先证必要性.设 $\lim_{x \to x_0} f(x) = A$,则对于任意给定的 $\varepsilon > 0$,存在 $\delta > 0$,当 $0 < |x - x_0| < \delta$ 时,有

$$|f(x) - A| < \varepsilon.$$

令 $\alpha = f(x) - A$,则 α 是 $x \to x_0$ 时的无穷小,且 $f(x) = A + \alpha$.

再证充分性.设 $f(x) = A + \alpha$,其中 A 是常数,α 是 $x \to x_0$ 时的无穷小,于是

$$|f(x) - A| = |\alpha|.$$

因 α 是 $x \to x_0$ 时的无穷小,所以对于任意给定的 $\varepsilon > 0$,存在 $\delta > 0$,当 $0 < |x - x_0| < \delta$ 时,有

$$|\alpha| < \varepsilon,$$

即 $|f(x) - A| < \varepsilon$,这就证明了 $\lim_{x \to x_0} f(x) = A$.

类似地,可证 $x \to \infty$ 时的情形.

定理 1 的结论在今后的学习中有重要的应用,尤其是在理论推导或证明中,它将函数的极

限运算问题转化为常数与无穷小的代数运算问题.

2. 无穷小的性质

关于无穷小的性质,仅就 $x \to x_0$ 时的情形加以证明,至于 $x \to \infty$ 时的情形,结论也是正确的.

定理 2 有限个无穷小的代数和也是无穷小.

证 考虑两个无穷小的代数和.设 α, β 是当 $x \to x_0$ 时的两个无穷小,而 $\gamma = \alpha \pm \beta$.

任意给定 $\varepsilon > 0$,因为 α 是当 $x \to x_0$ 时无穷小,对于 $\frac{\varepsilon}{2} > 0$,存在 $\delta_1 > 0$,当 $0 < |x - x_0| < \delta_1$ 时,有

$$|\alpha| < \frac{\varepsilon}{2}$$

成立.又因 β 是当 $x \to x_0$ 时的无穷小,对于 $\frac{\varepsilon}{2} > 0$,存在 $\delta_2 > 0$,当 $0 < |x - x_0| < \delta_2$ 时,有

$$|\beta| < \frac{\varepsilon}{2}$$

成立.取 $\delta = \min\{\delta_1, \delta_2\}$,则当 $0 < |x - x_0| < \delta$ 时,

$$|\alpha| < \frac{\varepsilon}{2} \quad \text{及} \quad |\beta| < \frac{\varepsilon}{2}$$

同时成立,从而 $|\gamma| = |\alpha \pm \beta| \leqslant |\alpha| + |\beta| < \frac{\varepsilon}{2} + \frac{\varepsilon}{2} = \varepsilon$.这就证明了 γ 也是当 $x \to x_0$ 时的无穷小.

有限个无穷小的代数和的情形可以同样证明.

定理 3 有界函数与无穷小的乘积是无穷小.

证 设函数 $f(x)$ 在 $0 < |x - x_0| < \delta_1$ 内是有界的,即存在 $M > 0$,使 $|f(x)| \leqslant M$.又设 α 是当 $x \to x_0$ 时的无穷小,任意给定 $\varepsilon > 0$,对于 $\frac{\varepsilon}{M}$,存在 $\delta_2 > 0$,当 $0 < |x - x_0| < \delta_2$ 时,有

$$|\alpha| < \frac{\varepsilon}{M}.$$

取 $\delta = \min\{\delta_1, \delta_2\}$,则当 $0 < |x - x_0| < \delta$ 时,

$$|f(x)| \leqslant M \quad \text{及} \quad |\alpha| < \frac{\varepsilon}{M}$$

同时成立,有

$$|f(x)\alpha| = |f(x)| \, |\alpha| < M \cdot \frac{\varepsilon}{M} = \varepsilon,$$

这就证明了 $f(x)\alpha$ 是当 $x \to x_0$ 时的无穷小.

推论 1 常数与无穷小的乘积是无穷小.

推论 2 有限个无穷小的乘积是无穷小.

例 1 证明 $\lim\limits_{x \to 0} x \sin \frac{1}{x} = 0$.

证 由于 $x \to 0$ 时,x 是无穷小,而函数 $\sin \frac{1}{x}$ 是有界函数 $\left(\left| \sin \frac{1}{x} \right| \leqslant 1 \right)$,由定理 3 可得,

$$\lim_{x \to 0} x \sin \frac{1}{x} = 0.$$

2.3.2 无穷大

如果当 $x \to x_0$(或 $x \to \infty$)时,对应的函数值的绝对值 $|f(x)|$ 无限增大,则称 $f(x)$ 当 $x \to x_0$(或 $x \to \infty$)时为**无穷大**. 精确地表述如下:

定义 2 设函数 $f(x)$ 在 x_0 的某一去心邻域内(或 $|x|$ 充分大时)有定义,如果对于任意给定的正数 M(不论多大),总存在 $\delta > 0$(或 $X > 0$),使得对于适合不等式 $0 < |x - x_0| < \delta$(或 $|x| > X$)的一切 x,对应的函数值 $f(x)$ 总满足

$$|f(x)| > M,$$

则称函数 $f(x)$ 当 $x \to x_0$(或 $x \to \infty$)时为**无穷大**,记作

$$\lim_{x \to x_0} f(x) = \infty \quad (\text{或} \lim_{x \to \infty} f(x) = \infty).$$

如果在无穷大的定义中,把 $|f(x)| > M$ 换成 $f(x) > M$,就记作

$$\lim_{x \to x_0} f(x) = +\infty \quad (\text{或} \lim_{x \to \infty} f(x) = +\infty).$$

如果在无穷大的定义中,把 $|f(x)| > M$ 换成 $f(x) < -M$,就记作

$$\lim_{x \to x_0} f(x) = -\infty \quad (\text{或} \lim_{x \to \infty} f(x) = -\infty).$$

注意

(1)无穷大是函数极限不存在的一种情况,但为了表示函数的这一性态,也说"函数的极限是无穷大",仍借用极限的符号来表示. 无穷大不是数,不能与很大的数相混淆.

(2)无穷大是无界函数,反之不一定成立. 例如,当 $x \to \infty$ 时,函数 $f(x) = x \sin x$ 是无界的,但它不是无穷大.

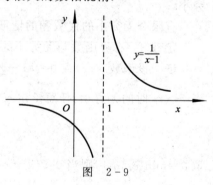

图 2-9

事实上,由 $f\left(2n\pi + \dfrac{\pi}{2}\right) = 2n\pi + \dfrac{\pi}{2}$ 可知,$f(x)$ 是无界的. 但 $f(n\pi) = 0$,所以 $f(x)$ 不是无穷大.

例 2 证明 $\lim\limits_{x \to 1} \dfrac{1}{x-1} = \infty$(见图 2-9).

证 任意给定 $M > 0$,要使

$$\left| \frac{1}{x-1} \right| = \frac{1}{|x-1|} > M,$$

只须 $|x-1| < \dfrac{1}{M}$. 因此,取 $\delta = \dfrac{1}{M}$,则当 $0 < |x-1| < \delta$ 时,就有

$$\left| \frac{1}{x-1} \right| > M$$

成立,即 $\lim\limits_{x \to 1} \dfrac{1}{x-1} = \infty$.

2.3.3 无穷小与无穷大的关系

定理 4 在自变量的同一变化过程中,

(1)如果 $f(x)$ 为无穷大,则 $\dfrac{1}{f(x)}$ 为无穷小;

(2)如果 $f(x)$ 为无穷小,且 $f(x)\neq 0$,则 $\dfrac{1}{f(x)}$ 为无穷大.

证　只证 $x\to x_0$ 的情形,类似可证 $x\to\infty$ 的情形.

(1)设 $\lim\limits_{x\to x_0}f(x)=\infty$. 任意给定 $\varepsilon>0$,根据无穷大的定义,对于 $M=\dfrac{1}{\varepsilon}$,存在 $\delta>0$,当 $0<|x-x_0|<\delta$ 时,有

$$|f(x)|>M=\frac{1}{\varepsilon}$$

即 $\left|\dfrac{1}{f(x)}\right|<\varepsilon$,所以 $\dfrac{1}{f(x)}$ 在 $x\to x_0$ 时为无穷小.

(2)设 $\lim\limits_{x\to x_0}f(x)=0$,且 $f(x)\neq 0$. 任意给定 $M>0$,根据无穷小的定义,对于 $\varepsilon=\dfrac{1}{M}$,存在 $\delta>0$,当 $0<|x-x_0|<\delta$ 时,有

$$|f(x)|<\varepsilon=\frac{1}{M}$$

由于 $f(x)\neq 0$,从而 $\left|\dfrac{1}{f(x)}\right|>M$,所以 $\dfrac{1}{f(x)}$ 在 $x\to x_0$ 时为无穷大.

§2.4　极限的四则运算法则

本节建立极限的四则运算法则,利用这些法则,可以求出某些函数的极限.

在下面的讨论中,记号"lim"下面没有标明自变量的变化过程,实际上,下面的定理对 $x\to x_0$ 及 $x\to\infty$ 都是成立的. 在论证时只证明 $x\to x_0$ 的情形,只要把 δ 改成 X,把 $0<|x-x_0|<\delta$ 改成 $|x|>X$,就可得 $x\to\infty$ 情形的证明.

定理 1　如果 $\lim f(x),\lim g(x)$ 都存在,则 $\lim[f(x)\pm g(x)]$ 存在,且
$$\lim[f(x)\pm g(x)]=\lim f(x)\pm\lim g(x).$$

证　设 $\lim f(x)=A,\lim g(x)=B$,由 §2.3 的定理 1,有
$$f(x)=A+\alpha,g(x)=B+\beta,$$
其中 α,β 为无穷小. 于是,
$$f(x)\pm g(x)=(A+\alpha)\pm(B+\beta)=(A\pm B)+(\alpha\pm\beta).$$
由无穷小的性质知道,$\alpha\pm\beta$ 是无穷小. 再由 §2.3 的定理 1,得
$$\lim[f(x)\pm g(x)]=A\pm B=\lim f(x)\pm\lim g(x).$$

定理 2　如果 $\lim f(x),\lim g(x)$ 都存在,则 $\lim[f(x)\cdot g(x)]$ 存在,且
$$\lim[f(x)\cdot g(x)]=\lim f(x)\cdot\lim g(x).$$

证　设 $\lim f(x)=A,\lim g(x)=B$,则 $f(x)=A+\alpha,g(x)=B+\beta$,其中 α,β 为无穷小. 于是,
$$f(x)\cdot g(x)=(A+\alpha)\cdot(B+\beta)=AB+(A\beta+B\alpha+\alpha\beta).$$
由无穷小的性质知道,$A\beta+B\alpha+\alpha\beta$ 是无穷小. 因此,
$$\lim[f(x)\cdot g(x)]=AB=\lim f(x)\cdot\lim g(x).$$

定理 1 和定理 2 可推广到有限个函数的情形. 例如,如果 $\lim f(x),\lim g(x),\lim h(x)$ 都存在,则有

$$\lim[f(x) \pm g(x) \pm h(x)] = \lim f(x) \pm \lim g(x) \pm \lim h(x),$$
$$\lim[f(x) \cdot g(x) \cdot h(x)] = \lim f(x) \cdot \lim g(x) \cdot \lim h(x).$$

关于定理 2,有以下推论:

推论 1 若 $\lim f(x)$ 存在, c 为常数,则

$$\lim[cf(x)] = c\lim f(x).$$

推论 1 表明,求极限时,常数因子可以提到极限记号的外面.

推论 2 若 $\lim f(x)$ 存在, n 为正整数,则

$$\lim[f(x)]^n = [\lim f(x)]^n.$$

定理 3 如果 $\lim f(x), \lim g(x)$ 都存在,且 $\lim g(x) \neq 0$,则 $\lim \dfrac{f(x)}{g(x)}$ 存在,且

$$\lim \frac{f(x)}{g(x)} = \frac{\lim f(x)}{\lim g(x)}.$$

(证明从略).

需要指出的是,上述定理与推论对于数列也是成立的.

定理 4 如果 $f(x) \geqslant g(x)$,且 $\lim f(x) = A, \lim g(x) = B$,则 $A \geqslant B$.

证 令 $\varphi(x) = f(x) - g(x)$,则 $\varphi(x) \geqslant 0$. 由本节定理 1,有

$$\lim \varphi(x) = \lim[f(x) - g(x)] = \lim f(x) - \lim g(x) = A - B.$$

根据 §2.2 的定理 4 得, $\lim \varphi(x) \geqslant 0$,即 $A - B \geqslant 0$,故 $A \geqslant B$.

例 1 证明:如果 $\lim f(x)$ 存在, $\lim g(x)$ 不存在,那么 $\lim[f(x) \pm g(x)]$ 不存在.

证 (反证法)假设 $\lim[f(x) \pm g(x)]$ 存在,令 $\varphi(x) = f(x) \pm g(x)$,则

$$g(x) = \pm[\varphi(x) - f(x)].$$

已知 $\lim \varphi(x), \lim f(x)$ 存在,由本节定理 1 有, $\lim g(x)$ 存在,这与已知条件 $\lim g(x)$ 不存在相矛盾,故 $\lim[f(x) \pm g(x)]$ 不存在.

运用极限的四则运算法则求函数的极限时,特别要注意定理的条件,即每个函数的极限都存在(对于商的极限法则,分母的极限不为零),否则不能使用.

对于多项式

$$f(x) = a_0 x^n + a_1 x^{n-1} + \cdots + a_n,$$

由本节的定理 1 及推论 2,得到

$$\lim_{x \to x_0} f(x) = a_0 (\lim_{x \to x_0} x)^n + a_1 (\lim_{x \to x_0} x)^{n-1} + \cdots + a_n$$
$$= a_0 x_0^n + a_1 x_0^{n-1} + \cdots + a_n = f(x_0).$$

例 2 求 $\lim\limits_{x \to 1}(2x+1)$.

解 $\lim\limits_{x \to 1}(2x+1) = 2 \times 1 + 1 = 3.$

对于有理函数

$$f(x) = \frac{P(x)}{Q(x)},$$

其中 $P(x), Q(x)$ 都是多项式,且 $Q(x_0) \neq 0$,则有

$$\lim_{x \to x_0} f(x) = \lim_{x \to x_0} \frac{P(x)}{Q(x)} = \frac{\lim\limits_{x \to x_0} P(x)}{\lim\limits_{x \to x_0} Q(x)} = \frac{P(x_0)}{Q(x_0)} = f(x_0).$$

例 3　求 $\lim\limits_{x\to-3}\dfrac{x^2-1}{x^3+3x^2+4}$.

解　因为 $\lim\limits_{x\to-3}(x^3+3x^2+4)=(-3)^3+3\,(-3)^2+4=4\neq0$，所以

$$\lim_{x\to-3}\frac{x^2-1}{x^3+3x^2+4}=\frac{(-3)^2-1}{4}=2.$$

注意　对于有理函数 $\dfrac{P(x)}{Q(x)}$，若 $Q(x_0)=0$，则关于商的极限的运算法则不能应用，那就需要特别考虑. 下面举三个属于这种情形的例子.

例 4　求 $\lim\limits_{x\to1}\dfrac{2x-3}{x^2-5x+4}$.

解　因为 $\lim\limits_{x\to1}(x^2-5x+4)=0$，不能应用商的极限运算法则. 但因 $\lim\limits_{x\to1}(2x-3)=-1\neq0$，故

$$\lim_{x\to1}\frac{x^2-5x+4}{2x-3}=\frac{0}{-1}=0.$$

由 §2.3 的定理 4，得

$$\lim_{x\to1}\frac{2x-3}{x^2-5x+4}=\infty.$$

例 5　求 $\lim\limits_{x\to3}\dfrac{x-3}{x^2-9}$.

解　当 $x\to3$ 时，分子及分母的极限都是零，但因 $x\to3(x\neq3)$，可先约去公因子 $(x-3)$，所以

$$\lim_{x\to3}\frac{x-3}{x^2-9}=\lim_{x\to3}\frac{x-3}{(x-3)(x+3)}=\lim_{x\to3}\frac{1}{x+3}=\frac{1}{6}.$$

例 6　求 $\lim\limits_{x\to0}\dfrac{\sqrt{x+4}-2}{x}$.

解　当 $x\to0$ 时，分子及分母的极限都是零，把该式进行恒等变形，消去分子、分母的公因子，再求极限，得

$$\lim_{x\to0}\frac{\sqrt{x+4}-2}{x}=\lim_{x\to0}\frac{(\sqrt{x+4}-2)(\sqrt{x+4}+2)}{x(\sqrt{x+4}+2)}$$

$$=\lim_{x\to0}\frac{x}{x(\sqrt{x+4}+2)}=\lim_{x\to0}\frac{1}{\sqrt{x+4}+2}=\frac{1}{4}.$$

对于有理函数 $\dfrac{P(x)}{Q(x)}$，当 $x\to\infty$ 时，分子、分母都是无穷大，此时不能用商的极限的运算法则，需要进行恒等变形，再求极限.

例 7　求 $\lim\limits_{x\to\infty}\dfrac{4x^3-3x^2-2}{-x^3+2x+1}$.

解　将分子、分母分别除以 x^3，有

$$\lim_{x\to\infty}\frac{4x^3-3x^2-2}{-x^3+2x+1}=\lim_{x\to\infty}\frac{4-\dfrac{3}{x}-\dfrac{2}{x^3}}{-1+\dfrac{2}{x^2}+\dfrac{1}{x^3}}=-4.$$

例 8　求 $\lim\limits_{x\to\infty}\dfrac{3x^2+2}{2x^3+x^2+1}$.

解　将分子、分母分别除以 x^3，有

$$\lim_{x \to \infty} \frac{3x^2+2}{2x^3+x^2+1} = \lim_{x \to \infty} \frac{\frac{3}{x}+\frac{2}{x^3}}{2+\frac{1}{x}+\frac{1}{x^3}} = 0.$$

例 9 求 $\lim_{x \to \infty} \dfrac{2x^3+x^2+1}{3x^2+2}$.

解 由例 8 的结果可得, $\lim_{x \to \infty} \dfrac{2x^3+x^2+1}{3x^2+2} = \infty$.

综合例 7、例 8、例 9,得到一般情形的结论:当 $a_0 \neq 0, b_0 \neq 0, m$ 和 n 为非负整数时,有

$$\lim_{x \to \infty} \frac{a_0 x^m + a_1 x^{m-1} + \cdots + a_m}{b_0 x^n + b_1 x^{n-1} + \cdots + b_n} = \begin{cases} \dfrac{a_0}{b_0} & \text{当 } m = n \\ 0 & \text{当 } m < n \\ \infty & \text{当 } m > n \end{cases}.$$

例 10 求 $\lim_{x \to -1} \left(\dfrac{1}{x+1} - \dfrac{3}{x^3+1} \right)$.

解 当 $x \to -1$ 时, $\dfrac{1}{x+1}, \dfrac{3}{x^3+1}$ 均为无穷大(极限不存在),因此不能直接应用差的极限运算法则. 把两式进行通分,有

$$\lim_{x \to -1} \left(\frac{1}{x+1} - \frac{3}{x^3+1} \right) = \lim_{x \to -1} \frac{x^2 - x - 2}{x^3+1} = \lim_{x \to -1} \frac{(x+1)(x-2)}{(x+1)(x^2-x+1)} = \lim_{x \to -1} \frac{x-2}{x^2-x+1} = -1.$$

例 11 求 $\lim_{x \to +\infty} \left(\sqrt{x^2+x} - \sqrt{x^2+1} \right)$.

解 当 $x \to +\infty$ 时, $\sqrt{x^2+x}, \sqrt{x^2+1}$ 均为无穷大(极限不存在),因此不能直接应用差的极限运算法则. 将其变形,即分子、分母同乘其共轭式 $(\sqrt{x^2+x} + \sqrt{x^2+1})$,得

$$\lim_{x \to +\infty} \left(\sqrt{x^2+x} - \sqrt{x^2+1} \right) = \lim_{x \to +\infty} \frac{x-1}{\sqrt{x^2+x} + \sqrt{x^2+1}}$$

$$= \lim_{x \to +\infty} \frac{1 - \frac{1}{x}}{\sqrt{1+\frac{1}{x}} + \sqrt{1+\frac{1}{x^2}}}$$

$$= \frac{1}{2}.$$

例 12 求 $\lim_{n \to \infty} \left(\dfrac{1}{n^2} + \dfrac{2}{n^2} + \cdots + \dfrac{n}{n^2} \right)$.

解 当 $n \to \infty$ 时,这是无穷多项的和,因此不能用和的极限运算法则逐项求极限. 先把各项求和,然后再求极限,即

$$\lim_{n \to \infty} \left(\frac{1}{n^2} + \frac{2}{n^2} + \cdots + \frac{n}{n^2} \right) = \lim_{n \to \infty} \frac{n(n+1)}{2n^2} = \frac{1}{2}.$$

§2.5 极限存在准则与两个重要极限

在研究比较复杂的函数极限问题时,通常分两步考虑:第一,考察所给的函数是否有极限(极限的存在性问题);第二,若函数有极限,如何计算此极限(极限值的计算问题). 这是极限理

论的两个基本问题. 本节将讨论极限的存在性问题.

2.5.1　准则 I（夹逼定理）

定理 1（准则 I）　设函数 $f(x),g(x),h(x)$ 在 x_0 的某个去心邻域内满足条件：

(1) $g(x) \leqslant f(x) \leqslant h(x)$，

(2) $\lim\limits_{x \to x_0} g(x) = A, \lim\limits_{x \to x_0} h(x) = A$，

则
$$\lim_{x \to x_0} f(x) = A.$$

证　因 $\lim\limits_{x \to x_0} g(x) = A, \lim\limits_{x \to x_0} h(x) = A$，所以，对于任意给定的 $\varepsilon > 0$，

存在 $\delta_1 > 0$，当 $0 < |x - x_0| < \delta_1$ 时，有 $|g(x) - A| < \varepsilon$；

存在 $\delta_2 > 0$，当 $0 < |x - x_0| < \delta_2$ 时，有 $|h(x) - A| < \varepsilon$.

取 $\delta = \min\{\delta_1, \delta_2\}$，则当 $0 < |x - x_0| < \delta$ 时，有
$$|g(x) - A| < \varepsilon, \quad |h(x) - A| < \varepsilon$$

同时成立，即
$$A - \varepsilon < g(x) < A + \varepsilon, \quad A - \varepsilon < h(x) < A + \varepsilon$$

同时成立. 因 $f(x)$ 介于 $g(x)$ 和 $h(x)$ 之间，所以当 $0 < |x - x_0| < \delta$ 时，有
$$A - \varepsilon < g(x) \leqslant f(x) \leqslant h(x) < A + \varepsilon$$

即 $|f(x) - A| < \varepsilon$ 成立，这就证明了 $\lim\limits_{x \to x_0} f(x) = A$.

对于 $x \to \infty$ 的情形，定理仍成立.

数列 $x_n = f(n)$ 的极限，可看做 $n \to \infty$ 函数 $f(n)$ 极限的一种特殊情形. 因此准则 I 对于数列也是成立的. 叙述如下：

如果数列 $\{x_n\}, \{y_n\}$ 及 $\{z_n\}$ 满足条件：

(1) $y_n \leqslant x_n \leqslant z_n$（从某一项以后恒成立），

(2) $\lim\limits_{n \to \infty} y_n = A, \lim\limits_{n \to \infty} z_n = A$，

则
$$\lim_{n \to \infty} x_n = A.$$

例 1　求 $\lim\limits_{n \to \infty} \left(\dfrac{1}{\sqrt{n^2 + 1}} + \dfrac{1}{\sqrt{n^2 + 2}} + \cdots + \dfrac{1}{\sqrt{n^2 + n}} \right)$.

解　由于 $\dfrac{n}{\sqrt{n^2 + n}} \leqslant \dfrac{1}{\sqrt{n^2 + 1}} + \dfrac{1}{\sqrt{n^2 + 2}} + \cdots + \dfrac{1}{\sqrt{n^2 + n}} \leqslant \dfrac{n}{\sqrt{n^2 + 1}}$，而

$$\lim_{n \to \infty} \frac{n}{\sqrt{n^2 + n}} = \lim_{n \to \infty} \frac{1}{\sqrt{1 + \dfrac{1}{n}}} = 1, \qquad \lim_{n \to \infty} \frac{n}{\sqrt{n^2 + 1}} = \lim_{n \to \infty} \frac{1}{\sqrt{1 + \dfrac{1}{n^2}}} = 1,$$

由准则 I 可得，$\lim\limits_{n \to \infty} \left(\dfrac{1}{\sqrt{n^2 + 1}} + \dfrac{1}{\sqrt{n^2 + 2}} + \cdots + \dfrac{1}{\sqrt{n^2 + n}} \right) = 1$.

例 2　证明 $\lim\limits_{x \to 0} \cos x = 1$.

证　当 $0 < |x| < \dfrac{\pi}{2}$ 时，有

$$0 < 1 - \cos x = 2 \sin^2 \frac{x}{2} < 2 \left(\frac{x}{2} \right)^2 = \frac{x^2}{2}$$

(因为当 $0<|x|<\frac{\pi}{2}$ 时,$|\sin x|<|x|$),即 $1-\frac{x^2}{2}<\cos x<1$.

由于 $\lim\limits_{x\to 0}\left(1-\frac{x^2}{2}\right)=1$,$\lim\limits_{x\to 0}1=1$,则根据准则 1,可得 $\lim\limits_{x\to 0}\cos x=1$.

2.5.2 准则Ⅱ 单调有界数列必有极限

如果数列 $\{x_n\}$ 满足条件

$$x_n\leqslant x_{n+1}\quad(\text{或 } x_n\geqslant x_{n+1})\quad(n=1,2,\cdots),$$

就称数列 $\{x_n\}$ 是**单调增加**(**单调减少**)的. 单调增加和单调减少的数列统称为**单调数列**.

在§2.1 节中曾证明,收敛数列一定有界,但逆定理不成立,即有界的数列不一定收敛. 而准则Ⅱ表明:如果数列不仅有界,而且是单调的,则该数列必存在极限,即该数列一定收敛.

定理 2(准则Ⅱ) 如果单调数列有界,则它的极限必存在.

准则Ⅱ的证明比较复杂,但在直观上是很容易接受的,只给出下面的几何解释.

从数轴上看,对应于单调数列的点 x_n 只能向一个方向移动,所以只有两种可能情形:或者点 x_n 沿数轴移向无穷远($x_n\to+\infty$ 或 $x_n\to-\infty$),或者点 x_n 无限趋近于某一个定点 A(见图 2-10),也就是数列 $\{x_n\}$ 有极限. 假定数列是有界的,而有界数列的点 x_n 都落在数轴上某一个区间 $[-M,M]$ 内,于是上述第一种情形就不可能发生了. 这就表示这个数列趋于一个确定值,该值就是数列的极限,且这个极限的绝对值不超过 M.

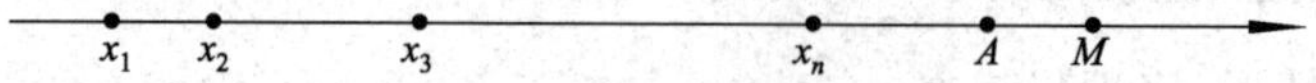

图 2-10

例 3 证明数列 $\left\{\left(1+\frac{1}{n}\right)^n\right\}$ 收敛.

证 设 $x_n=\left(1+\frac{1}{n}\right)^n$,下证数列 $\{x_n\}$ 单调增加并且有界. 按牛顿二项公式,有

$$\begin{aligned}x_n&=1+n\cdot\frac{1}{n}+\frac{n(n-1)}{2!}\cdot\frac{1}{n^2}+\frac{n(n-1)(n-2)}{3!}\cdot\frac{1}{n^3}+\cdots+\\&\quad\frac{n(n-1)\cdots(n-n+1)}{n!}\cdot\frac{1}{n^n}\\&=1+1+\frac{1}{2!}\left(1-\frac{1}{n}\right)+\frac{1}{3!}\left(1-\frac{1}{n}\right)\left(1-\frac{2}{n}\right)+\cdots+\\&\quad\frac{1}{n!}\left(1-\frac{1}{n}\right)\left(1-\frac{2}{n}\right)\cdots\left(1-\frac{n-1}{n}\right).\end{aligned}$$

类似地,

$$\begin{aligned}x_{n+1}=1+1+\frac{1}{2!}\left(1-\frac{1}{n+1}\right)+\frac{1}{3!}\left(1-\frac{1}{n+1}\right)\left(1-\frac{2}{n+1}\right)+\cdots+\frac{1}{n!}\left(1-\frac{1}{n+1}\right)\\\left(1-\frac{2}{n+1}\right)\cdots\left(1-\frac{n-1}{n+1}\right)+\frac{1}{(n+1)!}\left(1-\frac{1}{n+1}\right)\left(1-\frac{2}{n+1}\right)\cdots\left(1-\frac{n}{n+1}\right).\end{aligned}$$

比较 x_n,x_{n+1} 的展开式,除前两项外,x_n 的每一项都小于 x_{n+1} 的对应项,并且 x_{n+1} 还多了最后一项,其值大于零. 因此,$x_n<x_{n+1}$,即数列 $\{x_n\}$ 是单调增加的.

如果 x_n 的展开式中各项括号内的数用较大的数 1 代替,得

$$x_n < 1 + 1 + \frac{1}{2!} + \frac{1}{3!} + \cdots + \frac{1}{n!} < 1 + 1 + \frac{1}{2} + \frac{1}{2^2} + \cdots + \frac{1}{2^{n-1}} = 3 - \frac{1}{2^{n-1}} < 3,$$

即数列 $\{x_n\}$ 是有界的.

根据准则Ⅱ，数列 $\{x_n\}$ 的极限存在，通常用 e 表示，这个数 e 就是自然对数的底，即

$$\lim_{n \to \infty} \left(1 + \frac{1}{n}\right)^n = e.$$

2.5.3 两个重要极限

1. $\lim\limits_{x \to 0} \dfrac{\sin x}{x} = 1$

证 函数 $\dfrac{\sin x}{x}$ 对于一切 $x \neq 0$ 都有定义. 先设 $0 < x < \dfrac{\pi}{2}$，见图 2-11

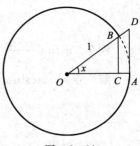

图 2-11

所示的单位圆，令 $\angle AOB = x$，点 A 处的切线与 OB 的延长线相交于 D，又 $BC \perp OA$，则

$$BC = \sin x, \quad AD = \tan x.$$

因为 $\triangle AOB$ 的面积 $<$ 圆扇形 AOB 的面积 $< \triangle AOD$ 的面积，所以

$$\frac{1}{2} \sin x < \frac{1}{2} x < \frac{1}{2} \tan x,$$

即 $\sin x < x < \tan x$. 不等号各边都除以 $\sin x$，就有

$$1 < \frac{x}{\sin x} < \frac{1}{\cos x},$$

从而有 $\cos x < \dfrac{\sin x}{x} < 1$.

因为当 x 用 $-x$ 代替时，$\cos x, \dfrac{\sin x}{x}$ 都不变，所以上面的不等式对于开区间 $\left(-\dfrac{\pi}{2}, 0\right)$ 内的一切 x 也是成立的.

即当 $0 < |x| < \dfrac{\pi}{2}$ 时，不等式 $\cos x < \dfrac{\sin x}{x} < 1$ 成立.

由于 $\lim\limits_{x \to 0} \cos x = 1, \lim\limits_{x \to 0} 1 = 1$，根据准则Ⅰ，得 $\lim\limits_{x \to 0} \dfrac{\sin x}{x} = 1$.

这是一个非常重要的极限，在计算某些含有三角函数的极限或推导三角函数的导数公式时，都要用到这个结果.

例 4 求 $\lim\limits_{x \to 0} \dfrac{\tan x}{x}$.

解 $\lim\limits_{x \to 0} \dfrac{\tan x}{x} = \lim\limits_{x \to 0} \left(\dfrac{\sin x}{x} \cdot \dfrac{1}{\cos x}\right) = \lim\limits_{x \to 0} \dfrac{\sin x}{x} \cdot \lim\limits_{x \to 0} \dfrac{1}{\cos x} = 1.$

例 5 求 $\lim\limits_{x \to 0} \dfrac{1 - \cos x}{x^2}$.

解 $\lim\limits_{x \to 0} \dfrac{1 - \cos x}{x^2} = \lim\limits_{x \to 0} \dfrac{2 \sin^2 \frac{x}{2}}{x^2} = \dfrac{1}{2} \lim\limits_{x \to 0} \left(\dfrac{\sin \frac{x}{2}}{\frac{x}{2}}\right)^2 = \dfrac{1}{2} \left(\lim\limits_{x \to 0} \dfrac{\sin \frac{x}{2}}{\frac{x}{2}}\right)^2 = \dfrac{1}{2}.$

例 6　求 $\lim\limits_{x\to 0}\dfrac{1-\cos x\cdot\cos 2x}{x^2}$.

解　$\lim\limits_{x\to 0}\dfrac{1-\cos x\cdot\cos 2x}{x^2}=\lim\limits_{x\to 0}\dfrac{1-\cos x(1-2\sin^2 x)}{x^2}$

$\qquad\qquad=\lim\limits_{x\to 0}\dfrac{1-\cos x}{x^2}+2\lim\limits_{x\to 0}\cos x\cdot\dfrac{\sin^2 x}{x^2}$

$\qquad\qquad=\dfrac{1}{2}+2\lim\limits_{x\to 0}\cos x\cdot\left(\lim\limits_{x\to 0}\dfrac{\sin x}{x}\right)^2$

$\qquad\qquad=\dfrac{1}{2}+2=\dfrac{5}{2}.$

例 7　求 $\lim\limits_{x\to 0}\dfrac{\arcsin x}{x}$.

解　令 $t=\arcsin x$，则 $x=\sin t$．当 $x\to 0$ 时，有 $t\to 0$．因此

$$\lim\limits_{x\to 0}\dfrac{\arcsin x}{x}=\lim\limits_{t\to 0}\dfrac{t}{\sin t}=\lim\limits_{t\to 0}\dfrac{1}{\dfrac{\sin t}{t}}=1.$$

例 8　求 $\lim\limits_{x\to\pi}\dfrac{\sin 3x}{\tan 5x}$.

解　令 $t=x-\pi$，则 $x=\pi+t$．当 $x\to\pi$ 时，有 $t\to 0$．因此

$$\lim\limits_{x\to\pi}\dfrac{\sin 3x}{\tan 5x}=\lim\limits_{t\to 0}\dfrac{\sin 3(\pi+t)}{\tan 5(\pi+t)}=-\lim\limits_{t\to 0}\dfrac{\sin 3t}{\tan 5t}=-\dfrac{3}{5}\lim\limits_{t\to 0}\dfrac{\dfrac{\sin 3t}{3t}}{\dfrac{\tan 5t}{5t}}=-\dfrac{3}{5}.$$

例 9　求 $\lim\limits_{x\to\infty}x\sin\dfrac{1}{x}$.

解　令 $t=\dfrac{1}{x}$，则 $x=\dfrac{1}{t}$．当 $x\to\infty$ 时，有 $t\to 0$．因此

$$\lim\limits_{x\to\infty}x\sin\dfrac{1}{x}=\lim\limits_{t\to 0}\dfrac{\sin t}{t}=1.$$

2. $\lim\limits_{x\to\infty}\left(1+\dfrac{1}{x}\right)^x=\mathrm{e}$ 或 $\lim\limits_{x\to 0}(1+x)^{\frac{1}{x}}=\mathrm{e}$

前面例 3 已经证明了 $\lim\limits_{n\to\infty}\left(1+\dfrac{1}{n}\right)^n=\mathrm{e}$，把正整数 n 换成实数 x，可以证明当 x 趋于 $+\infty$ 或 $-\infty$ 时，函数 $\left(1+\dfrac{1}{x}\right)^x$ 的极限都存在且都等于 e．因此，

$$\lim\limits_{x\to\infty}\left(1+\dfrac{1}{x}\right)^x=\mathrm{e}.$$

在 $\left(1+\dfrac{1}{x}\right)^x$ 中作代换 $z=\dfrac{1}{x}$，得 $(1+z)^{\frac{1}{z}}$．又当 $x\to\infty$ 时，$z\to 0$．于是上式可改写成

$$\lim\limits_{z\to 0}(1+z)^{\frac{1}{z}}=\mathrm{e}.$$

这样就得到了另一个重要极限

$$\lim\limits_{x\to 0}(1+x)^{\frac{1}{x}}=\lim\limits_{x\to\infty}\left(1+\dfrac{1}{x}\right)^x=\mathrm{e},$$

可以利用重要极限的这两种形式来求某些函数的极限.

例 10 求下列函数的极限.

$(1)\lim\limits_{x\to 0}(1+2x)^{\frac{1}{x}}$;

$(2)\lim\limits_{x\to\infty}\left(1-\dfrac{2}{x}\right)^{3x}$;

$(3)\lim\limits_{x\to\infty}\left(\dfrac{x+1}{x-1}\right)^x$;

$(4)\lim\limits_{x\to\frac{\pi}{2}}(1+\cos x)^{2\sec x}$.

解 $(1)\lim\limits_{x\to 0}(1+2x)^{\frac{1}{x}}=\lim\limits_{x\to 0}(1+2x)^{\frac{1}{2x}\cdot 2}=[\lim\limits_{x\to 0}(1+2x)^{\frac{1}{2x}}]^2=\mathrm{e}^2$.

$(2)\lim\limits_{x\to\infty}\left(1-\dfrac{2}{x}\right)^{3x}=\lim\limits_{x\to\infty}\left(1-\dfrac{2}{x}\right)^{-\frac{x}{2}\cdot(-6)}=\left[\lim\limits_{x\to\infty}\left(1-\dfrac{2}{x}\right)^{-\frac{x}{2}}\right]^{-6}=\mathrm{e}^{-6}$.

$(3)\lim\limits_{x\to\infty}\left(\dfrac{x+1}{x-1}\right)^x=\lim\limits_{x\to\infty}\left(\dfrac{1+\dfrac{1}{x}}{1-\dfrac{1}{x}}\right)^x=\lim\limits_{x\to\infty}\dfrac{\left(1+\dfrac{1}{x}\right)^x}{\left(1-\dfrac{1}{x}\right)^{-x\cdot(-1)}}=\dfrac{\mathrm{e}}{\mathrm{e}^{-1}}=\mathrm{e}^2$.

(4)令 $t=\cos x$,则 $\sec x=\dfrac{1}{t}$. 当 $x\to\dfrac{\pi}{2}$ 时,$t\to 0$. 于是

$$\lim\limits_{x\to\frac{\pi}{2}}(1+\cos x)^{2\sec x}=\lim\limits_{t\to 0}(1+t)^{\frac{2}{t}}=[\lim\limits_{t\to 0}(1+t)^{\frac{1}{t}}]^2=\mathrm{e}^2.$$

§2.6 无穷小的比较

两个无穷小的和、差、积仍是无穷小,但两个无穷小的商却会出现不同的情形. 例如,当 $x\to 0$ 时,x、$3x$、x^2、$\sin x$ 都是无穷小,而

$$\lim\limits_{x\to 0}\dfrac{x^2}{3x}=0,\ \lim\limits_{x\to 0}\dfrac{3x}{x^2}=\infty,\ \lim\limits_{x\to 0}\dfrac{x}{3x}=\dfrac{1}{3},\ \lim\limits_{x\to 0}\dfrac{\sin x}{x}=1.$$

这是因为,无穷小虽然都是趋于零的变量,但它们趋于零的快慢程度并不相同. 为此,考察两个无穷小的比以便对它们趋于零的速度作出判断,在此引进无穷小阶的概念.

2.6.1 无穷小阶的定义

定义 设 α,β 是在同一个自变量的变化过程中的无穷小,且 $\alpha\neq 0$.

(1)如果 $\lim\dfrac{\beta}{\alpha}=0$,则称 β 是比 α **高阶的无穷小**,记作 $\beta=o(\alpha)$;

(2)如果 $\lim\dfrac{\beta}{\alpha}=\infty$,则称 β 是比 α **低阶的无穷小**;

(3)如果 $\lim\dfrac{\beta}{\alpha}=c(c\neq 0)$,则称 β 与 α 是**同阶无穷小**.

特别地,如果 $c=1$,则称 β 与 α 是**等价无穷小**,记作 $\alpha\sim\beta$.

下面举一些例子.

因为 $\lim\limits_{x\to 0}\dfrac{1-\cos x}{x}=\lim\limits_{x\to 0}\left(\dfrac{1-\cos x}{x^2}\cdot x\right)=0$,所以当 $x\to 0$ 时,$1-\cos x$ 是比 x 高阶的无穷小,即 $1-\cos x=o(x)$.

因为 $\lim\limits_{n\to\infty}\dfrac{\dfrac{1}{n}}{\dfrac{1}{n^2}}=\infty$,所以当 $n\to\infty$ 时,$\dfrac{1}{n}$ 是比 $\dfrac{1}{n^2}$ 低阶的无穷小.

因为 $\lim\limits_{x\to0}\dfrac{\sin 5x}{x}=5\lim\limits_{x\to0}\dfrac{\sin 5x}{5x}=5$,所以当 $x\to0$ 时,$\sin 5x$ 与 x 是同阶无穷小.

因为 $\lim\limits_{x\to0}\dfrac{1-\cos x}{\frac{1}{2}x^2}=1$,所以当 $x\to0$ 时,$1-\cos x$ 与 $\dfrac{1}{2}x^2$ 是等价无穷小,即 $1-\cos x\sim\dfrac{1}{2}x^2$.

需要注意的是,并非任何两个无穷小都可以进行比较.例如,当 $x\to0$ 时,x 与 $x\sin\dfrac{1}{x}$ 都是无穷小,但

$$\frac{x\sin\frac{1}{x}}{x}=\sin\frac{1}{x}$$

的极限不存在(不是 ∞),所以这两个无穷小的比较是没有意义的.

2.6.2 等价无穷小的性质

定理 设 $\alpha\sim\alpha'$,且 $\lim\alpha'u$,$\lim\dfrac{v}{\alpha'}$ 存在,则

$$\lim\alpha u=\lim\alpha'u,\quad\lim\frac{v}{\alpha}=\lim\frac{v}{\alpha'}.$$

证 $\lim\alpha u=\lim\dfrac{\alpha}{\alpha'}\cdot\alpha'u=\lim\alpha'u,$

$$\lim\frac{v}{\alpha}=\lim\frac{v}{\alpha'}\cdot\frac{\alpha'}{\alpha}=\lim\frac{v}{\alpha'}.$$

该定理表明,在乘除运算的极限中用等价无穷小代换不改变其极限.因此,如果用来代换的无穷小选得适当的话,可以使计算简化.

例 1 求 $\lim\limits_{x\to0}\dfrac{\sin x}{x^3-4x}$.

解 $\lim\limits_{x\to0}\dfrac{\sin x}{x^3-4x}=\lim\limits_{x\to0}\dfrac{x}{x^3-4x}=\lim\limits_{x\to0}\dfrac{1}{x^2-4}=-\dfrac{1}{4}.$

例 2 求 $\lim\limits_{x\to0}\dfrac{\tan 5x}{\sin 4x}$.

解 $\lim\limits_{x\to0}\dfrac{\tan 5x}{\sin 4x}=\lim\limits_{x\to0}\dfrac{5x}{4x}=\dfrac{5}{4}.$

例 3 求 $\lim\limits_{x\to0}\dfrac{\tan x-\sin x}{x^3}$.

解 $\lim\limits_{x\to0}\dfrac{\tan x-\sin x}{x^3}=\lim\limits_{x\to0}\dfrac{\sin x(1-\cos x)}{x^3\cos x}=\lim\limits_{x\to0}\dfrac{x\cdot\frac{1}{2}x^2}{x^3\cos x}=\dfrac{1}{2}.$

在应用上述定理时,要记住一些常见的等价无穷小,列出如下:

当 $x\to0$ 时,$\sin x\sim x$;$\tan x\sim x$;$\arcsin x\sim x$;$\arctan x\sim x$;$1-\cos x\sim\dfrac{1}{2}x^2$;$\ln(1+x)\sim x$;

$e^x-1\sim x$;$a^x-1\sim x\ln a\,(a>0)$;$(1+x)^\alpha-1\sim\alpha x\,(a\neq0$ 是常数$)$.

例 4 求 $\lim\limits_{x\to1}\dfrac{(1-\sqrt{x})(1-\sqrt[3]{x})\cdots(1-\sqrt[n]{x})}{(1-x)^{n-1}}$.

解 令 $y=x-1$,则 $x=1+y$.当 $x\to1$ 时,$y\to0$.于是

$$\lim_{x \to 1} \frac{(1-\sqrt{x})(1-\sqrt[3]{x})\cdots(1-\sqrt[n]{x})}{(1-x)^{n-1}} = \lim_{y \to 0} \frac{[1-(1+y)^{\frac{1}{2}}][1-(1+y)^{\frac{1}{3}}]\cdots[1-(1+y)^{\frac{1}{n}}]}{(-y)^{n-1}}$$

$$= \lim_{y \to 0} (-1)^{n-1} \frac{\left(\frac{1}{2}y\right)\left(\frac{1}{3}y\right)\cdots\left(\frac{1}{n}y\right)}{(-y)^{n-1}}$$

$$= \lim_{y \to 0} \frac{1}{n!} = \frac{1}{n!}.$$

§2.7　函数的连续性与间断点

连续函数是高等数学中着重讨论的一类函数. 从几何形象上粗略地说,如果函数是连续的,那么它的图像是一条连绵不断的曲线. 当然不能满足于这种直观的认识,需要给出它的精确定义.

2.7.1　函数在一点的连续性

为描述函数的连续性,先引入增量的概念.

设变量 x 从它的一个初值 x_0 变到终值 x_1,终值与初值的差 $x_1 - x_0$ 称为**变量 x 的增量**,记作 Δx,即

$$\Delta x = x_1 - x_0.$$

增量 Δx 也称为**改变量**,它可以是正数,也可以是零或负数.

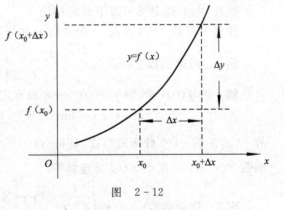

设函数 $y = f(x)$ 在点 x_0 的某邻域内有定义,当自变量 x 在该邻域内从 x_0 变到 $x_0 + \Delta x$ 时,函数 y 相应地从 $f(x_0)$ 变到 $f(x_0 + \Delta x)$,则称

$$\Delta y = f(x_0 + \Delta x) - f(x_0)$$

为函数 $y = f(x)$ 的**增量**,如图 2-12 所示.

假如保持 x_0 不变,而让自变量的增量 Δx

图　2-12

变动,则函数 y 的增量 Δy 也随着变动. 函数的连续性概念可以这样直观描述:如果当 Δx 趋向于零时,Δy 也趋向于零. 于是给出下面的定义.

定义 1　设函数 $y = f(x)$ 在点 x_0 的某邻域内有定义,如果当自变量的增量 Δx 趋于零时,对应的函数增量 $\Delta y = f(x_0 + \Delta x) - f(x_0)$ 也趋于零,即

$$\lim_{\Delta x \to 0} \Delta y = \lim_{\Delta x \to 0} [f(x_0 + \Delta x) - f(x_0)] = 0,$$

则称函数 $y = f(x)$ 在点 x_0 处**连续**.

设 $x = x_0 + \Delta x$,则 $\Delta x \to 0$ 就是 $x \to x_0$. 由于

$$\Delta y = f(x_0 + \Delta x) - f(x_0) = f(x) - f(x_0),$$

即 $f(x) = f(x_0) + \Delta y$,可见 $\Delta y \to 0$ 就是 $f(x) \to f(x_0)$,因此 $\lim\limits_{\Delta x \to 0} \Delta y = 0$ 与 $\lim\limits_{x \to x_0} f(x) = f(x_0)$ 相当. 所以,函数 $y = f(x)$ 在点 x_0 处连续的定义又可如下叙述:

定义 2　设函数 $y = f(x)$ 在点 x_0 的某邻域内有定义,如果函数 $f(x)$ 当 $x \to x_0$ 时的极限存在,且等于它在点 x_0 处的函数值 $f(x_0)$,即

$$\lim_{x \to x_0} f(x) = f(x_0),$$

则称函数 $y = f(x)$ 在点 x_0 处**连续**.

由于函数 $y = f(x)$ 在点 x_0 处连续是用极限来定义的,因而上述定义也可用"$\varepsilon - \delta$"语言来描述,这就是:

定义 3 设函数 $y = f(x)$ 在点 x_0 的某邻域内有定义,如果对于任意给定的 $\varepsilon > 0$,总存在 $\delta > 0$,使得对于适合不等式 $|x - x_0| < \delta$ 的一切 x,对应的函数值 $f(x)$ 都满足不等式

$$|f(x) - f(x_0)| < \varepsilon,$$

则称函数 $y = f(x)$ 在点 x_0 处**连续**.

函数 $y = f(x)$ 在一点 x_0 处连续的三种定义形式是等价的,本质是一致的,表述的是同一概念,从其中任一定义出发便可以推出另外两个定义形式.

如果

$$\lim_{x \to x_0^-} f(x) = f(x_0),$$

则称函数 $f(x)$ 在点 x_0 处**左连续**.类似地,如果

$$\lim_{x \to x_0^+} f(x) = f(x_0),$$

则称函数 $f(x)$ 在点 x_0 处**右连续**.

显然,由上述定义可得下面的结论:

定理 函数 $f(x)$ 在点 x_0 处连续的充分必要条件是 $f(x)$ 在点 x_0 处既左连续又右连续.

例 1 讨论函数 $f(x) = |x| = \begin{cases} x & \text{当 } x \geq 0 \\ -x & \text{当 } x < 0 \end{cases}$ 在点 $x = 0$ 处的连续性.

解 因 $f(0) = 0$,即 $f(x)$ 在 $x = 0$ 处有定义.而

$$\lim_{x \to 0^-} f(x) = \lim_{x \to 0^-} (-x) = 0, \qquad \lim_{x \to 0^+} f(x) = \lim_{x \to 0^+} x = 0,$$

故 $f(x)$ 在点 $x = 0$ 处极限存在,即 $\lim_{x \to 0} f(x) = 0$,且 $\lim_{x \to 0} f(x) = f(0)$,即极限值等于函数值,所以函数 $f(x) = |x|$ 在点 $x = 0$ 是连续的.

例 2 讨论函数 $f(x) = \begin{cases} \dfrac{1}{x-1} & \text{当 } x < 0 \\ x - 4 & \text{当 } x \geq 0 \end{cases}$ 在点 $x = 0$ 处的连续性.

解 因 $f(0) = -4$,即 $f(x)$ 在点 $x = 0$ 处有定义.而

$$\lim_{x \to 0^-} f(x) = \lim_{x \to 0^-} \frac{1}{x-1} = -1, \qquad \lim_{x \to 0^+} f(x) = \lim_{x \to 0^+} (x - 4) = -4,$$

即 $f(x)$ 在点 $x = 0$ 处的左、右极限存在,但不相等,故 $f(x)$ 在点 $x = 0$ 处的极限不存在,所以函数 $f(x)$ 在点 $x = 0$ 处是不连续的.

2.7.2 区间上的连续函数

如果函数 $f(x)$ 在开区间 (a, b) 内的每一点都连续,则称 $f(x)$ 为 (a, b) 上的**连续函数**.如果函数 $f(x)$ 在开区间 (a, b) 上连续,并且在左端点 a 处**右连续**,在右端点 b 处**左连续**,则称 $f(x)$ 为闭区间 $[a, b]$ 上的**连续函数**.

例 3 证明函数 $y = \sin x$ 在区间 $(-\infty, +\infty)$ 上连续.

证 设 x 是区间 $(-\infty, +\infty)$ 内任意取定的一点,当 x 有增量 Δx 时,对应的函数增量为

$$\Delta y = \sin(x + \Delta x) - \sin x = 2\sin\frac{\Delta x}{2} \cdot \cos\left(x + \frac{\Delta x}{2}\right).$$

因为

$$\lim_{\Delta x \to 0}\Delta y = \lim_{\Delta x \to 0}\Delta x \cdot \cos\left(x + \frac{\Delta x}{2}\right) = 0,$$

这就证明了 $y = \sin x$ 对于任意 $x \in (-\infty, +\infty)$ 都是连续的,继而证明了函数 $y = \sin x$ 在区间 $(-\infty, +\infty)$ 上的连续性.

类似地,可以仿效此方法证明函数 $y = \cos x$ 在区间 $(-\infty, +\infty)$ 上连续.

2.7.3 函数的间断点

如果函数 $f(x)$ 在点 x_0 处不连续,则点 x_0 称为函数 $f(x)$ 的**间断点**或**不连续点**.

所以,若 x_0 为函数 $f(x)$ 的间断点,则必出现下列三种情形之一:

(1) $f(x)$ 在点 x_0 处没有定义,即 $f(x_0)$ 不存在;

(2) $f(x)$ 在点 x_0 处有定义,但 $\lim\limits_{x \to x_0} f(x)$ 不存在;

(3) $f(x)$ 在点 x_0 处有定义,$\lim\limits_{x \to x_0} f(x)$ 也存在,但 $\lim\limits_{x \to x_0} f(x) \neq f(x_0)$.

函数的间断点常按下列情形分类:

1. 可去间断点

若

$$\lim_{x \to x_0} f(x) = A,$$

而 $f(x)$ 在点 x_0 处没有定义,或有定义但 $f(x_0) \neq A$,则称点 x_0 为函数 $f(x)$ 的**可去间断点**.

若点 x_0 为函数 $f(x)$ 的可去间断点,只须补充定义或改变 $f(x)$ 在点 x_0 处的函数值,就可使 $f(x)$ 在点 x_0 处变间断为连续.

例 4 讨论函数 $f(x) = \dfrac{\sin x}{x}$ 在点 $x = 0$ 处的连续性.

解 $f(x)$ 在 $x = 0$ 处没有定义,所以 $f(x)$ 在点 $x = 0$ 处间断.

但 $\lim\limits_{x \to 0} f(x) = 1$,故 $x = 0$ 是函数 $f(x)$ 的可去间断点.

注意 如果补充定义,令 $f(0) = 1$,那么得到一个新的函数

$$f_1(x) = \begin{cases} \dfrac{\sin x}{x} & \text{当 } x \neq 0 \\ 1 & \text{当 } x = 0 \end{cases},$$

则 $f_1(x)$ 在点 $x = 0$ 处是连续的.

2. 跳跃间断点

若 $f(x)$ 在点 x_0 处存在左、右极限,但

$$\lim_{x \to x_0^-} f(x) \neq \lim_{x \to x_0^+} f(x),$$

则称 x_0 为函数 $f(x)$ 的**跳跃间断点**.

例 5 讨论函数 $f(x) = \begin{cases} x + 1 & \text{当 } x < 0 \\ 0 & \text{当 } x = 0 \\ x - 1 & \text{当 } x > 0 \end{cases}$ 在点 $x = 0$ 处的连续性(见图 2-13).

解 $f(x)$ 在点 $x=0$ 处有定义 $f(0)=0$,而

$$\lim_{x\to 0^-}f(x)=\lim_{x\to 0^-}(x+1)=1, \quad \lim_{x\to 0^+}f(x)=\lim_{x\to 0^+}(x-1)=-1,$$

虽然在点 $x=0$ 处的左、右极限存在,但不相等,故 $x=0$ 是函数 $f(x)$ 的跳跃间断点.

例 6 讨论函数 $f(x)=\begin{cases} x\sin\dfrac{1}{x} & \text{当}-2\leqslant x<0 \\ x+1 & \text{当}\ 0\leqslant x\leqslant 2 \end{cases}$ 在点 $x=0$ 处的连续性.

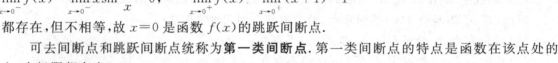

图 2-13

解 $f(x)$ 在点 $x=0$ 处有定义 $f(0)=1$.因左、右极限

$$\lim_{x\to 0^-}f(x)=\lim_{x\to 0}x\sin\frac{1}{x}=0, \quad \lim_{x\to 0^+}f(x)=\lim_{x\to 0}(x+1)=1$$

都存在,但不相等,故 $x=0$ 是函数 $f(x)$ 的跳跃间断点.

可去间断点和跳跃间断点统称为**第一类间断点**.第一类间断点的特点是函数在该点处的左、右极限都存在.

3. 第二类间断点

函数的所有其他形式的间断点,即函数在该点处至少有一侧的极限不存在,称为**第二类间断点**.

例 7 讨论函数 $f(x)=\dfrac{1}{x^2}$ 在点 $x=0$ 处的连续性.

解 $f(x)$ 在点 $x=0$ 处没有定义,所以 $f(x)$ 在点 $x=0$ 处间断.

因 $\lim\limits_{x\to 0}f(x)=+\infty$(见图 2-14),故 $x=0$ 是函数 $f(x)$ 的第二类间断点.因为当 $x\to 0$ 时,$f(x)$ 趋向于无穷大,所以也称点 $x=0$ 是**无穷间断点**.

例 8 讨论函数 $f(x)=\sin\dfrac{1}{x}$ 在点 $x=0$ 处的连续性.

解 $f(x)$ 在点 $x=0$ 处没有定义,所以 $f(x)$ 在点 $x=0$ 处间断.

因为当 $x\to 0$ 时,函数 $\sin\dfrac{1}{x}$ 的左、右极限都不存在,故 $x=0$ 是函数 $f(x)$ 的第二类间断点.因为当 $x\to 0$ 时,函数值 $\sin\dfrac{1}{x}$ 在 -1 与 1 之间振荡无限次(见图 2-15),所以 $x=0$ 也称为**振荡间断点**.

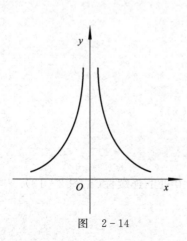

图 2-14

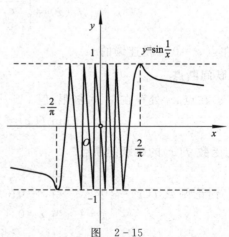

图 2-15

§2.8　连续函数的运算与初等函数的连续性

2.8.1　连续函数的和、差、积、商的连续性

定理 1　如果函数 $f(x),g(x)$ 在点 x_0 处连续,则它们的和、差、积、商(分母不为零)在点 x_0 也连续.

证　只证和的情形,其他的证明都是类似的.

因为 $f(x),g(x)$ 在点 x_0 处连续,故有

$$\lim_{x \to x_0} f(x) = f(x_0), \quad \lim_{x \to x_0} g(x) = g(x_0).$$

根据极限的运算法则得

$$\lim_{x \to x_0} [f(x) + g(x)] = \lim_{x \to x_0} f(x) + \lim_{x \to x_0} g(x) = f(x_0) + g(x_0),$$

所以 $f(x) + g(x)$ 在点 x_0 处连续.

例 1　因 $\tan x = \dfrac{\sin x}{\cos x}, \cot x = \dfrac{\cos x}{\sin x}$,而 $\sin x, \cos x$ 都在 $(-\infty, +\infty)$ 内连续,所以由定理 1 知,$\tan x, \cot x$ 在它的定义域内连续.

因此,三角函数 $\sin x, \cos x, \tan x, \cot x$ 在它们的定义域内是连续的.

2.8.2　反函数的连续性

定理 2　如果函数 $y = f(x)$ 在某区间上单调增加(或单调减少)且连续,则它的反函数 $x = \varphi(y)$ 也在对应的区间上单调增加(或单调减少)且连续.

证明从略.

例 2　讨论 $y = \arcsin x$ 的连续性.

解　由于 $y = \sin x$ 在 $\left[-\dfrac{\pi}{2}, \dfrac{\pi}{2}\right]$ 上单调增加且连续,故 $y = \arcsin x$ 在 $[-1,1]$ 上也是单调增加且连续的.

同样,应用定理 2 可证:$y = \arccos x$ 在 $[-1,1]$ 上单调减少且连续;$y = \arctan x$ 在 $(-\infty, +\infty)$ 内单调增加且连续;$y = \text{arccot}\, x$ 在 $(-\infty, +\infty)$ 内单调减少且连续.

总之,反三角函数 $\arcsin x, \arccos x, \arctan x, \text{arccot}\, x$ 在它们的定义域内是连续的.

2.8.3　复合函数的连续性

1. 复合函数的极限

定理 3　设函数 $u = \varphi(x)$ 当 $x \to x_0$ 时的极限存在且等于 a,即

$$\lim_{x \to x_0} \varphi(x) = a,$$

而函数 $y = f(u)$ 在 $u = a$ 处连续,则复合函数 $f(\varphi(x))$ 当 $x \to x_0$ 时的极限存在,且

$$\lim_{x \to x_0} f(\varphi(x)) = f(a) = f(\lim_{x \to x_0} \varphi(x)).$$

证明从略.

在定理 3 的条件下,求复合函数 $f(\varphi(x))$ 极限时,函数符号 f 与极限符号 $\lim$ 可以交换次序.

把定理 3 中的 $x \to x_0$ 换成 $x \to \infty$,可得类似的定理.

例 3 求 $\lim\limits_{x \to 0} \ln \dfrac{\sin x}{x}$.

解 $\lim\limits_{x \to 0} \ln \dfrac{\sin x}{x} = \ln \left(\lim\limits_{x \to 0} \dfrac{\sin x}{x} \right) = \ln 1 = 0.$

例 4 求 $\lim\limits_{x \to 0} \dfrac{\ln(1+x)}{x}$.

解 $\lim\limits_{x \to 0} \dfrac{\ln(1+x)}{x} = \lim\limits_{x \to 0} \ln (1+x)^{\frac{1}{x}} = \ln \lim\limits_{x \to 0} (1+x)^{\frac{1}{x}} = \ln e = 1.$

例 5 求 $\lim\limits_{x \to 0} \dfrac{a^x - 1}{x}$.

解 令 $t = a^x - 1$,则 $x = \log_a(1+t)$. 当 $x \to 0$ 时,$t \to 0$.

$$\lim_{x \to 0} \frac{a^x - 1}{x} = \lim_{t \to 0} \frac{t}{\log_a(1+t)} = \frac{1}{\lim\limits_{t \to 0} \log_a(1+t)^{\frac{1}{t}}} = \frac{1}{\log_a \lim\limits_{t \to 0}(1+t)^{\frac{1}{t}}} = \frac{1}{\log_a e} = \ln a.$$

2. 复合函数的连续性

定理 4 设函数 $u = \varphi(x)$ 在点 $x = x_0$ 处连续,且 $\varphi(x_0) = u_0$,而函数 $y = f(u)$ 在点 $u = u_0$ 处连续,则复合函数 $f(\varphi(x))$ 在点 $x = x_0$ 处也是连续的.

证 只要在定理 3 中令 $a = u_0 = \varphi(x_0)$,这就表示 $\varphi(x)$ 在点 x_0 处连续,于是

$$\lim_{x \to x_0} f(\varphi(x)) = f(u_0) = f(\varphi(x_0)),$$

这就证明了复合函数 $f(\varphi(x))$ 在点 x_0 处连续.

例 6 讨论函数 $y = \sin \dfrac{1}{x}$ 的连续性.

解 函数 $y = \sin \dfrac{1}{x}$ 可以看做是由 $y = \sin u$、$u = \dfrac{1}{x}$ 复合而成的. 因为 $u = \dfrac{1}{x}$ 在 $(-\infty, 0) \bigcup (0, +\infty)$ 内连续,又因 $y = \sin u$ 在 $(-\infty, +\infty)$ 内连续,根据定理 4,函数 $y = \sin \dfrac{1}{x}$ 在 $(-\infty, 0) \bigcup (0, +\infty)$ 内连续.

2.8.4 初等函数的连续性

前面证明了三角函数及反三角函数在它们的定义域内是连续的.

我们指出(但不详细讨论),指数函数 $y = a^x (a > 0, a \neq 1)$ 在区间 $(-\infty, +\infty)$ 内有定义,且单调和连续,它的值域为 $(0, +\infty)$.

由指数函数的单调性和连续性,引用定理 2 可得到:对数函数 $y = \log_a x (a > 0, a \neq 1)$ 在区间 $(0, +\infty)$ 内单调且连续.

幂函数 $y = x^\mu$ 的定义域随 μ 的值而异. 但无论 μ 为何值,在区间 $(0, +\infty)$ 内幂函数总是有定义的,而且连续. 事实上,设 $x > 0$,则

$$y = x^\mu = a^{\mu \log_a x},$$

因此,幂函数 x^μ 可看作是由 $y = a^u$,$u = \mu \log_a x$ 复合而成. 根据定理 4,它在 $(0, +\infty)$ 内连续. 如果对于 μ 取各种不同值加以分别讨论,可以证明(证明从略)幂函数在它的定义域内是连续的.

综合起来得到:**基本初等函数在它们的定义域内都是连续的.**

根据初等函数的定义,由基本初等函数的连续性以及定理 1 和定理 4 可得下列重要结论:**一切初等函数在其定义区间(即包含在定义域内的区间)内都是连续的.**

初等函数连续性的结论提供了求极限的一个方法,这就是:若 $f(x)$ 是初等函数,x_0 是 $f(x)$ 定义区间内的一点,则

$$\lim_{x \to x_0} f(x) = f(x_0).$$

例 7　求 $\lim\limits_{x \to \frac{\pi}{4}} \dfrac{\sin 2x}{2\cos(\pi - x)}$.

解　$\lim\limits_{x \to \frac{\pi}{4}} \dfrac{\sin 2x}{2\cos(\pi - x)} = \dfrac{\sin \dfrac{\pi}{2}}{2\cos \dfrac{3\pi}{4}} = -\dfrac{\sqrt{2}}{2}$.

例 8　求 $\lim\limits_{x \to 0} \dfrac{\sqrt{1 + x^2} - 1}{x}$.

解　$\lim\limits_{x \to 0} \dfrac{\sqrt{1 + x^2} - 1}{x} = \lim\limits_{x \to 0} \dfrac{(\sqrt{1 + x^2} - 1)(\sqrt{1 + x^2} + 1)}{x(\sqrt{1 + x^2} + 1)} = \lim\limits_{x \to 0} \dfrac{x}{\sqrt{1 + x^2} + 1} = \dfrac{0}{2} = 0$.

§2.9　闭区间上连续函数的性质

函数在一点处的连续性只是讨论函数在该点的某一邻域内的局部性质,此外函数的连续性还反映在连续区间上的整体性质. 本节主要介绍闭区间上连续函数的性质,由于在证明中要用到实数理论,因此省略证明,但可以借助几何图形直观地来理解.

2.9.1　最大值与最小值定理与有界性定理

下面的定理给出函数的最大值和最小值存在的充分条件.

定理 1(最大值与最小值定理)　在闭区间上连续的函数在该区间上一定有最大值和最小值.

这就是说,如果函数 $f(x)$ 在闭区间 $[a, b]$ 上连续,那么在 $[a, b]$ 上至少有一点 ξ_1 和一点 ξ_2,使对一切 $x \in [a, b]$ 有

$$f(x) \geqslant f(\xi_1), \quad f(x) \leqslant f(\xi_2).$$

即 $f(\xi_1), f(\xi_2)$ 分别是 $f(x)$ 在 $[a, b]$ 上的最小值和最大值. 如图 2-16 所示,取得最小值和最大值的点 ξ_1, ξ_2 也可能是闭区间的端点.

对于定理 1,需要注意以下两点:

(1)如果不是闭区间 $[a, b]$,而是开区间 (a, b),那么定理的结论不一定成立.

例如,函数 $f(x) = \tan x$ 在 $\left(-\dfrac{\pi}{2}, \dfrac{\pi}{2}\right)$ 内连续,但在 $\left(-\dfrac{\pi}{2}, \dfrac{\pi}{2}\right)$ 内既没有最大值,也没有最小值.

(2)如果函数 $f(x)$ 在 $[a, b]$ 上有间断点(不连续),那么定理的结论不一定成立.

例如,函数

$$f(x) = \begin{cases} -x+1 & \text{当 } 0 \leqslant x < 1 \\ 1 & \text{当 } x = 1 \\ -x+3 & \text{当 } 1 < x \leqslant 2 \end{cases}$$

在 $[0,2]$ 上有间断点 $x=1$(图 2-17),但 $f(x)$ 在 $[0,2]$ 上既没有最大值,也没有最小值.

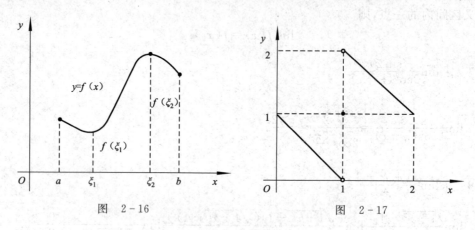

图 2-16   图 2-17

由定理 1 很容易得到一个重要结论:

定理 2(有界性定理)　在闭区间连续的函数一定在该区间上有界.

证　设函数 $f(x)$ 在闭区间 $[a,b]$ 上连续,由定理 1,$f(x)$ 在 $[a,b]$ 上有最大值 M 和最小值 m,则对于任一 $x \in [a,b]$,有

$$m \leqslant f(x) \leqslant M.$$

即在闭区间 $[a,b]$ 上,函数 $f(x)$ 既有上界 M,又有下界 m,所以 $f(x)$ 在 $[a,b]$ 上有界.

2.9.2　零点定理与介值定理

如果存在点 x_0,使得 $f(x_0)=0$,那么点 x_0 就称为 $f(x)$ 的**零点**.

定理 3(零点定理)　设函数 $f(x)$ 在闭区间 $[a,b]$ 上连续,且 $f(a)f(b)<0$(即 $f(a)$ 与 $f(b)$ 异号),则 $f(x)$ 在开区间 (a,b) 内至少有一个零点,即至少存在一点 $\xi(a<\xi<b)$,使 $f(\xi)=0$.

定理 3 的几何意义是:如果连续曲线弧 $y=f(x)$ 的两个端点位于 x 轴的不同侧,那么这段曲线弧与 x 轴至少有一个交点(图 2-18).

由定理 3 可推得较一般性的结论:

定理 4(介值定理)　设函数 $f(x)$ 在闭区间 $[a,b]$ 上连续,且在该区间端点取不同的函数值

$$f(a)=A \quad \text{及} \quad f(b)=B,$$

那么,对于 A 与 B 之间的任意一个数 μ,在开区间 (a,b) 内至少有一点 ξ,使得

$$f(\xi)=\mu \quad (a<\xi<b).$$

证　设 $g(x)=f(x)-\mu$,则 $g(x)$ 在闭区间 $[a,b]$ 上连续,且 $g(a)=f(a)-\mu$ 与 $g(b)=f(b)-\mu$ 异号.根据零点定理,在 (a,b) 内至少有一点 ξ,使得

$$g(\xi)=0.$$

又 $g(\xi)=f(\xi)-\mu$,由此即得 $f(\xi)=\mu$.

该定理的几何意义是:连续曲线弧 $y=f(x)$ 与水平直线 $y=\mu$ 至少相交于一点(见图 2-19).

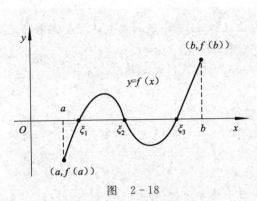

图 2-18

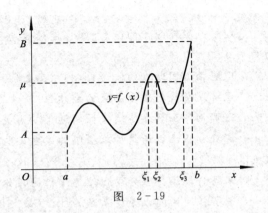

图 2-19

由定理 4 可以得到以下推论：

推论 在闭区间上连续的函数必取得介于最大值 M 与最小值 m 之间的任何值.

证 设 $M=f(x_1),m=f(x_2)$,而 $M\neq m$,在以 x_1,x_2 为端点的闭区间上应用介值定理,即得上述结论.

例 1 证明方程 $x^3-4x^2+1=0$ 在开区间 $(0,1)$ 内至少有一个根.

证 设 $f(x)=x^3-4x^2+1$,因 $f(x)$ 在闭区间 $[0,1]$ 上连续,又

$$f(0)=1>0, \quad f(1)=-2<0.$$

根据零点定理,在 $(0,1)$ 内至少有一点 ξ,使得 $f(\xi)=0$,即

$$\xi^3-4\xi^2+1=0 \quad (0<\xi<1).$$

该等式说明方程 $x^3-4x^2+1=0$ 在区间 $(0,1)$ 内至少有一个根 ξ.

例 2 设 $f(x)$ 在区间 $[a,b]$ 上是连续的,且 $f(a)<a,f(b)>b$,证明：存在 $\xi\in(a,b)$ 使得 $f(\xi)=\xi$.

证 设 $g(x)=f(x)-x$,由于 $f(x)$ 在 $[a,b]$ 上连续,因此 $g(x)$ 在 $[a,b]$ 上连续,且

$$g(a)=f(a)-a<0, \quad g(b)=f(b)-b>0,$$

由零点定理可知,一定存在 $\xi\in(a,b)$,使得 $g(\xi)=0$,即 $f(\xi)=\xi$.

第 2 章 考核要求

◇理解极限概念(用"$\varepsilon-N$"、"$\varepsilon-X$"和"$\varepsilon-\delta$"语言证明极限不作要求)和性质.

◇掌握左右极限的求法；掌握极限存在与左右极限存在的关系.

◇会用夹逼准则求简单极限.

◇掌握极限四则运算法则；理解复合函数的极限运算.

◇掌握用两个重要极限求极限的方法.

◇理解无穷小量、无穷大量的概念及性质；掌握无穷小量阶的比较.

◇掌握利用"有界函数和无穷小的积仍是无穷小"求极限的方法.

◇掌握用等价无穷小替换求极限的方法.

◇掌握分段函数在分段点处极限存在性的讨论方法.

◇理解增量的概念.

◇理解函数连续性的概念;掌握连续性与左右连续的关系;理解函数连续性与极限之间的关系.

◇理解函数间断点的概念;掌握求函数间断点的方法并判断其类型.

◇理解反函数和复合函数的连续性.

◇理解初等函数在其定义区间连续的有关结论.

◇掌握利用函数连续性求极限的方法(包括函数运算与极限运算的换序、函数在连续点的极限等).

◇掌握分段函数在分段点处连续性的讨论方法.

◇理解在闭区间上连续函数的性质(最大值最小值定理、有界性定理、介值定理、零点定理);掌握用零点定理判断方程根的存在性.

习 题 2

A 组

1. 观察下列数列 $\{x_n\}$ 的变化趋势,若有极限,写出其极限.

(1) $x_n = 2n + 5$;

(2) $x_n = \dfrac{(-1)^n}{n}$;

(3) $x_n = 2 + \dfrac{1}{n^3}$;

(4) $x_n = (-1)^n n$.

2. 利用数列极限的定义证明.

(1) $\lim\limits_{n \to \infty} \dfrac{n}{n+1} = 1$;

(2) $\lim\limits_{n \to \infty} \dfrac{1}{n^3} = 0$;

(3) $\lim\limits_{n \to \infty} \dfrac{3n+1}{4n-1} = \dfrac{3}{4}$;

(4) $\lim\limits_{n \to \infty} \dfrac{1}{2^n} = 0$.

3. 利用函数极限的定义证明.

(1) $\lim\limits_{x \to \infty} \dfrac{1+x^3}{2x^3} = \dfrac{1}{2}$;

(2) $\lim\limits_{x \to +\infty} \dfrac{\sin x}{\sqrt{x}} = 0$;

(3) $\lim\limits_{x \to 2}(5x+2) = 12$;

(4) $\lim\limits_{x \to -2} \dfrac{x^2-4}{x+2} = -4$.

4. 由函数 $y = 2^{-x}$ 的图形考察极限 $\lim\limits_{x \to +\infty} 2^{-x}$, $\lim\limits_{x \to -\infty} 2^{-x}$, $\lim\limits_{x \to \infty} 2^{-x}$.

5. 由函数 $y = \operatorname{arccot} x$ 的图形考察极限 $\lim\limits_{x \to +\infty} \operatorname{arccot} x$, $\lim\limits_{x \to -\infty} \operatorname{arccot} x$, $\lim\limits_{x \to \infty} \operatorname{arccot} x$.

6. 由函数 $y = \cos x$ 的图形考察极限 $\lim\limits_{x \to 0} \cos x$, $\lim\limits_{x \to \frac{\pi}{2}} \cos x$, $\lim\limits_{x \to \infty} \cos x$.

7. 由函数 $y = \ln(1+x)$ 的图形考察极限 $\lim\limits_{x \to +\infty} \ln(1+x)$, $\lim\limits_{x \to 0} \ln(1+x)$, $\lim\limits_{x \to -1^+} \ln(1+x)$.

8. 讨论函数 $f(x) = \dfrac{|x|}{x}$ 在 $x \to 0$ 时的极限.

9. 讨论函数 $f(x) = \begin{cases} x^2 & \text{当 } x < 1 \\ x+1 & \text{当 } x \geqslant 1 \end{cases}$ 在 $x \to 1$ 时的极限.

10. 下列说法是否正确,为什么?

(1)无穷小是零;

(2)零是无穷小;

(3)无穷小是越来越小的变量;

(4)无限个无穷小的和一定是无穷小;

(5)无穷大是越来越大的变量;

(6)无穷大与有界变量之积仍为无穷大;

(7)两个无穷大的和一定是无穷大;

(8)两个无穷大的积一定是无穷大.

11. 利用无穷小的性质求下列极限.

$(1)\lim\limits_{x\to 1}\dfrac{x+1}{x-1}$;

$(2)\lim\limits_{x\to 0}x^2\cos\dfrac{1}{x}$;

$(3)\lim\limits_{x\to\infty}\dfrac{\arctan x}{x}$;

$(4)\lim\limits_{x\to+\infty}e^{-x}\operatorname{arccot}x$.

12. 根据函数极限或无穷大的定义,填写下表.

	$f(x)\to A$	$f(x)\to\infty$	$f(x)\to+\infty$	$f(x)\to-\infty$
$x\to x_0$	任给 $\varepsilon>0$,存在 $\delta>0$,当 $0<\lvert x-x_0\rvert<\delta$ 时,有 $\lvert f(x)-A\rvert<\varepsilon$.			
$x\to x_0^{+}$				
$x\to x_0^{-}$				
$x\to\infty$		任给 $M>0$,存在 $X>0$,当 $\lvert x\rvert>X$ 时,有 $\lvert f(x)\rvert>M$.		
$x\to+\infty$				
$x\to-\infty$				

13. 求下列函数的极限.

$(1)\lim\limits_{x\to 1}(3x^2+4x-2)$;

$(2)\lim\limits_{x\to 2}\dfrac{x^2+5}{x-3}$;

$(3)\lim\limits_{x\to\sqrt{3}}\dfrac{x^2-3}{x^2+1}$;

$(4)\lim\limits_{x\to 4}\dfrac{x^2-16}{x-4}$;

$(5)\lim\limits_{x\to-2}\dfrac{x^3+8}{x+2}$;

$(6)\lim\limits_{h\to 0}\dfrac{(x+h)^2-x^2}{h}$;

$(7)\lim\limits_{x\to 1}\dfrac{x^2-2x+1}{x^2-1}$;

$(8)\lim\limits_{x\to\infty}\left(5+\dfrac{1}{x}-\dfrac{3}{x^2}\right)$;

$(9)\lim\limits_{x\to\infty}\left(1+\dfrac{1}{x}\right)\left(2-\dfrac{1}{x^2}\right)$;

$(10)\lim\limits_{n\to\infty}\dfrac{(n+1)(n+2)(n+3)}{5n^3}$;

(11) $\lim\limits_{x \to 2}\dfrac{x^3 + 2x^2}{(x-2)^2}$;

(12) $\lim\limits_{x \to \infty}\dfrac{x^2 + x}{x^4 - 3x^2 + 1}$;

(13) $\lim\limits_{x \to 3}\dfrac{x^2 - 5x + 6}{x^2 - 8x + 15}$;

(14) $\lim\limits_{n \to \infty}\dfrac{(n-1)^2}{n+1}$;

(15) $\lim\limits_{x \to 1}\left(\dfrac{1}{1-x} - \dfrac{3}{1-x^3}\right)$;

(16) $\lim\limits_{x \to \infty}\dfrac{(2x-3)^{20}(3x+2)^{30}}{(2x+1)^{50}}$;

(17) $\lim\limits_{n \to \infty}\left(1 + \dfrac{1}{2} + \dfrac{1}{4} + \cdots + \dfrac{1}{2^n}\right)$;

(18) $\lim\limits_{x \to +\infty}\left(\sqrt{(x+1)(x+2)} - x\right)$;

(19) $\lim\limits_{x \to \infty}\dfrac{x + \sin x}{x - \sin x}$;

(20) $\lim\limits_{n \to \infty}\left[\dfrac{1}{1 \times 2} + \dfrac{1}{2 \times 3} + \cdots + \dfrac{1}{n(n+1)}\right]$.

14. 若 $\lim\limits_{x \to a}[f(x) + g(x)] = 2$, $\lim\limits_{x \to a}[f(x) - g(x)] = 1$, 求 $\lim\limits_{x \to a}[f(x) \cdot g(x)]$.

15. 求 $\lim\limits_{n \to \infty} n\left(\dfrac{1}{n^2 + \pi} + \dfrac{1}{n^2 + 2\pi} + \cdots + \dfrac{1}{n^2 + n\pi}\right)$.

16. 求下列函数的极限.

(1) $\lim\limits_{x \to 0}\dfrac{\tan 3x}{x}$;

(2) $\lim\limits_{x \to 0}\dfrac{\sin 5x}{\sin 3x}$;

(3) $\lim\limits_{x \to 0} x \cot 2x$;

(4) $\lim\limits_{x \to 0}\dfrac{1 - \cos 2x}{x \sin x}$;

(5) $\lim\limits_{x \to \pi}\dfrac{\sin x}{\pi - x}$;

(6) $\lim\limits_{x \to a}\dfrac{\sin(x-a)}{x^2 - a^2}(a \neq 0)$;

(7) $\lim\limits_{x \to 0}\dfrac{\arctan x}{x}$;

(8) $\lim\limits_{n \to \infty} 3^n \sin\dfrac{x}{3^n}$.

17. 证明: 半径为 R 的圆的内接正多边形的面积当边数无限增加时, 其极限为 πR^2.

18. 求下列函数的极限.

(1) $\lim\limits_{x \to 0}(1 - x)^{\frac{2}{x}}$;

(2) $\lim\limits_{x \to \infty}\left(\dfrac{1+x}{x}\right)^{2x}$;

(3) $\lim\limits_{x \to 0}(1 - 2x)^{\frac{1}{x}}$;

(4) $\lim\limits_{x \to \infty}\left(\dfrac{x}{x+1}\right)^{x+3}$;

(5) $\lim\limits_{x \to \infty}\left(\dfrac{2x+3}{2x+1}\right)^{x+1}$;

(6) $\lim\limits_{x \to 0}(1 + 3\tan^2 x)^{\cot^2 x}$.

19. 利用等价无穷小的性质, 求下列函数的极限.

(1) $\lim\limits_{x \to 0}\dfrac{\sin 2x}{x^3 + 3x}$;

(2) $\lim\limits_{x \to 0}\dfrac{\arctan 3x}{5x}$;

(3) $\lim\limits_{x \to 0}\dfrac{(\sin x^3)\tan x}{1 - \cos x^2}$;

(4) $\lim\limits_{x \to 0}\dfrac{e^{5x} - 1}{x}$;

(5) $\lim\limits_{x \to 0}\dfrac{\sin 2x \cdot (e^x - 1)}{\tan x^2}$;

(6) $\lim\limits_{x \to 0}\dfrac{\ln(1 - 2x)}{\sin 5x}$.

20. 设当 $x \to x_0$ 时, $\alpha(x)$, $\beta(x)$ 均为无穷小, 证明: $\alpha(x) \sim \beta(x)$ 的充分必要条件是 $\alpha(x) - \beta(x) = o[\alpha(x)]$.

21. 用定义证明 $y = \cos x$ 在区间 $(-\infty, +\infty)$ 内是连续的.

22. 讨论函数 $f(x) = \begin{cases} x^2 & \text{当 } 0 \leqslant x \leqslant 1 \\ 2 - x & \text{当 } 1 < x \leqslant 2 \end{cases}$ 在点 $x = 1$ 处的连续性.

23. 指出下列函数的间断点, 并说明是哪一类型间断点.

(1) $f(x) = \dfrac{1}{x^2 - 1}$;　　　　　　　　　(2) $f(x) = \dfrac{x^2 - 1}{x^2 - 3x + 2}$;

(3) $f(x) = e^{\frac{1}{x}}$;　　　　　　　　　　　(4) $f(x) = \arctan \dfrac{1}{x}$.

24. 当 a 为何值时, 函数 $f(x) = \begin{cases} \dfrac{\cos 2x - \cos 3x}{x^2} & \text{当 } x \neq 0 \\ a & \text{当 } x = 0 \end{cases}$ 在点 $x = 0$ 处连续.

25. 求函数 $f(x) = \dfrac{x^3 + 3x^2 - x - 3}{x^2 + x - 6}$ 的连续区间, 并求 $\lim\limits_{x \to 0} f(x)$, $\lim\limits_{x \to -3} f(x)$ 及 $\lim\limits_{x \to 2} f(x)$.

26. 求下列函数的极限.

(1) $\lim\limits_{x \to \infty} e^{\frac{1}{x}}$;　　　　　　　　　　(2) $\lim\limits_{x \to 0} \cos (1 + x)^{\frac{1}{x}}$;

(3) $\lim\limits_{x \to 0} (1 + 2x)^{3 \csc x}$;　　　　　　　(4) $\lim\limits_{x \to 0} (1 + \sin x)^{\cot x}$.

27. 求下列函数的极限.

(1) $\lim\limits_{x \to 0} \sqrt{x^2 - 2x + 3}$;　　　　　　　(2) $\lim\limits_{x \to \frac{\pi}{4}} (\sin 2x)^3$;

(3) $\lim\limits_{x \to 0} \dfrac{\sqrt{1 + x} - \sqrt{1 - x}}{x}$;　　　　(4) $\lim\limits_{x \to 1} \dfrac{\sqrt{5x - 4} - \sqrt{x}}{x - 1}$.

28. 证明方程 $x^5 - 3x + 1 = 0$ 至少有一个根介于 1 和 2 之间.

29. 证明方程 $x \cdot 2^x = 1$ 至少有一个小于 1 的正根.

30. 设函数 $f(x)$ 在闭区间 $[0, 2a]$ 上连续, 且 $f(0) = f(2a)$, 证明: 在闭区间 $[0, a]$ 上至少存在一点 ξ, 使得 $f(\xi) = f(\xi + a)$.

<h2 style="text-align:center">B　　组</h2>

1. 根据定义证明: 当 $x \to 0$ 时, $y = \dfrac{1 + 2x}{x}$ 是无穷大.

2. 若 $\lim\limits_{x \to 3} \dfrac{x^2 - 2x + k}{x - 3} = 4$, 求 k 的值.

3. 若 $\lim\limits_{x \to \infty} \left(\dfrac{x^2 + 1}{x + 1} - ax - b \right) = 0$, 求 a, b 的值.

4. 设 $x_1 = \sqrt{6}$, $x_{n+1} = \sqrt{6 + x_n}$, $(n = 1, 2, \cdots)$, 证明数列 $\{x_n\}$ 收敛, 并求出极限值.

5. 设 $\lim\limits_{x \to \infty} \left(\dfrac{x + a}{x - a} \right)^{\frac{x}{2}} = 3$, 求 a.

6. 比较下列各对无穷小的阶.

(1) 当 $x \to 1$ 时, $\dfrac{1 - x}{1 + x}$ 与 $1 - \sqrt{x}$;

(2) 当 $x \to 0$ 时, $\sqrt{1 + x^2} - 1$ 与 $\sqrt{1 - x^2} - 1$;

(3) 当 $x \to 0$ 时, $\sqrt{1 + x} - \sqrt{1 - x}$ 与 x;

(4) 当 $x \to 0$ 时, $x \tan x + x^3$ 与 $x(1 + \cos x)$.

7. 指出当自变量 x 趋于何值时, 函数 $f(x)$ 是: (1) 无穷小; (2) 无穷大.

(1) $f(x) = \dfrac{x + 1}{x - 1}$;　　　　　　　　　(2) $f(x) = e^{-x}$;

$(3) f(x) = \ln x;$ $\qquad\qquad\qquad$ $(4) f(x) = \tan x (0 < x < \frac{\pi}{2}).$

8. 设函数 $f(x)$ 在 $[a,b]$ 上连续，$x_1, x_2, \cdots, x_n$ 是 (a,b) 上的 n 个点，证明在 (a,b) 内至少有一点 ξ，使得

$$f(\xi) = \frac{f(x_1) + f(x_2) + \cdots + f(x_n)}{n}.$$

阅读材料 2

认 识 无 限

高等数学与初等数学有两个最主要的不同：一是初等数学研究的对象是常量，高等数学研究的对象是变量；第二个主要区别是初等数学与"有限"紧密相关，而高等数学则与"无限"紧密相连。学习高等数学，首先要认识"无限"，先看下面一个有趣的问题。

德国数学家大卫·希尔伯特提出"无限房间旅馆的问题"：客观世界的一家旅馆，只有有限个房间。如果客满后来了一位新客人，按常理旅馆老板是没有办法安排的。现在有一个"有无限个房间的旅馆"，为叙述方便，不妨设一个房间只住一个客人。所谓客满，就是有无穷多个客人住进了这个旅馆，每个房间都有人住。现在旅馆客满，来了一位新客人，能否把客人安排进旅馆？

没问题！老板把1号房间的旅客移到2号房间，2号房间的旅客移到3号房间，3号房间的旅客移到4号房间，依此继续下去。这样一来，新客人就被安排住进了已被腾空的1号房间，每个客人就都有房间住了。进一步，又来了无穷多位要求订房间的客人，能否把所有这些客人安排进旅馆？

仍然可以。老板把1号房间的客人移到2号房间，2号房间的客人移到4号房间，3号房间的客人移到6号房间，依此继续下去。所有的单号房间都腾出来了，新来的无穷多位客人可以住进去，这样每个客人就都有房间住了，问题就解决了！

这时又来了无穷多个旅行团，每个旅行团有无穷多个旅客，还能否把所有这些客人安排进旅馆？仍然可以做到。这个问题有多种解法，请认真思考或查阅相关资料，给出解答。希尔伯特旅馆问题说明数学上的无限和有限有极大的不同。

早在古希腊时代，哲学家亚里士多德就研究了无限。他认为人没有能力将无限看作一个整体，无限数量是不可理喻的。他定义了两种不同的无限观，实无限和潜无限。潜无限把无限看成一个永无终止的过程，认为无限只存在于人们的思维中，只是说话的一种方式，不是一个实体。例如"正整数集是无限的"，是因为我们不能穷举所有正整数。可以想象，一个个正整数写在一张张小纸条上，从 $1,2,3,\cdots$ 写起，每写一张，就把该纸条装进一个大袋子里，这一过程将永无终止。因此，把全体正整数的袋子看作一个实体是不可能的，它只能存在于人们的思维里。但德国数学家康托不同意这一观点，他很愿意把这个装有所有正整数的袋子看作一个完整的实体。也就是说，无限不仅存在于人们的思维里，不仅是一种说话的方式，而且是一个实实在在的存在，就是实无限的观点。康托的工作对现代数学产生了巨大的影响，但当时，康托的老师克罗内克尔却强烈反对康托的观点，所以康托当时的遭遇和待遇都不太好。

潜无限观点在古希腊数学中占统治地位. 文艺复兴后, 实无限在数学中统治了 3 个世纪. 17 世纪下半叶, 牛顿、莱布尼茨创立的微积分学也是以实无限小为基础的. 在其理论中, 无穷小量被看作一个实体, 一个对象, 因此早期微积分又被称之为无穷小分析. 由于当时人们对无穷小量概念认识模糊, 导致产生了贝克莱悖论及一系列荒谬结果, 这就是数学上的第二次危机——无穷小量危机. 到了 18 世纪至 19 世纪约百年时间中, 随着微积分的严密化, 无穷小量被拒之于数学大厦之外, 无穷小被看作实体的观念在微积分中亦被驱除了, 而代之以"无穷是一个逼近的目标, 可逐步逼近却永远达不到"的潜无限观念. 这种思想突出表现于现在微积分课本中关于极限的定义中, 并由此建立起了具有相当牢固基础的微积分理论, 使得潜无限思想在这段时期深入人心. 实际上, 现在数学中早已是既离不开实无限思想也离不开潜无限思想了. 我国著名数学家徐利治先生说过, 潜无限和实无限是一个硬币的两个面. 能否理解这枚硬币的两个面, 对学好微积分至关重要.

第3章 导数与微分

音乐能激发或抚慰情怀,绘画使人赏心悦目,诗歌能动人心弦,哲学使人获得智慧,科学可改善物质生活,但数学能给予以上的一切.

——克莱因

微分学是微积分的重要组成部分,它的基本概念是导数与微分.本章中,主要讨论导数与微分的概念以及它们的计算方法.

§3.1 导数的概念

3.1.1 引例

以速度问题为背景引入导数概念.

匀速直线运动的速度公式为:速度＝路程/时间,如果是变速直线运动,则需要按不同时刻来考虑速度.那么,变速直线运动的动点在某一时刻的速度应如何求呢?

已知自由落体运动的路程 s 随时间 t 的变化规律为

$$s=\frac{1}{2}gt^2, t\in[0,T],$$

讨论时刻 $t_0(0<t_0<T)$ 的瞬时速度 $v(t_0)$(见图 3-1).

取一邻近于 t_0 的时刻 $t_0+\Delta t$,在 t_0 到 $t_0+\Delta t$ 这段时间内落体所走的路程为

$$\Delta s=\frac{1}{2}g(t_0+\Delta t)^2-\frac{1}{2}gt_0^2=gt_0\Delta t+\frac{1}{2}g(\Delta t)^2.$$

于是平均速度为

$$\bar{v}=\frac{\Delta s}{\Delta t}=gt_0+\frac{1}{2}g\Delta t,$$

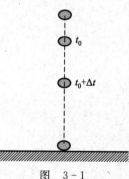

图 3-1

它近似地反映了落体在时刻 t_0 的速度.当 Δt 越小,这段时间内的运动就越接近匀速运动,$\bar{v}$ 就越接近于时刻 t_0 的速度.因此我们考虑 $\Delta t\to 0$ 的情况,若 $\bar{v}$ 的极限存在,则称这个极限值为落体在时刻 t_0 的瞬时速度 $v(t_0)$,即

$$v(t_0)=\lim_{\Delta t\to 0}\frac{\Delta s}{\Delta t}=\lim_{\Delta t\to 0}\left(gt_0+\frac{1}{2}g\Delta t\right)=gt_0.$$

这个方法对于求一般变速直线运动的瞬时速度也适用.设一质点的运动方程为 $s=s(t)$(见图 3-2),t_0 为某一确定的时刻,$t_0+\Delta t$ 为邻近于 t_0 的时刻,则

$$\Delta s = s(t_0 + \Delta t) - s(t_0).$$

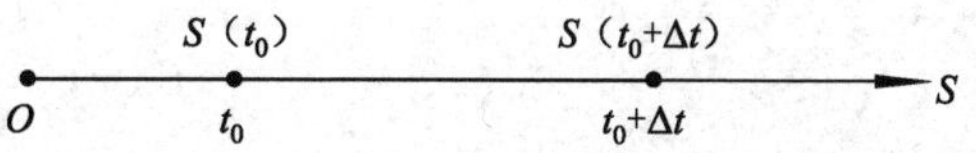

于是,质点在这段时间间隔内的平均速度为

$$\frac{\Delta s}{\Delta t} = \frac{s(t_0 + \Delta t) - s(t_0)}{\Delta t}.$$

图 3-2

若 $\Delta t \to 0$ 时,上式的极限存在,则其极限值就为质点在时刻 t_0 的瞬时速度,即

$$v(t_0) = \lim_{\Delta t \to 0} \frac{\Delta s}{\Delta t} = \lim_{\Delta t \to 0} \frac{s(t_0 + \Delta t) - s(t_0)}{\Delta t}.$$

在自然科学和工程技术领域内,很多问题,如电流强度、角速度、线密度、曲线的切线斜率等,尽管它们的具体背景各不相同,但最终都归结为讨论形如 $\lim\limits_{\Delta x \to 0} \dfrac{\Delta y}{\Delta x}$ 式的极限,也正是由于这类问题的研究促使了导数概念的诞生.

3.1.2 导数的定义

1. 函数在一点处的导数与导函数

定义 设函数 $y = f(x)$ 在点 x_0 的某邻域内有定义,当自变量 x 在 x_0 处有增量 Δx(点 $x_0 + \Delta x$ 仍在该邻域内)时,相应的函数 y 有增量 $\Delta y = f(x_0 + \Delta x) - f(x_0)$;如果 Δy 与 Δx 之比当 $\Delta x \to 0$ 时的极限存在,则称函数 $y = f(x)$ 在点 x_0 处**可导**,并称这个极限值为函数 $y = f(x)$ 在点 x_0 处的**导数**,记作 $f'(x_0)$,即

$$f'(x_0) = \lim_{\Delta x \to 0} \frac{\Delta y}{\Delta x} = \lim_{\Delta x \to 0} \frac{f(x_0 + \Delta x) - f(x_0)}{\Delta x}, \tag{1}$$

也可记作

$$y'|_{x=x_0}, \quad \frac{\mathrm{d}y}{\mathrm{d}x}\Big|_{x=x_0}, \quad \text{或} \frac{\mathrm{d}}{\mathrm{d}x}f(x)\Big|_{x=x_0}.$$

导数概念是对于函数变化率的精确描述:函数增量与自变量增量之比 $\dfrac{\Delta y}{\Delta x}$ 是函数在以 x_0 和 $x_0 + \Delta x$ 为端点的区间上的平均变化率,而导数 $y'|_{x=x_0}$ 则是函数在点 x_0 处的变化率,反映了函数随自变量的变化而变化的快慢程度.

导数的定义也可采取不同的表达形式.

在式(1)中,令 $h = \Delta x$,则

$$f'(x_0) = \lim_{h \to 0} \frac{f(x_0 + h) - f(x_0)}{h}. \tag{2}$$

若令 $x_0 + \Delta x = x$,则 $\Delta x = x - x_0$.当 $\Delta x \to 0$ 时,有 $x \to x_0$,则式(1)可改写为

$$f'(x_0) = \lim_{x \to x_0} \frac{f(x) - f(x_0)}{x - x_0}. \tag{3}$$

若式(1)的极限不存在,就称函数 $y = f(x)$ 在点 x_0 处**不可导**.

上面讲的是函数在一点处可导.如果函数 $y = f(x)$ 在开区间 I 内的每点处都可导,就称函数 $f(x)$ 在开区间 I 内**可导**.这时,对于任一 $x \in I$,都对应着 $f(x)$ 的一个确定的导数值.这样就构成了一个新的函数,该函数叫做 $y = f(x)$ 的**导函数**,记作

$$y', \quad f'(x), \quad \frac{\mathrm{d}y}{\mathrm{d}x}, \quad \text{或} \frac{\mathrm{d}}{\mathrm{d}x}f(x).$$

在式(1)中把 x_0 换成 x,即得导函数的定义式

$$f'(x) = \lim_{\Delta x \to 0} \frac{f(x + \Delta x) - f(x)}{\Delta x}.$$

注意 在上式中,虽然 x 可以取区间 I 内的任何数值,但在极限过程中,x 是常量,Δx 是变量.导函数可以理解为函数在区间 I 内任一点处的导数.

显然,函数 $f(x)$ 在 x_0 处的导数 $f'(x_0)$ 就是导函数 $f'(x)$ 在点 $x = x_0$ 处的函数值,即

$$f'(x_0) = f'(x)|_{x=x_0}.$$

在不致发生混淆的情况下,**导函数**也简称为**导数**.

由导数定义可得,变速直线运动的瞬时速度 $v(t)$ 是位置函数 $s(t)$ 对时间 t 的导数,即

$$v(t) = \frac{\mathrm{d}s}{\mathrm{d}t}.$$

例 1 求函数 $y = x^2$ 的导数.

解 $y' = \lim\limits_{\Delta x \to 0} \frac{(x + \Delta x)^2 - x^2}{\Delta x} = \lim\limits_{x \to 0}(2x + \Delta x) = 2x.$

例 2 设 $f'(x)$ 存在,且 $\lim\limits_{x \to 0} \frac{f(1) - f(1-x)}{2x} = -1$,求 $f'(1)$.

解 由于 $\lim\limits_{x \to 0} \frac{f(1) - f(1-x)}{2x} = \frac{1}{2}\lim\limits_{x \to 0} \frac{f(1-x) - f(1)}{-x} = \frac{1}{2}f'(1) = -1$,所以 $f'(1) = -2$.

2. 单侧导数

根据函数 $f(x)$ 在点 x_0 处的导数 $f'(x_0)$ 的定义,导数

$$f'(x_0) = \lim_{x \to x_0} \frac{f(x) - f(x_0)}{x - x_0}$$

是一个极限,而极限存在的充分必要条件是左、右极限都存在且相等,因此 $f'(x_0)$ 存在即 $f(x)$ 在点 x_0 处可导的充分必要条件是左、右极限

$$\lim_{x \to x_0^-} \frac{f(x) - f(x_0)}{x - x_0} \quad \text{及} \quad \lim_{x \to x_0^+} \frac{f(x) - f(x_0)}{x - x_0}$$

都存在且相等.这两个极限分别称为函数 $f(x)$ 在点 x_0 处的**左导数**和**右导数**,记作 $f'_-(x_0)$ 及 $f'_+(x_0)$,即

$$f'_-(x_0) = \lim_{x \to x_0^-} \frac{f(x) - f(x_0)}{x - x_0},$$

$$f'_+(x_0) = \lim_{x \to x_0^+} \frac{f(x) - f(x_0)}{x - x_0}.$$

左导数和右导数统称为**单侧导数**.

例 3 求函数 $f(x) = \begin{cases} 2\sin x & \text{当 } x < 0 \\ 2x & \text{当 } x \geqslant 0 \end{cases}$ 在点 $x = 0$ 处的左导数、右导数和导数.

解 在点 $x = 0$ 处的左导数

$$f'_-(0) = \lim_{x \to 0^-} \frac{f(x) - f(0)}{x - 0} = \lim_{x \to 0^-} \frac{2\sin x}{x} = 2,$$

在点 $x = 0$ 处的右导数

$$f'_+(0) = \lim_{x \to 0^+} \frac{f(x) - f(0)}{x - 0} = \lim_{x \to 0^+} \frac{2x}{x} = 2.$$

因为左导数、右导数相等,所以函数 $f(x)$ 在点 $x = 0$ 处的导数为 2.

例 4　求函数 $f(x)=|x|$ 在点 $x=0$ 处的左导数、右导数和导数.

解　在点 $x=0$ 处的左导数

$$f'_-(0)=\lim_{x\to 0^-}\frac{f(x)-f(0)}{x-0}=\lim_{x\to 0^-}\frac{-x}{x}=\lim_{x\to 0^-}(-1)=-1,$$

在点 $x=0$ 处的右导数

$$f'_+(0)=\lim_{x\to 0^+}\frac{f(x)-f(0)}{x-0}=\lim_{x\to 0^+}\frac{x}{x}=\lim_{x\to 0^+}1=1.$$

因为左导数不等于右导数,所以函数 $f(x)=|x|$ 在点 $x=0$ 处导数不存在,即不可导.

3.1.3　导数的几何意义

为了直观地说明导数概念,现在讨论导数的几何意义.

设有曲线 $y=f(x)$(见图 3-3)及曲线上一点 $M_0(x_0,f(x_0))$,在曲线上另外取一点 $M(x,f(x))$,作割线 M_0M,当点 M 沿曲线趋于点 M_0 时,割线 M_0M 绕点 M_0 旋转而趋于极限位置 M_0T,直线 M_0T 就称为曲线在点 M_0 处的**切线**.

因为割线 M_0M 的斜率为

$$\bar{k}=\frac{f(x)-f(x_0)}{x-x_0},$$

而切线 M_0T 的斜率 k,正是割线斜率在 $x\to x_0$ 时的极限,即

$$k=\lim_{x\to x_0}\frac{f(x)-f(x_0)}{x-x_0}.$$

由导数定义,$k=f'(x_0)$.所以,函数 $y=f(x)$ 在点 x_0 处的导数 $f'(x_0)$ 在几何上表示曲线 $y=f(x)$ 在点 $M_0(x_0,f(x_0))$ 处的切线的斜率.

由此可得,曲线 $y=f(x)$ 在点 $M_0(x_0,f(x_0))$ 处的切线方程为

$$y-f(x_0)=f'(x_0)(x-x_0).$$

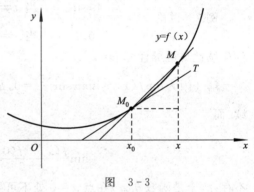

图　3-3

过切点 M_0 且与切线垂直的直线,称为曲线 $y=f(x)$ 在点 M_0 处的**法线**.若 $f'(x_0)\neq0$,法线的斜率为 $-\dfrac{1}{f'(x_0)}$,从而法线方程为

$$y-f(x_0)=-\frac{1}{f'(x_0)}(x-x_0).$$

注意　若 $f'(x_0)=0$,则切线方程为 $y=f(x_0)$,即切线与 x 轴平行,此时的法线方程为 $x=x_0$.

例 5　求抛物线 $y=x^2$ 在点 $(1,1)$ 处的切线的斜率,并写出在该点处的切线方程和法线方程.

解　所求切线的斜率为 $y'|_{x=1}=2$,从而切线方程为 $y-1=2(x-1)$,即 $2x-y-1=0$.

所求法线的斜率为 $-\dfrac{1}{2}$,于是法线方程为 $y-1=-\dfrac{1}{2}(x-1)$,即 $x+2y-3=0$.

例 6　求曲线 $y=x^2$ 上哪一点处的切线与直线 $y=4x-3$ 平行?

解　已知直线 $y=4x-3$ 的斜率为 4,根据两直线平行的条件,所求切线的斜率也是 4.于

是,$y'=2x=4$,可得 $x-2$.当 $x-2$ 时,$y=4$,因此所求的点为$(2,4)$.

3.1.4 函数的可导性与连续性的关系

设函数 $y=f(x)$ 在点 x 处可导,即

$$f'(x)=\lim_{\Delta x\to 0}\frac{\Delta y}{\Delta x}$$

存在,因而

$$\lim_{\Delta x\to 0}\Delta y=\lim_{\Delta x\to 0}\left(\frac{\Delta y}{\Delta x}\cdot \Delta x\right)=\lim_{\Delta x\to 0}\frac{\Delta y}{\Delta x}\cdot \lim_{\Delta x\to 0}\Delta x=0,$$

即函数 $y=f(x)$ 在点 x 处连续.于是,有如下定理:

定理 若函数 $f(x)$ 在点 x 处可导,则函数 $f(x)$ 在该点连续

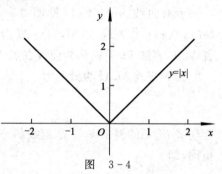

图 3-4

需要指出的是,一个函数在某点连续却不一定在该点可导.例如,函数 $y=|x|$(见图 3-4)虽然在 $x=0$ 处连续,但在该点不可导.

由此可知,函数连续仅仅是函数可导的必要条件,而不是充分条件.

例 7 讨论 $f(x)=\begin{cases}x\sin\dfrac{1}{x} & \text{当 } x\neq 0 \\ 0 & \text{当 } x=0\end{cases}$ 在点 $x=0$ 处的连续性与可导性.

解 因为 $\lim_{x\to 0}f(x)=\lim_{x\to 0}x\sin\dfrac{1}{x}=0$,故 $\lim_{x\to 0}f(x)=f(0)$,所以函数 $f(x)$ 在点 $x=0$ 处连续.而

$$\lim_{x\to 0}\frac{f(x)-f(0)}{x-0}=\lim_{x\to 0}\frac{x\sin\dfrac{1}{x}}{x}=\lim_{x\to 0}\sin\frac{1}{x}$$

不存在,于是函数 $f(x)$ 在点 $x=0$ 处不可导.

§3.2 基本初等函数的导数公式

根据导数的定义,本节对基本初等函数的导数进行推导.求一般函数的导数,都要以基本初等函数的导数为基础,为此必须熟记基本初等函数的导数公式.

3.2.1 常函数的导数

设 $y=C$(C 为常数),则 $C'=0$,即常函数的导数等于零.因为

$$(C)'=\lim_{\Delta x\to 0}\frac{C-C}{\Delta x}=\lim_{\Delta x\to 0}\frac{0}{\Delta x}=0.$$

3.2.2 幂函数的导数

设 $y=x^n$(n 为正整数),则 $(x^n)'=nx^{n-1}$.因为

$$(x^n)' = \lim_{\Delta x \to 0} \frac{(x+\Delta x)^n - x^n}{\Delta x} = \lim_{\Delta x \to 0} \frac{C_n^1 x^{n-1} \Delta x + C_n^2 x^{n-2} (\Delta x)^2 + \cdots + C_n^n (\Delta x)^n}{\Delta x}$$

$$= \lim_{\Delta x \to 0} [C_n^1 x^{n-1} + C_n^2 x^{n-2} \Delta x + \cdots + C_n^n (\Delta x)^{n-1}] = C_n^1 x^{n-1} = n x^{n-1}.$$

更一般地,对于幂函数 $y = x^\mu$(μ 为任意实数),有 $(x^\mu)' = \mu x^{\mu-1}$. 这就是幂函数的导数公式,公式的证明将在 §3.3 给出.

例 1　$(\sqrt{x})' = \left(x^{\frac{1}{2}}\right)' = \frac{1}{2} x^{-\frac{1}{2}} = \frac{1}{2\sqrt{x}}.$

例 2　$\left(\dfrac{1}{x}\right)' = (x^{-1})' = -x^{-2} = -\dfrac{1}{x^2}.$

3.2.3　指数函数的导数

设 $y = a^x (a > 0, a \neq 1)$,则 $(a^x)' = a^x \ln a$. 因为

$$(a^x)' = \lim_{\Delta x \to 0} \frac{a^{x+\Delta x} - a^x}{\Delta x} = a^x \lim_{\Delta x \to 0} \frac{a^{\Delta x} - 1}{\Delta x} = a^x \ln a.$$

特别地,当 $a = e$ 时,有 $(e^x)' = e^x$.

3.2.4　对数函数的导数

设 $y = \log_a x (a > 0, a \neq 1)$,则 $(\log_a x)' = \dfrac{1}{x \ln a}$. 因为

$$(\log_a x)' = \lim_{\Delta x \to 0} \frac{\log_a (x+\Delta x) - \log_a x}{\Delta x} = \lim_{\Delta x \to 0} \frac{\log_a \left(1 + \frac{\Delta x}{x}\right)}{\Delta x}$$

$$= \lim_{\Delta x \to 0} \frac{\frac{\Delta x}{x \ln a}}{\Delta x} = \lim_{\Delta x \to 0} \frac{1}{x \ln a} = \frac{1}{x \ln a}.$$

特别地,当 $a = e$ 时,有 $(\ln x)' = \dfrac{1}{x}$.

3.2.5　三角函数的导数

(1) $(\sin x)' = \cos x$;　　　　　　　　(2) $(\cos x)' = -\sin x$;

(3) $(\tan x)' = \sec^2 x$;　　　　　　　(4) $(\cot x)' = -\csc^2 x$;

(5) $(\sec x)' = \sec x \tan x$;　　　　　(6) $(\csc x)' = -\csc x \cot x$.

只推导 $y = \sin x$ 的导数.

$$(\sin x)' = \lim_{\Delta x \to 0} \frac{\sin (x+\Delta x) - \sin x}{\Delta x} = \lim_{\Delta x \to 0} \frac{2\cos \left(x + \frac{\Delta x}{2}\right) \sin \frac{\Delta x}{2}}{\Delta x}$$

$$= \lim_{\Delta x \to 0} \frac{2\cos \left(x + \frac{\Delta x}{2}\right) \cdot \frac{\Delta x}{2}}{\Delta x} = \lim_{\Delta x \to 0} \cos \left(x + \frac{\Delta x}{2}\right) = \cos x.$$

用类似地方法,可以求出 $y = \cos x$ 的导数.

其余四个三角函数导数公式的推导过程,将在 §3.3 给出.

3.2.6 反三角函数的导数

$(1)(\arcsin x)' = \dfrac{1}{\sqrt{1-x^2}}$;
$\qquad\qquad\quad (2)(\arccos x)' = -\dfrac{1}{\sqrt{1-x^2}}$;

$(3)(\arctan x)' = \dfrac{1}{1+x^2}$;
$\qquad\qquad\quad (4)(\operatorname{arccot} x)' = -\dfrac{1}{1+x^2}$.

反三角函数的导数公式的推导,将在 §3.3 给出.

§3.3 函数的求导法则

前面我们根据导数的定义,求出了几个基本初等函数的导数.但是对于比较复杂的函数,根据定义求它们的导数是很困难的,甚至是不可能的.为此,在本节介绍求导数的几个基本法则.借助于这些法则和基本初等函数的导数公式,就能比较方便地求出初等函数的导数.

3.3.1 函数和、差、积、商的求导法则

1. 函数和、差的求导法则

定理 1 如果函数 $u=u(x)$ 及 $v=v(x)$ 在点 x 处可导,则函数 $y=u(x)\pm v(x)$ 在点 x 处也可导,且

$$[u(x)\pm v(x)]' = u'(x)\pm v'(x).$$

证 $[u(x)\pm v(x)]' = \lim\limits_{\Delta x\to 0}\dfrac{[u(x+\Delta x)\pm v(x+\Delta x)]-[u(x)\pm v(x)]}{\Delta x}$

$\qquad\qquad\qquad\quad = \lim\limits_{\Delta x\to 0}\dfrac{[u(x+\Delta x)-u(x)]\pm[v(x+\Delta x)-v(x)]}{\Delta x}$

$\qquad\qquad\qquad\quad = \lim\limits_{\Delta x\to 0}\dfrac{u(x+\Delta x)-u(x)}{\Delta x}\pm \lim\limits_{\Delta x\to 0}\dfrac{v(x+\Delta x)-v(x)}{\Delta x}$

$\qquad\qquad\qquad\quad = u'(x)\pm v'(x).$

定理 1 对于有限个可导函数的代数和也是成立的.

例 1 $y=\sqrt[3]{x}+\sin x-\ln 3$,求 y' .

解 $y' = (\sqrt[3]{x}+\sin x-\ln 3)' = (\sqrt[3]{x})' + (\sin x)' - (\ln 3)' = \dfrac{1}{3}x^{-\frac{2}{3}}+\cos x.$

例 2 $y=x^3+\cos x+\ln x+\sin\dfrac{\pi}{3}$,求 y' .

解 $y' = \left(x^3+\cos x+\ln x+\sin\dfrac{\pi}{3}\right)' = (x^3)' + (\cos x)' + (\ln x)' + \left(\sin\dfrac{\pi}{3}\right)'$

$\qquad\quad = 3x^2-\sin x+\dfrac{1}{x}.$

2. 函数乘积的求导法则

定理 2 如果函数 $u=u(x)$ 及 $v=v(x)$ 在点 x 处可导,则函数 $y=u(x)v(x)$ 在点 x 处也可导,且

$$[u(x)v(x)]' = u'(x)v(x)+u(x)v'(x).$$

证　$[u(x)v(x)]' = \lim\limits_{\Delta x \to 0} \dfrac{u(x+\Delta x)v(x+\Delta x) - u(x)v(x)}{\Delta x}$

$= \lim\limits_{\Delta x \to 0} \dfrac{[u(x+\Delta x) - u(x)]v(x+\Delta x) + u(x)[v(x+\Delta x) - v(x)]}{\Delta x}$

$= \lim\limits_{\Delta x \to 0} \dfrac{u(x+\Delta x) - u(x)}{\Delta x} \cdot \lim\limits_{\Delta x \to 0} v(x+\Delta x) + u(x)\lim\limits_{\Delta x \to 0} \dfrac{v(x+\Delta x) - v(x)}{\Delta x}$

$= u'(x)v(x) + u(x)v'(x).$

其中 $\lim\limits_{\Delta x \to 0} v(x+\Delta x) = v(x)$ 是由于 $v(x)$ 在点 x 处连续（$v'(x)$ 存在）.

特别地，如果 $v = C$（C 为常数）时，由定理 2，得
$$[Cu(x)]' = (C)'u(x) + Cu'(x) = Cu'(x),$$
即 $[Cu(x)]' = Cu'(x)$.

就是说，常数因子可以从求导数记号里提出来.

例 3　$f(x) = \sqrt{x}\sin x$，求 $f'(x)$.

解　$f'(x) = (\sqrt{x})'\sin x + \sqrt{x}(\sin x)' = \dfrac{1}{2\sqrt{x}}\sin x + \sqrt{x}\cos x.$

例 4　$y = x^3(\cos x + 3\ln x)$，求 y'.

解　$y' = (x^3)'(\cos x + 3\ln x) + x^3(\cos x + 3\ln x)'$

$= 3x^2(\cos x + 3\ln x) + x^3\left(-\sin x + \dfrac{3}{x}\right) = 3x^2(\cos x + 3\ln x) - x^3\sin x + 3x^2.$

定理 2 可以推广到有限个函数之积的情形. 例如，设 $u = u(x)$、$v = v(x)$、$w = w(x)$ 均可导，则有

$$(uvw)' = [(uv)w]' = (uv)'w + (uv)w'$$
$$= (u'v + uv')w + uvw' = u'vw + uv'w + uvw'.$$

例 5　$f(x) = x^3\ln x \cdot \cos x$，求 $f'(x)$.

解　$f'(x) = (x^3)'\ln x \cdot \cos x + x^3(\ln x)'\cos x + x^3\ln x \cdot (\cos x)'.$

$= 3x^2\ln x \cdot \cos x + x^2\cos x - x^3\ln x \cdot \sin x.$

3. 函数商的求导法则

定理 3　如果函数 $u = u(x)$ 及 $v = v(x)$ 在点 x 处可导，且 $v(x) \neq 0$，则函数 $y = \dfrac{u(x)}{v(x)}$ 在点 x 处也可导，且有

$$\left[\dfrac{u(x)}{v(x)}\right]' = \dfrac{u'(x)v(x) - u(x)v'(x)}{v^2(x)}.$$

证　$\left[\dfrac{u(x)}{v(x)}\right]' = \lim\limits_{\Delta x \to 0} \dfrac{\dfrac{u(x+\Delta x)}{v(x+\Delta x)} - \dfrac{u(x)}{v(x)}}{\Delta x} = \lim\limits_{\Delta x \to 0} \dfrac{u(x+\Delta x)v(x) - u(x)v(x+\Delta x)}{v(x+\Delta x)v(x)\Delta x}$

$= \lim\limits_{\Delta x \to 0} \dfrac{[u(x+\Delta x) - u(x)]v(x) - u(x)[v(x+\Delta x) - v(x)]}{v(x+\Delta x)v(x)\Delta x}$

$= \lim\limits_{\Delta x \to 0} \dfrac{\dfrac{u(x+\Delta x) - u(x)}{\Delta x}v(x) - u(x)\dfrac{v(x+\Delta x) - v(x)}{\Delta x}}{v(x+\Delta x)v(x)}$

$= \dfrac{u'(x)v(x) - u(x)v'(x)}{v^2(x)}.$

例 6 $y=\dfrac{x}{1+x}$,求 y'.

解 $y'=\dfrac{x'(1+x)-x(1+x)'}{(1+x)^2}=\dfrac{1+x-x}{(1+x)^2}=\dfrac{1}{(1+x)^2}$.

例 7 $y=\tan x$,求 y'.

解 $y'=(\tan x)'=\left(\dfrac{\sin x}{\cos x}\right)'=\dfrac{(\sin x)'\cos x-\sin x(\cos x)'}{\cos^2 x}$

$=\dfrac{\cos^2 x+\sin^2 x}{\cos^2 x}=\dfrac{1}{\cos^2 x}=\sec^2 x$.

例 8 $y=\sec x$,求 y'.

解 $y'=(\sec x)'=\left(\dfrac{1}{\cos x}\right)'=\dfrac{1'\cdot\cos x-1\cdot(\cos x)'}{\cos^2 x}=\dfrac{\sin x}{\cos^2 x}=\sec x\tan x$.

同理可得,$(\cot x)'=-\csc^2 x$,$(\csc x)'=-\csc x\cot x$.

3.3.2 反函数的导数

定理 4 如果函数 $x=\varphi(y)$ 在某区间内单调、可导且 $\varphi'(y)\neq 0$,则它的反函数 $y=f(x)$ 在对应区间内也可导,且

$$f'(x)=\frac{1}{\varphi'(y)}\quad\text{或}\quad\frac{\mathrm{d}y}{\mathrm{d}x}=\frac{1}{\dfrac{\mathrm{d}x}{\mathrm{d}y}}.$$

证 由于 $x=\varphi(y)$ 单调、可导(故连续),则它的反函数 $y=f(x)$ 存在,且单调、连续.

给 x 以增量 $\Delta x(\Delta x\neq 0)$,由 $y=f(x)$ 的单调性可知

$$\Delta y=f(x+\Delta x)-f(x)\neq 0,$$

于是有

$$\frac{\Delta y}{\Delta x}=\frac{1}{\dfrac{\Delta x}{\Delta y}}.$$

因 $y=f(x)$ 连续,故当 $\Delta x\to 0$ 时,有 $\Delta y\to 0$. 又因为 $\varphi'(y)\neq 0$,所以

$$f'(x)=\lim_{\Delta x\to 0}\frac{\Delta y}{\Delta x}=\lim_{\Delta y\to 0}\frac{1}{\dfrac{\Delta x}{\Delta y}}=\frac{1}{\varphi'(y)}.$$

上述结论可以简单地说:反函数的导数等于原函数导数的倒数.

下面用上述结论来求反三角函数的导数.

例 9 设 $x=\sin y$ 为直接函数,则 $y=\arcsin x$ 是它的反函数. 我们知道,$x=\sin y$ 在 $\left(-\dfrac{\pi}{2},\dfrac{\pi}{2}\right)$ 内单调、可导,且

$$(\sin y)'=\cos y>0.$$

根据反函数导数公式,在对应区间 $(-1,1)$ 内有

$$(\arcsin x)'=\frac{1}{(\sin y)'}=\frac{1}{\cos y}.$$

但 $\cos y=\sqrt{1-\sin^2 y}=\sqrt{1-x^2}$,从而得到反正弦函数的导数公式

$$(\arcsin x)' = \frac{1}{\sqrt{1-x^2}}.$$

用类似的方法可得反余弦函数的导数公式

$$(\arccos x)' = -\frac{1}{\sqrt{1-x^2}}.$$

例 10　设 $x = \tan y$ 为直接函数,则 $y = \arctan x$ 是它的反函数.我们知道,$x = \tan y$ 在 $\left(-\frac{\pi}{2}, \frac{\pi}{2}\right)$ 内单调、可导,且

$$(\tan y)' = \sec^2 y \neq 0.$$

根据反函数导数公式,在对应区间 $(-\infty, +\infty)$ 内有

$$(\arctan x)' = \frac{1}{(\tan y)'} = \frac{1}{\sec^2 y}.$$

但 $\sec^2 y = 1 + \tan^2 y = 1 + x^2$,从而得到反正切函数的导数公式

$$(\arctan x)' = \frac{1}{1+x^2}.$$

用类似的方法可得反余切函数的导数公式

$$(\text{arccot } x)' = -\frac{1}{1+x^2}.$$

3.3.3　复合函数的求导法则

定理 5　如果 $u = \varphi(x)$ 在点 x 处可导,而 $y = f(u)$ 在对应点 u 处可导,则复合函数 $y = f(\varphi(x))$ 在点 x 处可导,且

$$\frac{\mathrm{d}y}{\mathrm{d}x} = f'(u) \cdot \varphi'(x) \quad \text{或} \quad \frac{\mathrm{d}y}{\mathrm{d}x} = \frac{\mathrm{d}y}{\mathrm{d}u} \cdot \frac{\mathrm{d}u}{\mathrm{d}x}.$$

证　由于 $y = f(u)$ 在点 u 处可导,因此

$$\lim_{\Delta u \to 0} \frac{\Delta y}{\Delta u} = f'(u)$$

存在,于是根据极限与无穷小的关系有

$$\frac{\Delta y}{\Delta u} = f'(u) + \alpha,$$

其中 α 是 $\Delta u \to 0$ 时的无穷小.上式中 $\Delta u \neq 0$,用 Δu 乘上式两边,得

$$\Delta y = f'(u)\Delta u + \alpha \Delta u.$$

当 $\Delta u = 0$ 时,因 $\Delta y = f(u + \Delta u) - f(u) = 0$,而上式右端也为 0,故上式对 $\Delta u = 0$ 也成立.用 $\Delta x \neq 0$ 除上式两边,得

$$\frac{\Delta y}{\Delta x} = f'(u)\frac{\Delta u}{\Delta x} + \alpha \frac{\Delta u}{\Delta x},$$

于是

$$\lim_{\Delta x \to 0} \frac{\Delta y}{\Delta x} = \lim_{\Delta x \to 0} \left[f'(u)\frac{\Delta u}{\Delta x} + \alpha \frac{\Delta u}{\Delta x} \right].$$

根据函数在某点可导必在该点连续的性质可知,当 $\Delta x \to 0$ 时,$\Delta u \to 0$,从而可以推知

$$\lim_{\Delta x \to 0} \alpha = \lim_{\Delta u \to 0} \alpha = 0.$$

又因 $u=\varphi(x)$ 在点 x 处可导,有

$$\lim_{\Delta x \to 0}\frac{\Delta u}{\Delta x}=\varphi'(x),$$

故

$$\lim_{\Delta x \to 0}\frac{\Delta y}{\Delta x}=f'(u)\cdot\varphi'(x),$$

即

$$\frac{\mathrm{d}y}{\mathrm{d}x}=f'(u)\cdot\varphi'(x).$$

例 11　$y=\ln\tan x$,求$\dfrac{\mathrm{d}y}{\mathrm{d}x}$.

解　$y=\ln\tan x$ 可看做是由 $y=\ln u$,$u=\tan x$ 复合而成的,因此

$$\frac{\mathrm{d}y}{\mathrm{d}x}=\frac{\mathrm{d}y}{\mathrm{d}u}\cdot\frac{\mathrm{d}u}{\mathrm{d}x}=\frac{1}{u}\cdot\sec^2 x=\frac{\sec^2 x}{\tan x}=\cot x\cdot\sec^2 x.$$

例 12　$y=\mathrm{e}^{x^3}$,求$\dfrac{\mathrm{d}y}{\mathrm{d}x}$.

解　$y=\mathrm{e}^{x^3}$ 可看做是由 $y=\mathrm{e}^u$,$u=x^3$ 复合而成的,因此

$$\frac{\mathrm{d}y}{\mathrm{d}x}=\frac{\mathrm{d}y}{\mathrm{d}u}\cdot\frac{\mathrm{d}u}{\mathrm{d}x}=\mathrm{e}^u\cdot(3x^2)=3x^2\mathrm{e}^{x^3}.$$

例 13　$y=\sin\dfrac{2x}{1+x^2}$,求$\dfrac{\mathrm{d}y}{\mathrm{d}x}$.

解　$y=\sin\dfrac{2x}{1+x^2}$ 可看做是由 $y=\sin u$,$u=\dfrac{2x}{1+x^2}$ 复合而成的,因此

$$\frac{\mathrm{d}y}{\mathrm{d}x}=\frac{\mathrm{d}y}{\mathrm{d}u}\cdot\frac{\mathrm{d}u}{\mathrm{d}x}=(\cos u)\cdot\frac{2(1+x^2)-(2x)^2}{(1+x^2)^2}=\frac{2(1-x^2)}{(1+x^2)^2}\cos\frac{2x}{1+x^2}.$$

从以上例子看出,求复合函数的导数时,关键在于正确分解复合函数,并恰当地设中间变量,从而把所给函数从外到内拆成几个基本初等函数或基本初等函数的四则运算,然后再利用复合函数的求导法则求出导数.

对复合函数的分解比较熟练后,就不必再写出中间变量,而可以采用下列例题的方式来计算.

例 14　$y=\sqrt[3]{1-2x^2}$,求$\dfrac{\mathrm{d}y}{\mathrm{d}x}$.

解　$\dfrac{\mathrm{d}y}{\mathrm{d}x}=(\sqrt[3]{1-2x^2})'=\dfrac{1}{3}(1-2x^2)^{-\frac{2}{3}}(1-2x^2)'=\dfrac{-4x}{3\sqrt[3]{(1-2x^2)^2}}.$

例 15　$y=\tan x^2$,求$\dfrac{\mathrm{d}y}{\mathrm{d}x}$.

解　$\dfrac{\mathrm{d}y}{\mathrm{d}x}=(\tan x^2)'=(\sec^2 x^2)\cdot(x^2)'=2x\sec^2 x^2.$

例 16　$y=\sin(\omega t+\varphi)$,求$\dfrac{\mathrm{d}y}{\mathrm{d}t}$.

解　$\dfrac{\mathrm{d}y}{\mathrm{d}t}=[\sin(\omega t+\varphi)]'=\cos(\omega t+\varphi)\cdot(\omega t+\varphi)'=\omega\cos(\omega t+\varphi).$

复合函数的求导法则可以推广到多个中间变量的情形. 例如,由 $y=f(u)$,$u=\varphi(v)$,$v=\psi(x)$ 三个函数复合而得 $y=f(\varphi(\psi(x)))$,其导数为

$$\frac{\mathrm{d}y}{\mathrm{d}x} = \frac{\mathrm{d}y}{\mathrm{d}u} \cdot \frac{\mathrm{d}u}{\mathrm{d}x} = \frac{\mathrm{d}y}{\mathrm{d}u} \cdot \frac{\mathrm{d}u}{\mathrm{d}v} \cdot \frac{\mathrm{d}v}{\mathrm{d}x} = f'(u) \cdot \varphi'(v) \cdot \psi'(x).$$

例 17　$y = \ln\cos(\mathrm{e}^x)$，求 $\dfrac{\mathrm{d}y}{\mathrm{d}x}$.

解　$\dfrac{\mathrm{d}y}{\mathrm{d}x} = \dfrac{1}{\cos(\mathrm{e}^x)} \big[\cos(\mathrm{e}^x)\big]' = \dfrac{-\sin(\mathrm{e}^x)}{\cos(\mathrm{e}^x)}(\mathrm{e}^x)' = -\mathrm{e}^x\tan(\mathrm{e}^x).$

例 18　$y = \mathrm{e}^{\sin\frac{1}{x}}$，求 $\dfrac{\mathrm{d}y}{\mathrm{d}x}$.

解　$\dfrac{\mathrm{d}y}{\mathrm{d}x} = \left(\mathrm{e}^{\sin\frac{1}{x}}\right)' = \mathrm{e}^{\sin\frac{1}{x}}\left(\sin\dfrac{1}{x}\right)' = \mathrm{e}^{\sin\frac{1}{x}}\cos\dfrac{1}{x} \cdot \left(\dfrac{1}{x}\right)' = -\dfrac{1}{x^2}\mathrm{e}^{\sin\frac{1}{x}}\cos\dfrac{1}{x}.$

最后，补证当 $x > 0$ 时，$(x^{\mu})' = \mu x^{\mu-1}$（$\mu$ 为实数）.

因为 $x^{\mu} = \mathrm{e}^{\mu\ln x}$，所以

$$(x^{\mu})' = (\mathrm{e}^{\mu\ln x})' = \mathrm{e}^{\mu\ln x} \cdot (\mu\ln x)' = x^{\mu} \cdot \left(\frac{\mu}{x}\right) = \mu x^{\mu-1}.$$

前面已经推导出所有的基本初等函数的导数公式，而且还推导出函数和、差、积、商的求导法则与复合函数的求导法则. 因为任意初等函数都是由基本初等函数经过有限次四则运算和复合步骤构成的，所以求初等函数的导数，只要运用基本初等函数的导数公式及其四则运算求导法则和复合函数求导法则，就可以顺利地解决了. 由此可见，基本初等函数的导数公式和前面所述的求导法则，在初等函数的求导运算中是非常重要的，因此我们必须熟练地掌握它们.

下面再举两个综合运用导数公式和求导法则的例子.

例 19　$y = \mathrm{e}^{-2x}\sin(\omega x + \varphi)$（$\omega, \varphi$ 为常数），求 y'.

解　$\begin{aligned}y' &= (\mathrm{e}^{-2x})'\sin(\omega x + \varphi) + \mathrm{e}^{-2x}\big[\sin(\omega x + \varphi)\big]' \\ &= -2\mathrm{e}^{-2x}\sin(\omega x + \varphi) + \omega\mathrm{e}^{-2x}\cos(\omega x + \varphi) \\ &= \mathrm{e}^{-2x}\big[\omega\cos(\omega x + \varphi) - 2\sin(\omega x + \varphi)\big].\end{aligned}$

例 20　$y = \ln(x + \sqrt{x^2 + a^2})$（$a$ 为常数），求 y'.

解　$\begin{aligned}y' &= \frac{1}{x + \sqrt{x^2 + a^2}}(x + \sqrt{x^2 + a^2})' \\ &= \frac{1}{x + \sqrt{x^2 + a^2}}\left(1 + \frac{x}{\sqrt{x^2 + a^2}}\right) = \frac{1}{\sqrt{x^2 + a^2}}.\end{aligned}$

§3.4　高 阶 导 数

通常，函数 $y = f(x)$ 的导数 $y' = f'(x)$ 仍是 x 的函数，如果 $y' = f'(x)$ 可导，则称 $y' = f'(x)$ 的导数为函数 $y = f(x)$ 的**二阶导数**，记作 y''，$f''(x)$ 或 $\dfrac{\mathrm{d}^2 y}{\mathrm{d}x^2}$.

类似地，二阶导数 $f''(x)$ 的导数叫做 $f(x)$ 的**三阶导数**，记作 y'''，$f'''(x)$ 或 $\dfrac{\mathrm{d}^3 y}{\mathrm{d}x^3}$. 三阶导数 $f'''(x)$ 的导数叫做 $f(x)$ 的**四阶导数**，记作 $y^{(4)}$，$f^{(4)}(x)$ 或 $\dfrac{\mathrm{d}^4 y}{\mathrm{d}x^4}$. 一般地，$(n-1)$ 阶导数 $f^{(n-1)}(x)$ 的导数叫做 $f(x)$ 的 n **阶导数**，记作 $y^{(n)}$，$f^{(n)}(x)$ 或 $\dfrac{\mathrm{d}^n y}{\mathrm{d}x^n}$.

二阶及二阶以上的导数统称为**高阶导数**. 相对于高阶导数来说，称 $f(x)$ 的导数 $f'(x)$ 为 $f(x)$ 的**一阶导数**.

由上述定义可知，求高阶导数就是多次连续地求导数，所以仍可应用前面的求导公式来计算高阶导数.

高阶导数在自然科学的许多领域是经常会用到的. 例如，若用 $s=s(t)$ 表示直线运动物体的位置函数，则一阶导数 $s'(t)$ 就是物体的瞬时速度 $v(t)$，二阶导数 $s''(t)=v'(t)$ 就是物体的瞬时加速度 $a=a(t)$.

例1 已知自由落体的运动规律为 $s=\dfrac{1}{2}gt^2$，求落体的速度 $v(t)$ 及加速度 a.

解 $v=s'=gt, a=s''=g$.

例2 证明函数 $y=\sqrt{2x-x^2}$ 满足关系式 $y^3y''+1=0$.

证 $y'=\dfrac{2-2x}{2\sqrt{2x-x^2}}=\dfrac{1-x}{\sqrt{2x-x^2}}$,

$$y''=\frac{-\sqrt{2x-x^2}-(1-x)\dfrac{1-x}{\sqrt{2x-x^2}}}{2x-x^2}=\frac{-(2x-x^2)-(1-x)^2}{(2x-x^2)\sqrt{2x-x^2}}=-\frac{1}{(2x-x^2)^{\frac{3}{2}}}=-\frac{1}{y^3},$$

于是 $$y^3y''+1=0.$$

例3 求 n 次多项式

$$y=a_0x^n+a_1x^{n-1}+\cdots+a_{n-1}x+a_n \quad (a_0\neq 0)$$

的各阶导数.

解 $y'=na_0x^{n-1}+(n-1)a_1x^{n-2}+\cdots+a_{n-1}$，这是 $(n-1)$ 次多项式.

$y''=n(n-1)a_0x^{n-2}+(n-1)(n-2)a_1x^{n-3}+\cdots+2a_{n-2}$，这是 $(n-2)$ 次多项式.

由此可见，每经过一次求导运算，多项式的次数就降低一次. 继续求导，易知

$$y^{(n)}=n!\,a_0,$$

这是一个常数，因而

$$y^{(n+1)}=y^{(n+2)}=\cdots=0.$$

这就是说，n 次多项式的一切高于 n 阶的导数都是零.

例4 设 $y=a^x$，且 $y^{(n)}=a^x(\ln a)^5$，求 n 的值.

解 由于 $y'=a^x\ln a, y''=a^x(\ln a)^2, \cdots, y^{(n)}=a^x(\ln a)^n$，故 $n=5$.

例5 求 $y=\sin x$ 的 n 阶导数.

解 $y'=\cos x=\sin\left(x+\dfrac{\pi}{2}\right)$,

$$y''=\cos\left(x+\frac{\pi}{2}\right)=\sin\left(x+2\cdot\frac{\pi}{2}\right),$$

$$y'''=\cos\left(x+2\cdot\frac{\pi}{2}\right)=\sin\left(x+3\cdot\frac{\pi}{2}\right),\cdots\cdots,$$

$$y^{(n)}=\cos\left[x+(n-1)\frac{\pi}{2}\right]=\sin\left(x+n\cdot\frac{\pi}{2}\right).$$

用类似地方法可得 $$(\cos x)^{(n)}=\cos\left(x+n\cdot\frac{\pi}{2}\right).$$

例 6 求 $y=\ln(1+x)$ 的 n 阶导数.

解 $y'=(1+x)^{-1}, y''=-(1+x)^{-2}, \qquad y'''=1\times 2(1+x)^{-3},$

$$y^{(4)}=-1\times 2\times 3(1+x)^{-4},$$

$$\cdots\cdots$$

$$y^{(n)}=(-1)^{n-1}(n-1)!(1+x)^{-n}.$$

即

$$[\ln(1+x)]^{(n)}=(-1)^{n-1}\frac{(n-1)!}{(1+x)^n}.$$

§3.5 隐函数及由参数方程所确定的函数的导数

3.5.1 隐函数的导数

到目前为止,我们所遇到的函数 y,它们均由自变量 x 的某一个解析式来表达,例如 $y=\sin x, y=\sqrt{1-x^2}\ln x$ 等.这种形式的函数称为**显函数**,它们均为初等函数.

但还有另一种形式的函数,其自变量 x 与因变量 y 之间的对应法则并不像上述显函数所表示的那样明显,而是隐含于一个二元方程

$$F(x,y)=0$$

之中.即对于某一数集 I 内的每一个 x,如果均有由上述方程唯一确定的 y 与之对应(此时的 x,y 满足方程),就称由方程 $F(x,y)=0$ 确定了一个定义在 I 上的**隐函数**.若记此隐函数为

$$y=f(x),x\in I,$$

则必有恒等式

$$F(x,f(x))\equiv 0,x\in I.$$

例如,方程 $x^2+2xy-1=0$ 可确定一个定义在 $(-\infty,0)\bigcup(0,+\infty)$ 上的隐函数 $y=f(x)$,解方程可得 $y=\dfrac{1-x^2}{2x}$.又例如,方程 $\sqrt{x}+\sqrt{y}=1$ 可确定一个定义在 $[0,1]$ 上的隐函数 $y=f(x)$,解方程易得 $y=(1-\sqrt{x})^2$.

由方程 $F(x,y)=0$ 确定的隐函数,一般并不能像上面所举的例子那样,能从方程中解出 y,并用自变量 x 的显函数形式表示.例如,方程 $e^{xy}+x+y=0$ 能确定一个定义在 $(0,+\infty)$ 上的隐函数 $y=f(x)$,但是 $f(x)$ 却无法用 x 的显函数形式来表示,因此 $f(x)$ 是一个非初等函数.

在实际问题中,有时需要计算隐函数的导数,因此我们希望有一种方法,不管隐函数能否化为显函数,都能直接从方程算出它所确定的隐函数的导数.下面通过具体例子来说明这种方法.

例 1 求由方程 $e^x-xy^2+\sin y=0$ 所确定的隐函数的导数 $\dfrac{dy}{dx}$.

解 将方程中的 y 看成 x 的函数,使方程成为恒等式.方程两边对 x 求导必相等,即

$$e^x-y^2-2xy\frac{dy}{dx}+(\cos y)\frac{dy}{dx}=0,$$

从而

$$\frac{dy}{dx}=\frac{y^2-e^x}{\cos y-2xy} \quad (\cos y-2xy\neq 0).$$

在这个结果中,分式中的 y 是由方程 $e^x-xy^2+\sin y=0$ 所确定的隐函数.

例 2　求由方程 $y^3+3y-x^2+2x=0$ 所确定的隐函数在 $x=0$ 处的导数 $\dfrac{\mathrm{d}y}{\mathrm{d}x}\Big|_{x=0}$.

解　方程两边对 x 求导, 由于方程两边的导数相等, 所以

$$3y^2\frac{\mathrm{d}y}{\mathrm{d}x}+3\frac{\mathrm{d}y}{\mathrm{d}x}-2x+2=0.$$

由此可得

$$\frac{\mathrm{d}y}{\mathrm{d}x}=\frac{2(x-1)}{3(y^2+1)}.$$

因为当 $x=0$ 时, 从原方程得 $y=0$, 所以 $\dfrac{\mathrm{d}y}{\mathrm{d}x}\Big|_{x=0}=-\dfrac{2}{3}$.

例 3　求椭圆 $\dfrac{x^2}{16}+\dfrac{y^2}{9}=1$ 在点 $\left(2,\dfrac{3\sqrt{3}}{2}\right)$ 处的切线方程.

解　由导数的几何意义可知, 所求切线的斜率为 $\dfrac{\mathrm{d}y}{\mathrm{d}x}\Big|_{x=2}$.

椭圆方程的两边分别对 x 求导, 有

$$\frac{x}{8}+\frac{2y}{9}\cdot\frac{\mathrm{d}y}{\mathrm{d}x}=0,$$

从而

$$\frac{\mathrm{d}y}{\mathrm{d}x}=-\frac{9x}{16y}.$$

把 $x=2,y=\dfrac{3\sqrt{3}}{2}$ 代入上式得, $\dfrac{\mathrm{d}y}{\mathrm{d}x}\Big|_{x=2}=-\dfrac{\sqrt{3}}{4}$. 于是, 所求切线方程为

$$y-\frac{3\sqrt{3}}{2}=-\frac{\sqrt{3}}{4}(x-2),$$

即

$$\sqrt{3}\,x+4y-8\sqrt{3}=0.$$

下面介绍**对数求导法**. 对于某些函数, 利用对数求导法比用通常的方法求导更简单, 该方法是指先在 $y=f(x)$ 的两边取对数, 然后再求出 y 的导数. 下面通过两个例子来说明对数求导法的计算全过程.

例 4　求 $y=x^{\sin x}(x>0)$ 的导数.

解　该函数为幂指函数. 先在两边取对数, 得

$$\ln y=\sin x\cdot\ln x.$$

上式两边对 x 求导, 注意到 y 是 x 的函数, 得

$$\frac{1}{y}y'=\cos x\cdot\ln x+\sin x\cdot\frac{1}{x},$$

于是

$$y'=y\left(\cos x\cdot\ln x+\frac{\sin x}{x}\right)=x^{\sin x}\left(\cos x\cdot\ln x+\frac{\sin x}{x}\right).$$

例 5　求 $y=\dfrac{(x+1)\sqrt[3]{x-1}}{(x+4)^2\mathrm{e}^x}(x>1)$ 的导数.

解　先在两边取对数, 得

$$\ln y=\ln(x+1)+\frac{1}{3}\ln(x-1)-2\ln(x+4)-x.$$

上式两边对 x 求导,注意到 y 是 x 的函数,得

$$\frac{1}{y}y' = \frac{1}{x+1} + \frac{1}{3(x-1)} - \frac{2}{x+4} - 1,$$

于是

$$y' = y\left[\frac{1}{x+1} + \frac{1}{3(x-1)} - \frac{2}{x+4} - 1\right] = \frac{(x+1)\sqrt[3]{x-1}}{(x+4)^2 e^x}\left[\frac{1}{x+1} + \frac{1}{3(x-1)} - \frac{2}{x+4} - 1\right].$$

3.5.2　由参数方程所确定的函数的导数

若参数方程

$$\begin{cases} x = \varphi(t) \\ y = \psi(t) \end{cases} \quad (*)$$

确定 y 与 x 之间的函数关系,则称此函数为由参数方程($*$)所确定的函数.

在实际问题中,需要计算由参数方程($*$)所确定的函数的导数.从参数方程($*$)中消去参数 t,就得到函数的显式表示,但有时会有困难.因此,我们希望有一种方法能直接由参数方程($*$)算出它确定的函数的导数.下面就来讨论由参数方程($*$)所确定的函数的求导方法.

在参数方程($*$)中,如果函数 $x = \varphi(t)$ 具有单调连续反函数 $t = \bar{\varphi}(x)$,那么由参数方程($*$)所确定的函数 y,可以看成是由 $y = \psi(t)$、$t = \bar{\varphi}(x)$ 复合而成的函数

$$y = \psi(\bar{\varphi}(x)).$$

假定函数 $x = \varphi(t)$、$y = \psi(t)$ 都可导,且 $\varphi'(t) \neq 0$,于是根据复合函数和反函数的求导法则,就有

$$\frac{dy}{dx} = \frac{dy}{dt} \cdot \frac{dt}{dx} = \frac{dy}{dt} \cdot \frac{1}{\frac{dx}{dt}} = \frac{\psi'(t)}{\varphi'(t)},$$

即

$$\frac{dy}{dx} = \frac{\psi'(t)}{\varphi'(t)} \quad \text{或} \quad \frac{dy}{dx} = \frac{\frac{dy}{dt}}{\frac{dx}{dt}}.$$

如果 $x = \varphi(t)$、$y = \psi(t)$ 二阶可导,那么由参数方程

$$\begin{cases} x = \varphi(t) \\ \dfrac{dy}{dx} = \dfrac{\psi'(t)}{\varphi'(t)} \end{cases}$$

又可得到由参数方程($*$)所确定的函数的二阶导数公式

$$\frac{d^2 y}{dx^2} = \frac{d}{dx}\left(\frac{dy}{dx}\right) = \frac{\left[\frac{\psi'(t)}{\varphi'(t)}\right]'}{\varphi'(t)} = \frac{\psi''(t)\varphi'(t) - \psi'(t)\varphi''(t)}{[\varphi'(t)]^3}.$$

例 6　求由摆线(见图 3-5)的参数方程 $\begin{cases} x = a(t - \sin t) \\ y = a(1 - \cos t) \end{cases}$ 所确定的函数的一阶、二阶导数.

解　$\dfrac{dy}{dx} = \dfrac{[a(1 - \cos t)]'}{[a(t - \sin t)]'} = \dfrac{\sin t}{1 - \cos t} \quad (t \neq 2n\pi, n \in \mathbf{Z}).$

$\dfrac{d^2 y}{dx^2} = \dfrac{\left(\frac{\sin t}{1 - \cos t}\right)'}{[a(t - \sin t)]'} = \dfrac{\cos t(1 - \cos t) - \sin^2 t}{a(1 - \cos t)^3} = \dfrac{\cos t - 1}{a(1 - \cos t)^3} = -\dfrac{1}{a(1 - \cos t)^2} \quad (t \neq 2n\pi, n \in \mathbf{Z}).$

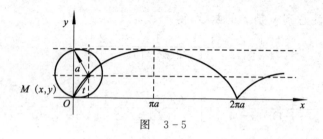

图 3-5

§3.6 函数的微分

微分概念是与导数概念有密切联系的微分学中的另一个基本概念.

在许多实际问题中,当自变量有微小变化时,需要计算函数的增量.一般来说,函数的增量的计算是比较复杂的,如何建立计算函数增量的近似式,使它既便于计算又有一定的精确度,这就是本节要解决的问题.

3.6.1 微分的定义

先从一个具体问题来分析函数增量的近似值的算法.一块正方形金属薄片受温度变化的影响,边长由 x_0 变到 $x_0+\Delta x$(见图 3-6),问此薄片的面积改变了多少?

设薄片的边长为 x,面积为 S,则 $S=x^2$. 当 x 在 x_0 取得增量 Δx 时,相应的函数增量为

$$\Delta S=(x_0+\Delta x)^2-x_0^2=2x_0\Delta x+(\Delta x)^2.$$

它由两部分组成,第一部分 $2x_0\Delta x$ 是 Δx 的线性函数,第二部分 $(\Delta x)^2$ 是比 Δx 高阶的无穷小,即 $(\Delta x)^2=o(\Delta x)$. 由此可见,如果边长改变很微小,即 $|\Delta x|$ 很小时,面积的增量 ΔS 可近似地用第一部分来代替.

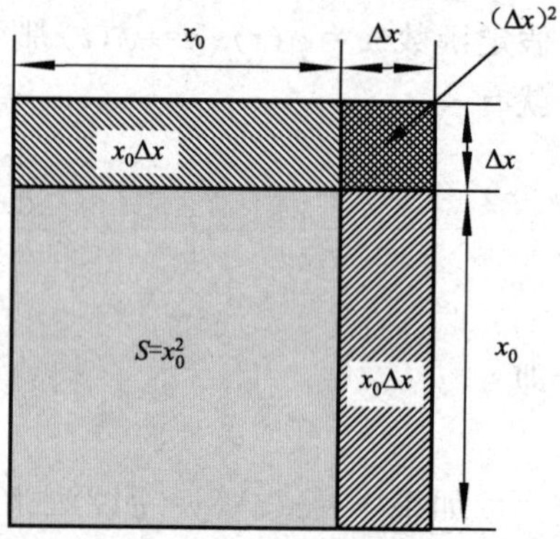

一般地,如果函数 $y=f(x)$ 满足一定条件,则函数的增量 Δy 可表示为

$$\Delta y=A\Delta x+o(\Delta x),$$

其中 A 是不依赖于 Δx 的常数,因此 $A\Delta x$ 是 Δx 的线性函数,且它与 Δy 之差

$$\Delta y-A\Delta x=o(\Delta x)$$

是比 Δx 高阶的无穷小,所以当 $A\neq 0$,且 $|\Delta x|$ 很小时,就可以近似地用 $A\Delta x$ 来代替 Δy.

定义 设函数 $y=f(x)$ 在某区间内有定义,x_0 及 $x_0+\Delta x$ 为该区间内的点,如果函数的增量

$$\Delta y=f(x_0+\Delta x)-f(x_0)$$

可表示为

$$\Delta y=A\Delta x+o(\Delta x)\ ,\tag{1}$$

其中 A 是不依赖于 Δx 的常数,则称函数 $y=f(x)$ 在点 x_0 处是**可微的**,而 $A\Delta x$ 称为函数 $y=f(x)$ 在点 x_0 处的**微分**,记作 $\mathrm{d}y$,即

$$\mathrm{d}y=A\Delta x.$$

图 3-6

下面讨论函数可微的条件. 设函数 $y=f(x)$ 在点 x_0 处可微, 则按定义有式(1)成立. 式(1)两边除以 Δx, 得

$$\frac{\Delta y}{\Delta x}=A+\frac{o(\Delta x)}{\Delta x}.$$

于是, 当 $\Delta x \to 0$ 时, 由上式就得到

$$A=\lim_{\Delta x \to 0}\frac{\Delta y}{\Delta x}=f'(x_0).$$

因此, 如果函数 $f(x)$ 在点 x_0 处可微, 则 $f(x)$ 在点 x_0 处可导, 且 $A=f'(x_0)$.

反之, 如果 $y=f(x)$ 在点 x_0 处可导, 即

$$\lim_{\Delta x \to 0}\frac{\Delta y}{\Delta x}=f'(x_0)$$

存在, 根据极限与无穷小的关系, 有

$$\frac{\Delta y}{\Delta x}=f'(x_0)+\alpha,$$

其中 $\alpha \to 0$(当 $\Delta x \to 0$), 由此又有

$$\Delta y=f'(x_0)\Delta x+\alpha \Delta x.$$

因 $\alpha \Delta x=o(\Delta x)$, 且 $f'(x_0)$ 不依赖于 Δx, 所以 $f(x)$ 在点 x_0 处可微.

由此可见, 函数 $f(x)$ 在点 x_0 处可微的充分必要条件是函数 $f(x)$ 在点 x_0 处可导, 且当 $f(x)$ 在点 x_0 处可微时, 其微分一定是

$$\mathrm{d}y=f'(x_0)\Delta x. \tag{2}$$

从函数微分的表达式(2)知, $\mathrm{d}y$ 是 Δx 的线性函数, 函数增量与函数微分之差是 Δx 的高阶无穷小, 即

$$\Delta y-\mathrm{d}y=o(\Delta x),$$

因此称 $\mathrm{d}y$ 是 Δy 的**线性主部**(当 $\Delta x \to 0$), 从而当 $f'(x_0) \neq 0$, 在 $|\Delta x|$ 很小时, 有

$$\Delta y \approx \mathrm{d}y.$$

例 1 求函数 $y=x^2$ 在 $x=2$ 处的微分.

解 $\mathrm{d}y=(x^2)'|_{x=2}\Delta x=4\Delta x.$

函数 $y=f(x)$ 在任意点 x 的微分, 称为函数的**微分**, 记作 $\mathrm{d}y$ 或 $\mathrm{d}f(x)$, 即

$$\mathrm{d}y=f'(x)\Delta x.$$

显然, 它与 x 和 Δx 有关.

例如, $\mathrm{d}(\cos x)=(\cos x)'\Delta x=-(\sin x)\Delta x$; $\mathrm{d}(\mathrm{e}^x)=(\mathrm{e}^x)'\Delta x=\mathrm{e}^x\Delta x.$

例 2 求函数 $y=x^3$ 当 $x=1, \Delta x=0.04$ 时的微分.

解 先求函数在任意点 x 的微分

$$\mathrm{d}y=(x^3)'\Delta x=3x^2\Delta x,$$

再求函数在 $x=1, \Delta x=0.04$ 时的微分

$$\mathrm{d}y=3\times 1^2 \times 0.04=0.12.$$

设 $y=f(x)=x$, 则 $f'(x)=1$, 所以

$$\mathrm{d}y=\mathrm{d}x=f'(x)\Delta x=\Delta x.$$

由此规定自变量 x 的微分 $\mathrm{d}x$ 等于自变量的增量 Δx, 即 $\mathrm{d}x=\Delta x$. 于是函数的微分为

$$\mathrm{d}y=f'(x)\mathrm{d}x,$$

从而有

$$\frac{\mathrm{d}y}{\mathrm{d}x}=f'(x).$$

这就是说,函数微分与自变量微分的商等于该函数的导数,因此,导数也常称为**微商**.

3.6.2 微分的几何意义

函数 $y=f(x)$ 的图形是一条曲线,当自变量 x 由 x_0 变到 $x_0+\Delta x$ 时,曲线上的对应点 M 变到点 N. 从图 3-7 可知:$MQ=\Delta x$,$QN=\Delta y$.

过 M 点作曲线的切线,它的倾斜角为 α,则

$$QP=MQ\cdot\tan\alpha=\Delta x\cdot f'(x_0),$$

即 $\mathrm{d}y=QP$.

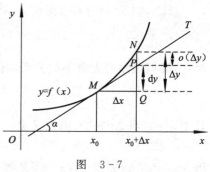

图 3-7

由此可见,对于可微函数 $y=f(x)$ 来说,当 Δy 是曲线 $y=f(x)$ 上的点的纵坐标的增量时,$\mathrm{d}y$ 就是曲线的切线上点的纵坐标的相应增量. 当 $|\Delta x|$ 很小时,$|\Delta y-\mathrm{d}y|$ 比 $|\Delta x|$ 小得多. 因此在点 M 的邻近,可以用切线段来近似代替曲线段.

3.6.3 基本初等函数的微分公式与微分运算法则

从函数的微分表达式

$$\mathrm{d}y=f'(x)\mathrm{d}x$$

可以看出,要计算函数的微分,只要计算函数的导数,再乘以自变量的微分. 因此,很容易得到以下微分公式和微分运算法则.

1. 基本初等函数的微分公式

由基本初等函数的导数公式,可以直接写出基本初等函数的微分公式.

(1) $\mathrm{d}(C)=0$;　　　　　　　　　　　(2) $\mathrm{d}(x^\mu)=\mu x^{\mu-1}\mathrm{d}x$;

(3) $\mathrm{d}(a^x)=a^x\ln a\mathrm{d}x$;　　　　　　　(4) $\mathrm{d}(\mathrm{e}^x)=\mathrm{e}^x\mathrm{d}x$;

(5) $\mathrm{d}(\log_a x)=\dfrac{1}{x\ln a}\mathrm{d}x$;　　　　(6) $\mathrm{d}(\ln x)=\dfrac{1}{x}\mathrm{d}x$;

(7) $\mathrm{d}(\sin x)=\cos x\mathrm{d}x$;　　　　　　(8) $\mathrm{d}(\cos x)=-\sin x\mathrm{d}x$;

(9) $\mathrm{d}(\tan x)=\sec^2 x\mathrm{d}x$;　　　　　(10) $\mathrm{d}(\cot x)=-\csc^2 x\mathrm{d}x$;

(11) $\mathrm{d}(\sec x)=\sec x\tan x\mathrm{d}x$;　　　(12) $\mathrm{d}(\csc x)=-\csc x\cot x\mathrm{d}x$;

(13) $\mathrm{d}(\arcsin x)=\dfrac{1}{\sqrt{1-x^2}}\mathrm{d}x$;　　(14) $\mathrm{d}(\arccos x)=-\dfrac{1}{\sqrt{1-x^2}}\mathrm{d}x$;

(15) $\mathrm{d}(\arctan x)=\dfrac{1}{1+x^2}\mathrm{d}x$;　　(16) $\mathrm{d}(\mathrm{arccot}\,x)=-\dfrac{1}{1+x^2}\mathrm{d}x$.

2. 函数和、差、积、商的微分法则

由函数的和、差、积、商的求导法则,可推出相应的微分法则.

(1) $\mathrm{d}(u\pm v)=\mathrm{d}u\pm\mathrm{d}v$;

(2) $\mathrm{d}(uv)=v\mathrm{d}u+u\mathrm{d}v$;特别地,$\mathrm{d}(Cu)=C\mathrm{d}u$.

$$(3)\,\mathrm{d}\left(\frac{u}{v}\right)=\frac{v\mathrm{d}u-u\mathrm{d}v}{v^2}\,(v\neq0).$$

现在只证明乘积的微分法则，其他法则可以用类似方法证明.

根据函数微分的表达式及乘积的求导法则，有

$$\mathrm{d}(uv)=(uv)'\mathrm{d}x=(u'v+uv')\mathrm{d}x=u'v\mathrm{d}x+uv'\mathrm{d}x=v\mathrm{d}u+u\mathrm{d}v.$$

3. 复合函数的微分法则

设 $y=f(u)$，$u=\varphi(x)$ 都可导，则复合函数 $y=f(\varphi(x))$ 的微分为

$$\mathrm{d}y=y'\mathrm{d}x=f'(u)\varphi'(x)\mathrm{d}x.$$

由于 $\varphi'(x)\mathrm{d}x=\mathrm{d}u$，所以，它也可以写成

$$\mathrm{d}y=f'(u)\mathrm{d}u.$$

由此可见，无论 u 是自变量还是中间变量，微分形式 $\mathrm{d}y=f'(u)\mathrm{d}u$ 保持不变. 这一性质称**为微分形式不变性**. 该性质表示，当变换自变量时（即设 u 为另一变量的可微函数），微分形式 $\mathrm{d}y=f'(u)\mathrm{d}u$ 并不改变，这对于求复合函数的微分十分方便.

例 3　$y=\mathrm{e}^{ax+bx^2}$，求 $\mathrm{d}y$.

解　令 $u=ax+bx^2$，则 $y=\mathrm{e}^u$. 利用微分形式不变性，得

$$\mathrm{d}y=\mathrm{d}\mathrm{e}^u=\mathrm{e}^u\mathrm{d}u=\mathrm{e}^{ax+bx^2}\mathrm{d}(ax+bx^2)=\mathrm{e}^{ax+bx^2}(a+2bx)\mathrm{d}x.$$

在求复合函数的微分时，可以不写出中间变量. 下面用这种方法求函数的微分.

例 4　$y=\sqrt{1+\sin^2x}$，求 $\mathrm{d}y$.

解　$\mathrm{d}y=\dfrac{\mathrm{d}(1+\sin^2x)}{2\sqrt{1+\sin^2x}}=\dfrac{\mathrm{d}(\sin^2x)}{\sqrt{1+\sin^2x}}=\dfrac{\sin x\mathrm{d}(\sin x)}{\sqrt{1+\sin^2x}}=\dfrac{\sin x\cos x\mathrm{d}x}{\sqrt{1+\sin^2x}}.$

例 5　$y=\mathrm{e}^{-ax}\sin(bx)$，求 $\mathrm{d}y$.

解　$\mathrm{d}y=\sin bx\mathrm{d}\mathrm{e}^{-ax}+\mathrm{e}^{-ax}\mathrm{d}(\sin bx)=\sin bx\mathrm{e}^{-ax}\mathrm{d}(-ax)+\mathrm{e}^{-ax}\cos bx\mathrm{d}(bx)$
$=\mathrm{e}^{-ax}(-a\sin bx+b\cos bx)\mathrm{d}x.$

例 6　在括号中填入适当的函数，使等式成立.

$(1)\,\mathrm{d}(\qquad)=x\mathrm{d}x$；　　　　　　　　$(2)\,\mathrm{d}(\qquad)=\cos\omega t\mathrm{d}t\,(\omega\neq0).$

解　(1) 由 $\mathrm{d}(x^2)=2x\mathrm{d}x$，则 $x\mathrm{d}x=\dfrac{1}{2}\mathrm{d}(x^2)=\mathrm{d}\left(\dfrac{x^2}{2}\right)$. 一般地，有

$$\mathrm{d}\left(\frac{x^2}{2}+C\right)=x\mathrm{d}x\quad(C\text{ 为任意常数}).$$

(2) 由 $\mathrm{d}(\sin\omega t)=\omega\cos\omega t\mathrm{d}t$，则 $\cos\omega t\mathrm{d}t=\dfrac{1}{\omega}\mathrm{d}(\sin\omega t)=\mathrm{d}\left(\dfrac{\sin\omega t}{\omega}\right)$. 一般地，有

$$\mathrm{d}\left(\frac{\sin\omega t}{\omega}+C\right)=\cos\omega t\mathrm{d}t\quad(C\text{ 为任意常数}).$$

3.6.4　函数的近似计算

在工程问题中，经常会遇到一些复杂的计算公式. 如果直接用这些公式进行计算，那是很费力的. 利用微分往往可以把一些复杂的计算公式改用简单的近似公式来代替.

如果函数 $y=f(x)$ 在点 x_0 处的导数 $f'(x_0)\neq0$，且 $|\Delta x|$ 很小时，有

$$\Delta y\approx\mathrm{d}y=f'(x_0)\Delta x.$$

这个式子可以写成

$$\Delta y = f(x_0 + \Delta x) - f(x_0) \approx f'(x_0)\Delta x,$$

或
$$f(x_0 + \Delta x) \approx f(x_0) + f'(x_0)\Delta x.$$

若令 $x = x_0 + \Delta x$，即 $\Delta x = x - x_0$，那么又有
$$f(x) \approx f(x_0) + f'(x_0)(x - x_0).$$

其意义在于，欲求 $y = f(x)$ 在点 x 处的值，当其不易计算，而 $f(x_0)$，$f'(x_0)$ 易算且 x 在 x_0 附近时，可通过该式近似求得 $f(x)$ 的值.

特别地，当 $x_0 = 0$ 时，有
$$f(x) \approx f(0) + f'(0)x.$$

由此，当 $|x|$ 很小时，有下列常用的近似计算公式
$$\sqrt[n]{1+x} \approx 1 + \frac{1}{n}x ; \sin x \approx x ; \tan x \approx x ; e^x \approx 1 + x ; \ln(1+x) \approx x.$$

例 7 计算 $\sin 29°$ 的近似值.

解 $\sin 29° = \sin(30° - 1°) = \sin\left[\dfrac{\pi}{6} + \left(-\dfrac{\pi}{180}\right)\right]$，可见 $x_0 = \dfrac{\pi}{6}$，$\Delta x = -\dfrac{\pi}{180}$. 利用近似公式 $f(x_0 + \Delta x) \approx f(x_0) + f'(x_0)\Delta x$，得

$$\sin 29° \approx \sin\frac{\pi}{6} + (\sin x)'|_{x=\frac{\pi}{6}}\left(-\frac{\pi}{180}\right)$$

$$= \frac{1}{2} - \frac{\sqrt{3}}{2} \cdot \frac{\pi}{180} \approx 0.4849.$$

例 8 计算 $\sqrt[5]{1.01}$ 的近似值.

解 $\sqrt[5]{1.01} = \sqrt[5]{1+0.01}$，因 0.01 很小，利用公式 $\sqrt[n]{1+x} \approx 1 + \dfrac{1}{n}x$，得

$$\sqrt[5]{1.01} \approx 1 + \frac{1}{5}(0.01) = 1.002.$$

第 3 章 考核要求

◇理解导数的定义及几何意义；会用定义求导数；理解函数的可导性与连续性之间的关系；掌握分段函数在分段点处可导性的讨论方法.

◇掌握导数的基本公式；掌握导数的四则运算法则.

◇掌握复合函数的求导方法；掌握隐函数的求导方法；掌握对数求导法；会求参数方程所确定的函数的一阶导数.

◇理解高阶导数的概念；会求初等函数的二阶导数.

◇理解函数微分的概念；掌握可微与可导的关系.

◇掌握微分运算法则；会求函数的微分.

习 题 3

A 组

1. 设 $y = ax + b(a, b$ 是常数$)$，按导数定义求 $\dfrac{dy}{dx}$.

2. 已知物体的运动规律 $s=t^2(\mathrm{m})$,求该物体在 $t=2\,\mathrm{s}$ 时的速度.

3. 设 $f'(x_0)$ 存在,利用导数的定义求下列极限.

(1) $\displaystyle\lim_{\Delta x\to 0}\frac{f(x_0-\Delta x)-f(x_0)}{\Delta x}$;

(2) $\displaystyle\lim_{\Delta x\to 0}\frac{f(x_0+2\Delta x)-f(x_0)}{\Delta x}$;

(3) $\displaystyle\lim_{x\to x_0}\frac{f(x_0)-f(x)}{x-x_0}$;

(4) $\displaystyle\lim_{h\to 0}\frac{f(x_0+h)-f(x_0-h)}{2h}$.

4. 设 $f(x)=\begin{cases}x^2+1 & \text{当 } 0\leqslant x<1\\3x-1 & \text{当 } x\geqslant 1\end{cases}$,求 $f'_-(1)$、$f'_+(1)$ 及 $f'(1)$.

5. 用导数定义求 $f(x)=\begin{cases}x & \text{当 } x<0\\\ln(1+x) & \text{当 } x\geqslant 0\end{cases}$ 在点 $x=0$ 处的导数.

6. 讨论下列函数在点 $x=0$ 处的连续性与可导性.

(1) $y=|\sin x|$;

(2) $y=\begin{cases}x^2\sin\dfrac{1}{x} & \text{当 } x\neq 0\\0 & \text{当 } x=0\end{cases}$.

7. 求曲线 $y=\cos x$ 在点 $(0,1)$ 处的切线方程和法线方程.

8. 曲线 $y=x^{\frac{3}{2}}$ 上哪一点的切线与直线 $y=3x-1$ 平行.

9. 求下列函数的导数.

(1) $y=5x^4-3x^2+x-3$;

(2) $y=\dfrac{x}{3}-\dfrac{3}{x}+2\sqrt{x}-\dfrac{2}{\sqrt{x}}$;

(3) $y=x^5+5^x+5^5$;

(4) $y=2\mathrm{e}^x-\log_2 x+\lg \mathrm{e}$;

(5) $y=6\sin x-3\tan x+\cos\dfrac{\pi}{6}$;

(6) $y=\arcsin x+\operatorname{arccot} x$.

10. 求下列函数的导数.

(1) $y=x\tan x-2\sec x$;

(2) $y=x^2\ln x\csc x$;

(3) $y=\dfrac{\cos x}{x^2}$;

(4) $y=\dfrac{1-\mathrm{e}^x}{1+\mathrm{e}^x}$;

(5) $y=\dfrac{\sin x}{1+\cos x}$;

(6) $y=\dfrac{\cot x}{1+\sqrt{x}}$.

11. 一物体向上抛,经过 $t\,\mathrm{s}$ 后,上升距离为 $s=12t-\dfrac{1}{2}gt^2$,求:

(1) 速度 $v(t)$;

(2) 物体何时到达最高点.

12. 已知曲线 $y=ax^3$ 与直线 $y=x+b$ 在点 $x=1$ 处相切,求 a,b 的值.

13. 求下列函数的导数.

(1) $y=(1-2x)^{20}$;

(2) $y=\sqrt{3x-5}$;

(3) $y=\mathrm{e}^{-x^2}$;

(4) $y=\ln(\ln x)$;

(5) $y=\sin^2(2x-1)$;

(6) $y=\ln\tan\dfrac{x}{3}$;

(7) $y=\ln^3 x^2$;

(8) $y=2^{\cos^3 x}$;

(9) $y=x^2\sin\dfrac{1}{x}$;

(10) $y=\arctan\dfrac{1+x}{1-x}$.

14. 求下列函数的导数.

$(1)\ y = \ln \sqrt{x} + \sqrt{\ln x}$;　　　　　　$(2)\ y = \sqrt{x + \sqrt{x}}$;

$(3)\ y = \ln(\csc x - \cot x)$;　　　　　　$(4)\ y = \cos nx \sin^n x$;

$(5)\ y = \arcsin \sqrt{\dfrac{1-x}{1+x}}$;　　　　　$(6)\ y = \mathrm{e}^{2x} \sqrt{1 - \mathrm{e}^{2x}} + \arctan \mathrm{e}^x$;

$(7)\ y = \dfrac{\mathrm{e}^t - \mathrm{e}^{-t}}{\mathrm{e}^t + \mathrm{e}^{-t}}$;　　　　　　$(8)\ y = \dfrac{\sqrt{1+x} - \sqrt{1-x}}{\sqrt{1+x} + \sqrt{1-x}}$.

15. 求下列函数的二阶导数.

$(1)\ y = 2x^2 + \ln x$;　　　　　　$(2)\ y = \dfrac{\mathrm{e}^x - \mathrm{e}^{-x}}{2}$;

$(3)\ y = x\cos x$;　　　　　　　$(4)\ y = x\sqrt{2x - 3}$;

$(5)\ y = \dfrac{\sin x}{x}$;　　　　　　　$(6)\ y = \dfrac{x}{\sqrt{1-x^2}}$;

$(7)\ y = \ln(1 - x^2)$;　　　　　　$(8)\ y = x\mathrm{e}^{x^2}$;

$(9)\ y = (\arcsin x)^2$;　　　　　　$(10)\ y = \arccos x^2$.

16. 求下列函数的 n 阶导数.

$(1)\ y = \mathrm{e}^{-x}$;　　　　　　　$(2)\ y = x\mathrm{e}^x$;

$(3)\ y = x \ln x$;　　　　　　　$(4)\ y = \dfrac{1-x}{1+x}$.

17. 求下列隐函数的导数 $\dfrac{\mathrm{d}y}{\mathrm{d}x}$.

$(1)\ x^2 + y^2 - xy = 2$;　　　　　$(2)\ y = \tan(x + y)$;

$(3)\ xy = \mathrm{e}^{x+y}$;　　　　　　$(4)\ y\sin x - \cos(x - y) = 0$.

18. 求曲线 $x^{\frac{2}{3}} + y^{\frac{2}{3}} = a^{\frac{2}{3}}$ 在点 $\left(\dfrac{\sqrt{2}}{4}a, \dfrac{\sqrt{2}}{4}a\right)$ 处的切线方程和法线方程.

19. 用对数求导法求下列函数的导数.

$(1)\ y = (\ln x)^x$;　　　　　　　$(2)\ y = \dfrac{(2x+3)^4 \cdot \sqrt{x-6}}{\sqrt[3]{x+1}}$.

20. 求下列参数方程所确定的函数的导数 $\dfrac{\mathrm{d}y}{\mathrm{d}x}$.

$(1)\ \begin{cases} x = \dfrac{a}{2}\left(t + \dfrac{1}{t}\right) \\ y = \dfrac{b}{2}\left(t - \dfrac{1}{t}\right) \end{cases}$;　　　　$(2)\ \begin{cases} x = \dfrac{3at}{1+t^2} \\ y = \dfrac{3at^2}{1+t^2} \end{cases}$.

21. 求下列参数方程所确定的函数的二阶导数 $\dfrac{\mathrm{d}^2 y}{\mathrm{d}x^2}$.

$(1)\ \begin{cases} x = a\cos t \\ y = b\sin t \end{cases}$;　　　　　$(2)\ \begin{cases} x = \sqrt{1+t} \\ y = \sqrt{1-t} \end{cases}$.

22. 设 x 从 $x = 1$ 变到 $x = 1.01$，求函数 $y = 2x^2 - x$ 的增量和微分.

23. 已知函数 $y = f(x)$ 在点 x 处的已给增量 $\Delta x = 0.2$，对应的函数增量的线性主部为 0.8，求 $f(x)$ 在点 x 处的导数.

24. 求下列函数的微分.

(1) $y = e^{-x}\cos(3-x)$;

(2) $y = \dfrac{x}{\sqrt{x^2+1}}$;

(3) $y = \arcsin\sqrt{1-x^2}$;

(4) $y = \arctan\dfrac{1-x^2}{1+x^2}$.

25. 在括号中填入适当的函数,使等式成立.

(1) $\mathrm{d}(\qquad) = 5\mathrm{d}x$;

(2) $\mathrm{d}(\qquad) = \dfrac{1}{\sqrt{x}}\mathrm{d}x$;

(3) $\mathrm{d}(\qquad) = \sin 2x\,\mathrm{d}x$;

(4) $\mathrm{d}(\qquad) = e^{-3x}\mathrm{d}x$.

26. 求下列各式的近似值.

(1) $\sqrt[3]{996}$;

(2) $\ln 0.998$.

B　组

1. 设 $f(0)=0$,且 $f'(0)$ 存在,求 $\lim\limits_{x\to 0}\dfrac{f(x)}{x}$.

2. 已知 $f(x)$ 在点 $x=1$ 处连续,且 $\lim\limits_{x\to 1}\dfrac{f(x)}{x-1}=2$,求 $f'(1)$.

3. 设 $f(x)=\begin{cases} x^2 & \text{当 } x\leqslant 1 \\ ax+b & \text{当 } x>1 \end{cases}$ 在点 $x=1$ 处可导,求 a,b 的值.

4. 设 $f(x)$ 可导,求 $\dfrac{\mathrm{d}y}{\mathrm{d}x}$.

(1) $y = f(x^3)$;

(2) $y = f(\sin^2 x) + f(\cos^2 x)$;

(3) $y = f(e^x + x^e)$;

(4) $y = f(e^x)\cdot e^{f(x)}$.

5. 设 $f(x)$ 二阶可导,求下列函数的二阶导数.

(1) $y = f(\ln x)$;

(2) $y = \ln[f(x)]$.

6. 设 $f(x) = x(x-1)(x-2)\cdots(x-100)$,求 $f'(0)$ 及 $f^{(101)}(x)$.

阅读材料 3

微积分的创立

　　从具有微积分的思想萌芽到牛顿、莱布尼茨创立微积分,经历了至少两千年的时间. 事实上,牛顿、莱布尼茨创立微积分后又过了二百多年,经过了几代数学家的努力,才形成了现在比较系统和比较严格的微积分. 我们先简单了解一下微积分的创立过程.

　　微积分的思想萌芽特别是积分学,可以追溯到古代. 在古代希腊、中国和印度数学家们的著述中,不乏用无穷小过程计算特殊图形面积、体积以及曲线长度的例子. 微分学的起源则要晚得多. 自文艺复兴以来,自然科学开始迈入综合与突破的阶段,当时所面临的数学困难集中于以下四个问题:(1)确定非匀速运动物体的速度、加速度与瞬时变化率的研究;(2)望远镜的光程设计需要确定透镜曲面上任一点的法线以及曲线的切线的问题;(3)确定炮弹的最大射程与寻求行星轨道的近日点与远日点等涉及的函数极大值与极小值问题;(4)行星沿轨道运动路程,行星矢径扫过的面积以及物体重心与引力计算所涉及的积分学的基本问题.

在17世纪的上半叶,几乎所有的科学大师都致力于寻求解决这些难题的新的数学工具,特别是描述运动与变化的无限小算法.作出一定贡献的主要有德国数学家开普勒,意大利数学家卡瓦列里、托里拆利,法国数学家帕斯卡、费马,英国数学家沃利斯、巴罗等十几位著名数学家和其他几十位数学家.其中费马和巴罗已经接近于发现微积分基本定理,但遗憾的是,他们没有进一步研究,否则微积分的创立者就可能是他们而不会是即将出场的牛顿和莱布尼茨.经过了半个世纪的酝酿,牛顿和莱布尼茨出场了.时代的需要与个人的才识,使他们完成了微积分创立中最后也是最关键的一步.在此过程中,他们共同分享着这份伟大的荣耀.

牛顿在1665年11月发明"正流数术"(微分法),次年5月又建立了"反流数术"(积分法).1666年10月,牛顿将前两年的研究成果整理成一篇总结性论文,此文现以《流数简论》著称,它是历史上第一篇系统的微积分文献,但牛顿没有发表.从那时起直到1693年大约四分之一世纪的时间里,牛顿完成了多篇有关微积分的论文.《分析学》写于1669年,《流数法》完成于1671年.1687年牛顿发表了他的划时代的科学名著《自然哲学的数学原理》,在这部最早发表的包含微积分成果的书(当然不是最早写成的)中,牛顿已经把微积分的大厦建筑在极限的基础之上.《求积术》完成于1691年.这些著作真实再现了牛顿创建微积分学说的思想历程.

我们再来看一下莱布尼茨创立微积分的过程.有意思的是,莱布尼茨从接触微积分内容到创立微积分前后仅仅用了五年左右的时间.从1672年开始,莱布尼茨将他对数列研究的结果与微积分运算联系起来.他通过把曲线的纵坐标想象成一组无穷序列,得出了"求切线不过是求差,求积不过是求和"的结论.在1675年10月29日的一份手稿中,他引入了现在熟知的积分符号"$\int$",这显然是求和一词"sum"首字母的拉长.稍后,在11月11日的手稿中,他又引进了微分记号dx来表示两相邻x的值的差,并开始探索积分运算与微分运算的关系.一年之后,莱布尼兹已经能够给出幂函数的微分与积分公式.不久,他又给出了计算复合函数微分的链式法则.1677年,莱布尼兹在一篇手稿中明确陈述了微积分基本定理.

大约在17世纪80年代初,莱布尼茨开始总结自己陆续获得的结果,并将其整理成文,公之于众.1684年10月在自己创办的杂志《教师学报》上发表了论文《一种求极大与极小值和求切线的新方法》,这是人类历史上第一篇发表的微分学论文.这篇仅有6页的论文,内容并不丰富,说理也颇含糊,但却有着划时代的意义.其中含有求两函数积高阶微分的莱布尼茨公式,对于光的折射定律的推证特别有意义.莱布尼茨在证完这条定律后,夸耀微分学方法的魔力说:"凡熟悉微分学的人都能像本文这样魔术般做到的事情,却曾使其他渊博的学者百思不解."两年后,莱布尼茨在同一杂志发表了第一篇积分学论文《深奥的几何与不可分量及无限的分析》,特别是他发明了用dx、dy表示微分,用$\int ydx$表示积分的符号,这些符号比牛顿使用的$\dot{x}$(相当于dx)、$\dot{y}$(相当于dy)等更为简捷,成为后人通常使用的微积分符号.

第4章 微分中值定理与导数的应用

数学之所以比一切其他科学受到尊重,一个理由是因为它的命题是绝对可靠和无可争辩的,而其他科学经常处于被新发现的事实推翻的危险.

——爱因斯坦

第3章中引入了导数的概念,学习了导数的计算方法,本章将应用导数来研究函数及其曲线的一些性态,解决生产生活中的一些实际问题.

§4.1 微分中值定理

本节介绍三个微分中值定理,即罗尔定理、拉格朗日中值定理以及柯西中值定理,它们是用导数研究函数的理论根据.

4.1.1 罗尔定理

定理 1(罗尔定理) 如果函数 $f(x)$ 满足:

(1)在闭区间 $[a,b]$ 上连续;

(2)在开区间 (a,b) 内可导;

(3)在闭区间端点处的函数值相等,即 $f(a)=f(b)$,

那么在 (a,b) 内至少有一点 ξ,使得 $f'(\xi)=0$.

证 由定理条件(1),根据闭区间上连续函数的最大值和最小值定理,函数 $f(x)$ 在 $[a,b]$ 上有最大值 M 和最小值 m. 于是有两种情形:

① 若 $M=m$,则 $f(x)$ 在 $[a,b]$ 上必为常量,即 $f'(x)=0$,因此任取 $\xi\in(a,b)$,都有 $f'(\xi)=0$.

② 若 $M>m$,则 M 和 m 至少有一个不等于 $f(x)$ 在区间 $[a,b]$ 端点的值 $f(a)=f(b)$,因此 M 和 m 至少有一个是在 (a,b) 内取得. 不妨设 $M\neq f(a)$(若 $m\neq f(a)$,可类似证明),那么在 (a,b) 内至少有一点 ξ,使 $f(\xi)=M$. 下面证明 $f'(\xi)=0$.

因为 ξ 是 (a,b) 内的点,根据假设可知 $f'(\xi)$ 存在,即

$$\lim_{\Delta x\to 0}\frac{f(\xi+\Delta x)-f(\xi)}{\Delta x}$$

存在,根据极限存在必定左、右极限存在且相等,因此

$$f'(\xi)=\lim_{\Delta x\to 0^-}\frac{f(\xi+\Delta x)-f(\xi)}{\Delta x}=\lim_{\Delta x\to 0^+}\frac{f(\xi+\Delta x)-f(\xi)}{\Delta x}.$$

由于 $f(\xi)=M$ 是 $f(x)$ 在 $[a,b]$ 上的最大值,因此不论 $\Delta x>0$ 还是 $\Delta x<0$,只要 $\xi+\Delta x$ 在 $[a,b]$ 上,总有 $f(\xi+\Delta x)\leqslant f(\xi)$,即 $f(\xi+\Delta x)-f(\xi)\leqslant 0$.

当 $\Delta x < 0$ 时, $\dfrac{f(\xi+\Delta x)-f(\xi)}{\Delta x} \geqslant 0$,根据函数极限的性质,有

$$f'(\xi) = \lim_{\Delta x \to 0^-} \frac{f(\xi+\Delta x)-f(\xi)}{\Delta x} \geqslant 0,$$

而当 $\Delta x > 0$ 时, $\dfrac{f(\xi+\Delta x)-f(\xi)}{\Delta x} \leqslant 0$,从而

$$f'(\xi) = \lim_{\Delta x \to 0^+} \frac{f(\xi+\Delta x)-f(\xi)}{\Delta x} \leqslant 0,$$

因此 $\qquad\qquad\qquad f'(\xi) = 0.$

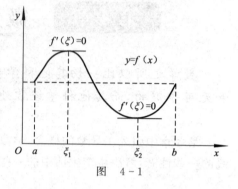

图 4-1

罗尔定理的几何意义是:一段连续曲线上除端点外任意点都具有不垂直于 x 轴的切线,若两端点的高度相同,则在此曲线上至少有一条水平切线,如图 4-1 所示.

应当注意,罗尔定理的三个条件缺少其中任何一个,其结论将不一定成立,如图 4-2.

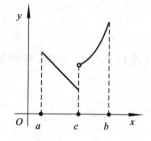 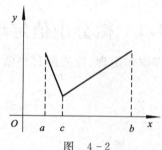 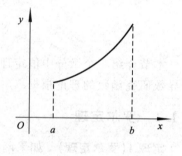

图 4-2

例 1 验证函数 $f(x)=x^2-4x+3$ 在闭区间 $[1,3]$ 上满足罗尔定理的条件,并求定理结论中的数值 ξ.

解 显然函数 $f(x)$ 在 $[1,3]$ 上连续,在 $(1,3)$ 内可导,且由 $f(x)=(x-1)(x-3)$ 可知, $f(1)=f(3)=0$. 又 $f'(x)=2(x-2)$,故当 $\xi=2(2\in(1,3))$ 时,有 $f'(\xi)=0$.

例 2 设 $p(x)$ 为多项式函数,证明:如果方程 $p'(x)=0$ 没有实根,则方程 $p(x)=0$ 至多有一个实根.

证 假设方程 $p(x)=0$ 有两个实根 x_1 和 x_2,且 $x_1 < x_2$,则 $p(x_1)=p(x_2)=0$. 因为多项式函数 $p(x)$ 在 $[x_1,x_2]$ 上连续,在 (x_1,x_2) 内可导,根据定理1,必然存在一点 $\xi\in(x_1,x_2)$,使得 $p'(\xi)=0$,这与题设中 $p'(x)=0$ 没有实根相矛盾,所以方程 $p(x)=0$ 至多有一个实根.

由于罗尔定理中的条件(3)非常特殊,这样使得定理1在应用中受到一些限制.如果把条件(3)去掉,并适当地改变结论,就得到拉格朗日中值定理.

4.1.2 拉格朗日中值定理

定理 2(拉格朗日中值定理) 如果函数 $f(x)$ 满足:

(1)在闭区间 $[a,b]$ 上连续;

(2)在开区间 (a,b) 内可导,

那么在 (a,b) 内至少有一点 ξ,使得

$$f(b)-f(a)=f'(\xi)(b-a) \tag{1}$$

在拉格朗日中值定理中,如果 $f(a)=f(b)$,式(1)中 $f'(\xi)=0$,这个定理就是罗尔定理.

为了便于证明,先考虑拉格朗日中值定理的几何意义.把定理 2 的结论改为

$$f'(\xi)=\frac{f(b)-f(a)}{b-a},$$

显然 $\dfrac{f(b)-f(a)}{b-a}$ 为线段 AB 的斜率(见图 $4-3$).

所以,拉格朗日中值定理的几何意义是:若一段连续曲线上除端点外任意点都具有不垂直于 x 轴的切线,则在此曲线上至少有一点 C 的切线与 AB 平行.

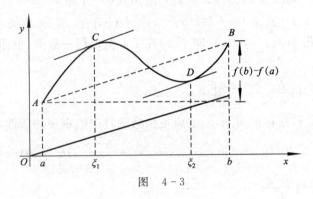

图　$4-3$

由于罗尔定理和拉格朗日中值定理有着密切的联系,那么能否通过构造满足罗尔定理的函数来证明拉格朗日中值定理呢? 答案是肯定的.

不难看出,过原点且平行于 AB 的直线的方程为

$$y=\frac{f(b)-f(a)}{b-a}x.$$

由图 $4-3$ 可以看出,函数 $\varphi(x)=f(x)-y$ 在 $x=a$ 和 $x=b$ 两端点处的函数值相等.这样 $\varphi(x)$ 就满足罗尔定理的三个条件,可以利用它作为辅助函数证明拉格朗日中值定理.

证　作辅助函数

$$\varphi(x)=f(x)-\frac{f(b)-f(a)}{b-a}x,$$

显然,函数 $\varphi(x)$ 在 $[a,b]$ 上连续,在 (a,b) 内可导,且 $\varphi(a)=\varphi(b)$.于是由罗尔定理可知,在 (a,b) 内至少有一点 ξ,使得

$$\varphi'(\xi)=f'(\xi)-\frac{f(b)-f(a)}{b-a}=0,$$

即

$$f(b)-f(a)=f'(\xi)(b-a).$$

式(1)称为**拉格朗日中值公式**,它对于 $b<a$ 也成立,它精确地表达了函数在一个区间上的增量与函数在这个区间内某点处的导数之间的关系.

如果 $f(x)$ 在 $[a,b]$ 上连续,在 (a,b) 内可导,x_0 和 $x_0+\Delta x$ 都在该区间内,则式(1)有另外两种表达形式

$$f(x_0+\Delta x)-f(x_0)=f'(x_0+\theta\Delta x)\Delta x \quad (0<\theta<1), \tag{2}$$

$$\Delta y=f'(x_0+\theta\Delta x)\Delta x \quad (0<\theta<1). \tag{3}$$

事实上,设 $\xi=x_0+\theta\Delta x$,当 $\Delta x>0$ 时,$x_0<\xi<x_0+\Delta x$,即

$$0<\frac{\xi-x_0}{\Delta x}<1,$$

从而 $0<\theta<1$.$\Delta x<0$ 的情况完全类似.

函数微分 $\mathrm{d}y=f'(x_0)\Delta x$ 是函数增量 Δy 的近似表达式,而式(3)是 Δy 的精确表达式,因此拉格朗日中值定理也称为**有限增量定理**.

作为拉格朗日中值定理的一个应用,有

推论 如果函数 $f(x)$ 在区间 I 上的导数恒为零,那么 $f(x)$ 在区间 I 上是一个常数.

证 在区间 I 上任取两点 x_1、$x_2(x_1\neq x_2)$,应用式(1)可得

$$f(x_1)-f(x_2)=f'(\xi)(x_1-x_2) \quad (\xi \text{ 在 } x_1 \text{ 与 } x_2 \text{ 之间}).$$

由假设 $f'(x)\equiv 0$,因此 $f(x_1)=f(x_2)$.即 $f(x)$ 在 I 上恒取同一数值,也即 $f(x)$ 在 I 上是一个常数.

例 3 证明 $\dfrac{b-a}{b}<\ln\dfrac{b}{a}<\dfrac{b-a}{a}$,其中 $0<a<b$.

证 设 $f(x)=\ln x$,它在区间 $[a,b]$ 上满足拉格朗日中值定理的条件,所以

$$\ln b-\ln a=(\ln x)'|_{x=\xi}(b-a)=\frac{b-a}{\xi},\xi\in(a,b).$$

又 $\dfrac{1}{b}<\dfrac{1}{\xi}<\dfrac{1}{a}$,因此可得 $\dfrac{b-a}{b}<\ln\dfrac{b}{a}<\dfrac{b-a}{a}$.

例 4 证明 $|\sin x-\sin y|\leqslant|x-y|(x\neq y)$.

解 设 $f(t)=\sin t$,它在以 x,y 为端点的区间上满足拉格朗日中值定理的条件,所以

$$\sin x-\sin y=(\sin t)'|_{t=\xi}(x-y)=(\cos\xi)(x-y) \ (\xi \text{ 在 } x,y \text{ 之间}),$$

从而

$$|\sin x-\sin y|=|\cos\xi||x-y|\leqslant|x-y|.$$

例 5 证明:在 $[-1,1]$ 上恒有 $\arcsin x+\arccos x=\dfrac{\pi}{2}$.

证 设 $f(x)=\arcsin x+\arccos x$,在 $(-1,1)$ 上恒有

$$f'(x)=\frac{1}{\sqrt{1-x^2}}+\left(-\frac{1}{\sqrt{1-x^2}}\right)=0.$$

由推论可知,$f(x)$ 在 $(-1,1)$ 上恒为一常数 C,即 $\arcsin x+\arccos x=C$.

下面确定常数 C 的值.不妨设 $x=0$,得

$$C=\arcsin 0+\arccos 0=0+\frac{\pi}{2}=\frac{\pi}{2}.$$

即当 $x\in(-1,1)$ 时,$\arcsin x+\arccos x=\dfrac{\pi}{2}$.

当 $x=-1$ 时,$\arcsin(-1)+\arccos(-1)=-\dfrac{\pi}{2}+\pi=\dfrac{\pi}{2}$;

当 $x=1$ 时,$\arcsin 1+\arccos 1=\dfrac{\pi}{2}+0=\dfrac{\pi}{2}$.

因此在 $[-1,1]$ 上,$\arcsin x+\arccos x=\dfrac{\pi}{2}$.

4.1.3 柯西中值定理

如果连续曲线的方程为参数形式

$$\begin{cases} x = F(t) \\ y = f(t) \end{cases} t \in [a, b],$$

则两端点为 $A(F(a), f(a))$, $B(F(b), f(b))$. 由拉格朗日中值定理, 曲线上必然存在一点, 对应的参数 $t = \xi \in (a, b)$, 使曲线在该点的切线平行于线段 AB, 即 C 点的切线斜率 $\dfrac{f'(\xi)}{F'(\xi)}$ 等于 AB 的斜率 $\dfrac{f(b) - f(a)}{F(b) - F(a)}$, 如图 4-4 所示.

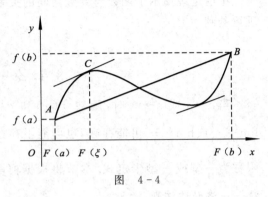

图 4-4

这个结果, 相应地就是下面的定理.

定理 3(柯西中值定理) 如果函数 $f(x)$ 及 $F(x)$ 满足:

(1)在闭区间 $[a, b]$ 上连续;

(2)在开区间 (a, b) 内可导;

(3)对任一 $x \in (a, b)$, $F'(x) \neq 0$,

那么在 (a, b) 内至少有一点 ξ, 使得

$$\frac{f(b) - f(a)}{F(b) - F(a)} = \frac{f'(\xi)}{F'(\xi)}. \tag{4}$$

当 $F(x) = x$ 时, 柯西中值定理就是拉格朗日中值定理. 为此, 仿照拉格朗日中值定理的证明, 构造一个辅助函数以便应用罗尔定理来证明柯西中值定理.

证 首先 $F(b) - F(a) \neq 0$, 因为 $F(b) - F(a) = F'(\eta)(b - a)$, 其中 $a < \eta < b$, 而 $F'(\eta) \neq 0$, $b - a \neq 0$, 所以 $F(b) - F(a) \neq 0$.

式(4)可改写为

$$f'(\xi) - \frac{f(b) - f(a)}{F(b) - F(a)} F'(\xi) = 0,$$

依此作辅助函数

$$\varphi(x) = f(x) - \frac{f(b) - f(a)}{F(b) - F(a)} F(x).$$

显然, 函数 $\varphi(x)$ 在 $[a, b]$ 上连续, 在 (a, b) 内可导, 且 $\varphi(a) = \varphi(b)$. 于是由罗尔定理可知, 在 (a, b) 内至少有一点 ξ, 使得

$$\varphi'(\xi) = f'(\xi) - \frac{f(b) - f(a)}{F(b) - F(a)} F'(\xi) = 0,$$

即

$$\frac{f(b) - f(a)}{F(b) - F(a)} = \frac{f'(\xi)}{F'(\xi)}.$$

需要说明的是, 对于柯西中值定理的证明, 不能分别对函数 $f(x)$ 与 $F(x)$ 在 $[a, b]$ 上应用拉格朗日中值定理, 由

$$f(b) - f(a) = f'(\xi)(b - a), \xi \in (a, b),$$

$$F(b) - F(a) = F'(\xi)(b - a), \xi \in (a, b).$$

两式相除得到式(4), 这是因为上述两式中的 ξ 不一定是 (a, b) 内的同一个点.

由上述讨论可知,罗尔定理是拉格朗日中值定理的特例,柯西中值定理是拉格朗日中值定理的推广.

中值定理揭示了函数与导数之间的关系,它们是借助导数研究函数及曲线的某些性态的理论基础.

§4.2 洛必达法则

当 $x \to a$ 或 $x \to \infty$ 时,函数 $f(x)$ 和 $g(x)$ 都趋近于零或者都趋近于无穷大,此时极限 $\lim\limits_{x \to a} \dfrac{f(x)}{g(x)}$ 或 $\lim\limits_{x \to \infty} \dfrac{f(x)}{g(x)}$ 可能存在,也可能不存在.我们把两个无穷小量或两个无穷大量之比的极限称为 $\dfrac{0}{0}$ 型或 $\dfrac{\infty}{\infty}$ 型未定式.本节将根据柯西中值定理推出求这类极限的一种简便有效的方法——**洛必达法则**.

4.2.1 $\dfrac{0}{0}$ 型未定式

1. $x \to a$ 情形

定理 1　如果 $f(x)$ 和 $g(x)$ 满足:

(1) $\lim\limits_{x \to a} f(x) = 0$, $\lim\limits_{x \to a} g(x) = 0$;

(2) $f(x)$ 与 $g(x)$ 在点 a 处的某去心邻域内可导,且 $g'(x) \neq 0$;

(3) $\lim\limits_{x \to a} \dfrac{f'(x)}{g'(x)}$ 存在(或为 ∞),

那么

$$\lim_{x \to a} \frac{f(x)}{g(x)} = \lim_{x \to a} \frac{f'(x)}{g'(x)}.$$

证　因为 $\lim\limits_{x \to a} \dfrac{f(x)}{g(x)}$ 与 $f(a)$、$g(a)$ 无关,所以可以假定 $f(a) = g(a) = 0$.由条件(1)、(2)可知,$f(x)$ 与 $g(x)$ 在点 a 处的某一邻域内连续.在该邻域内任取一点 $x(x \neq a)$,$f(x)$、$g(x)$ 在以 x 与 a 为端点的区间上满足柯西中值定理的条件,所以有

$$\frac{f(x)}{g(x)} = \frac{f(x) - f(a)}{g(x) - g(a)} = \frac{f'(\xi)}{g'(\xi)} \quad (\xi \text{ 在 } x \text{ 与 } a \text{ 之间}).$$

由于 $x \to a$ 时,也有 $\xi \to a$,因此令 $x \to a$,对上式两边求极限,有

$$\lim_{x \to a} \frac{f(x)}{g(x)} = \lim_{\xi \to a} \frac{f'(\xi)}{g'(\xi)},$$

故

$$\lim_{x \to a} \frac{f(x)}{g(x)} = \lim_{x \to a} \frac{f'(x)}{g'(x)}.$$

这种在一定条件下通过分子分母分别求导再求极限来确定未定式的值的方法称为**洛必达法则**.

如果 $\lim\limits_{x \to a} \dfrac{f'(x)}{g'(x)}$ 仍然是 $\dfrac{0}{0}$ 型未定式,那么只要 $f'(x)$, $g'(x)$ 满足定理的条件,就可以继续使用一次洛必达法则,即

$$\lim_{x \to a} \frac{f(x)}{g(x)} = \lim_{x \to a} \frac{f'(x)}{g'(x)} = \lim_{x \to a} \frac{f''(x)}{g''(x)}.$$

如果有必要,还可接连三次、四次以至更多次应用洛必达法则.

例 1　求 $\lim\limits_{x\to 0}\dfrac{(1+x)^k-1}{x}$($k$ 为任何实数).

解　$\lim\limits_{x\to 0}\dfrac{(1+x)^k-1}{x}=\lim\limits_{x\to 0}\dfrac{k\,(1+x)^{k-1}}{1}=k.$

例 2　求 $\lim\limits_{x\to \pi}\dfrac{1+\cos x}{\tan^2 x}$.

解　$\lim\limits_{x\to \pi}\dfrac{1+\cos x}{\tan^2 x}=\lim\limits_{x\to \pi}\dfrac{-\sin x}{2\tan x\sec^2 x}=-\dfrac{1}{2}\lim\limits_{x\to \pi}\cos^3 x=\dfrac{1}{2}.$

例 3　求 $\lim\limits_{x\to 1}\dfrac{x^3-3x+2}{x^3-x^2-x+1}$.

解　$\lim\limits_{x\to 1}\dfrac{x^3-3x+2}{x^3-x^2-x+1}=\lim\limits_{x\to 1}\dfrac{3x^2-3}{3x^2-2x-1}=\lim\limits_{x\to 1}\dfrac{6x}{6x-2}=\lim\limits_{x\to 1}\dfrac{3x}{3x-1}=\dfrac{3}{2}.$

例 4　设函数 $f(x)$ 具有二阶连续导数,求

$$\lim_{h\to 0}\frac{f(x+h)+f(x-h)-2f(x)}{h^2}.$$

解　$\begin{aligned}\lim_{h\to 0}\frac{f(x+h)+f(x-h)-2f(x)}{h^2}&=\lim_{h\to 0}\frac{f'(x+h)-f'(x-h)}{2h}\\&=\lim_{h\to 0}\frac{f''(x+h)+f''(x-h)}{2}=f''(x).\end{aligned}$

2. $x\to\infty$ 情形

推论　如果 $f(x)$ 和 $g(x)$ 满足:

(1) $\lim\limits_{x\to\infty}f(x)=0,\lim\limits_{x\to\infty}g(x)=0$;

(2) 当 $|x|>N$ 时,$f(x)$ 与 $g(x)$ 可导,且 $g'(x)\neq 0$;

(3) $\lim\limits_{x\to\infty}\dfrac{f'(x)}{g'(x)}$ 存在(或为 ∞),

那么

$$\lim_{x\to\infty}\frac{f(x)}{g(x)}=\lim_{x\to\infty}\frac{f'(x)}{g'(x)}.$$

证　令 $t=\dfrac{1}{x}$,则当 $x\to\infty$ 时,有 $t\to 0$,于是

$$\lim_{x\to\infty}\frac{f(x)}{g(x)}=\lim_{t\to 0}\frac{f\left(\dfrac{1}{t}\right)}{g\left(\dfrac{1}{t}\right)}=\lim_{t\to 0}\frac{\left[f\left(\dfrac{1}{t}\right)\right]'}{\left[g\left(\dfrac{1}{t}\right)\right]'}=\lim_{t\to 0}\frac{f'\left(\dfrac{1}{t}\right)}{g'\left(\dfrac{1}{t}\right)}=\lim_{x\to\infty}\frac{f'(x)}{g'(x)}.$$

例 5　求 $\lim\limits_{x\to +\infty}\dfrac{\ln\left(1+\dfrac{1}{x}\right)}{\operatorname{arccot} x}$.

解　$\lim\limits_{x\to +\infty}\dfrac{\ln\left(1+\dfrac{1}{x}\right)}{\operatorname{arccot} x}=\lim\limits_{x\to +\infty}\dfrac{\dfrac{1}{x}}{\operatorname{arccot} x}=\lim\limits_{x\to +\infty}\dfrac{-\dfrac{1}{x^2}}{-\dfrac{1}{1+x^2}}=\lim\limits_{x\to +\infty}\dfrac{1+x^2}{x^2}=\lim\limits_{x\to +\infty}\left(\dfrac{1}{x^2}+1\right)=1.$

洛必达法则是求未定式的一种有效方法,但最好能与其他求极限的方法结合使用. 例如,能化简时应尽可能先化简,可以应用等价无穷小替换时,应尽可能应用,这样可以使得运算更

加简捷.

4.2.2 $\dfrac{\infty}{\infty}$型未定式

对于 $\dfrac{\infty}{\infty}$型未定式,只给出相应的定理,证明从略.

定理 2 如果 $f(x)$ 和 $g(x)$ 满足:

(1) $\lim\limits_{x\to a}f(x)=\infty$,$\lim\limits_{x\to a}g(x)=\infty$;

(2) $f(x)$ 与 $g(x)$ 在点 a 处的某去心邻域内可导,且 $g'(x)\neq 0$;

(3) $\lim\limits_{x\to a}\dfrac{f'(x)}{g'(x)}$ 存在(或为 ∞),

那么

$$\lim_{x\to a}\frac{f(x)}{g(x)}=\lim_{x\to a}\frac{f'(x)}{g'(x)}.$$

此定理对于 $x\to\infty$ 的情况也是适用的.

例 6 求 $\lim\limits_{x\to+\infty}\dfrac{\ln x}{x^n}$ $(n>0)$.

解 $\lim\limits_{x\to+\infty}\dfrac{\ln x}{x^n}=\lim\limits_{x\to+\infty}\dfrac{1}{nx^n}=0.$

例 7 求 $\lim\limits_{x\to 1^-}\dfrac{\ln\tan\dfrac{\pi}{2}x}{\ln(1-x)}$.

解 $\lim\limits_{x\to 1^-}\dfrac{\ln\tan\dfrac{\pi}{2}x}{\ln(1-x)}=\lim\limits_{x\to 1^-}\dfrac{\cot\dfrac{\pi}{2}x\cdot\sec^2\dfrac{\pi}{2}x\cdot\dfrac{\pi}{2}}{-\dfrac{1}{1-x}}=\lim\limits_{x\to 1^-}\dfrac{\pi(x-1)}{\sin\pi x}$

$$=\lim_{x\to 1^-}\frac{\pi}{\pi\cos\pi x}=\lim_{x\to 1^-}\frac{1}{\cos\pi x}=-1.$$

需要注意的是,洛必达法则仅适用于 $\dfrac{0}{0}$ 型和 $\dfrac{\infty}{\infty}$ 型未定式,使用前首先要检查是否满足洛必达法则的条件. 其次,当 $\lim\limits_{\substack{x\to a\\(x\to\infty)}}\dfrac{f'(x)}{g'(x)}$ 不存在且不为 ∞ 时,$\lim\limits_{\substack{x\to a\\(x\to\infty)}}\dfrac{f(x)}{g(x)}$ 仍可能存在,见下面的例子.

例 8 求 $\lim\limits_{x\to\infty}\dfrac{x+\sin x}{x}$.

解 因为 $\lim\limits_{x\to\infty}\dfrac{(x+\sin x)'}{x'}=\lim\limits_{x\to\infty}(1+\cos x)$ 不存在,所以不能应用洛必达法则. 但是

$$\lim_{x\to\infty}\frac{x+\sin x}{x}=\lim_{x\to\infty}\left(1+\frac{\sin x}{x}\right)=1.$$

4.2.3 其他类型未定式

未定式还有 $0\cdot\infty$,$\infty-\infty$,0^0,∞^0,1^∞ 等类型,但它们经过简单变换都可化成 $\dfrac{0}{0}$ 型或 $\dfrac{\infty}{\infty}$ 型,然后再用洛必达法则来求极限.

(1) 型如 $0 \cdot \infty$ 的未定式可以先转化为 $0 \cdot \dfrac{1}{0}$ 或 $\dfrac{1}{\infty} \cdot \infty$，进而转化为 $\dfrac{0}{0}$ 型或 $\dfrac{\infty}{\infty}$ 型.

例 9　求 $\lim\limits_{x \to 0^+} x \ln x$.

解　这是 $0 \cdot \infty$ 型未定式，由于 $x \ln x = \dfrac{\ln x}{\dfrac{1}{x}}$，所以可转化为 $\dfrac{\infty}{\infty}$ 型未定式，因此

$$\lim_{x \to 0^+} x \ln x = \lim_{x \to 0^+} \frac{\ln x}{\dfrac{1}{x}} = \lim_{x \to 0^+} \frac{\dfrac{1}{x}}{-\dfrac{1}{x^2}} = -\lim_{x \to 0^+} x = 0.$$

例 10　求 $\lim\limits_{x \to \infty} x^2 \mathrm{e}^{-x^2}$.

解　这是 $0 \cdot \infty$ 型未定式，由于 $x^2 \mathrm{e}^{-x^2} = \dfrac{x^2}{\mathrm{e}^{x^2}}$，所以可转化为 $\dfrac{\infty}{\infty}$ 型未定式，其中令 $t = x^2$，当 $x \to \infty$ 时，$t \to +\infty$. 因此

$$\lim_{x \to \infty} x^2 \mathrm{e}^{-x^2} = \lim_{x \to \infty} \frac{x^2}{\mathrm{e}^{x^2}} = \lim_{t \to +\infty} \frac{t}{\mathrm{e}^t} = \lim_{t \to +\infty} \frac{1}{\mathrm{e}^t} = 0.$$

(2) $\infty - \infty$ 型的未定式可以先转化为 $\dfrac{1}{0} - \dfrac{1}{0}$，再转化为 $\dfrac{0-0}{0 \cdot 0}$，最终转化为 $\dfrac{0}{0}$ 型.

例 11　求 $\lim\limits_{x \to 0} \left(\dfrac{1}{x} - \dfrac{1}{\mathrm{e}^x - 1} \right)$.

解　这是 $\infty - \infty$ 型未定式，由于 $\dfrac{1}{x} - \dfrac{1}{\mathrm{e}^x - 1} = \dfrac{\mathrm{e}^x - 1 - x}{x(\mathrm{e}^x - 1)}$，所以转化为 $\dfrac{0}{0}$ 型未定式，因此

$$\lim_{x \to 0} \left(\frac{1}{x} - \frac{1}{\mathrm{e}^x - 1} \right) = \lim_{x \to 0} \frac{\mathrm{e}^x - 1 - x}{x(\mathrm{e}^x - 1)} = \lim_{x \to 0} \frac{\mathrm{e}^x - 1 - x}{x^2}$$

$$= \lim_{x \to 0} \frac{\mathrm{e}^x - 1}{2x} = \lim_{x \to 0} \frac{x}{2x} = \frac{1}{2}.$$

(3) 型如 "0^0，∞^0，1^∞" 三种未定式均为指数形式，先利用
$$f(x)^{g(x)} = \mathrm{e}^{g(x) \ln f(x)}$$

将其转化为对数式，而 $g(x) \ln f(x)$ 的极限恰为 $0 \cdot \infty$ 型，再转化为 $\dfrac{0}{0}$ 型或 $\dfrac{\infty}{\infty}$ 型来计算.

例 12　求 $\lim\limits_{x \to 0^+} x^{\sin x}$.

解　这是 0^0 型未定式，由于 $x^{\sin x} = \mathrm{e}^{\sin x \ln x} = \mathrm{e}^{\frac{\ln x}{\frac{1}{\sin x}}}$，而 $\lim\limits_{x \to 0^+} \dfrac{\ln x}{\dfrac{1}{\sin x}}$ 是 $\dfrac{\infty}{\infty}$ 型未定式，因此

$$\lim_{x \to 0^+} x^{\sin x} = \mathrm{e}^{\lim\limits_{x \to 0^+} \frac{\ln x}{\frac{1}{\sin x}}} = \mathrm{e}^{\lim\limits_{x \to 0^+} \frac{\ln x}{\frac{1}{x}}} = \mathrm{e}^{\lim\limits_{x \to 0^+} \frac{\frac{1}{x}}{-\frac{1}{x^2}}} = \mathrm{e}^{-\lim\limits_{x \to 0^+} x} = \mathrm{e}^0 = 1.$$

例 13　求 $\lim\limits_{x \to +\infty} (\ln x)^{\frac{1}{x}}$.

解　这是 ∞^0 型未定式，由于 $(\ln x)^{\frac{1}{x}} = \mathrm{e}^{\frac{\ln(\ln x)}{x}}$，而 $\lim\limits_{x \to +\infty} \dfrac{\ln(\ln x)}{x}$ 是 $\dfrac{\infty}{\infty}$ 型未定式，因此

$$\lim_{x \to +\infty} (\ln x)^{\frac{1}{x}} = \mathrm{e}^{\lim\limits_{x \to +\infty} \frac{\ln(\ln x)}{x}} = \mathrm{e}^{\lim\limits_{x \to +\infty} \frac{1}{x \ln x}} = \mathrm{e}^0 = 1.$$

例 14 求 $\lim\limits_{x\to 1} x^{\frac{1}{1-x}}$.

解 这是 1^{∞} 型未定式,由于 $x^{\frac{1}{1-x}} = e^{\frac{\ln x}{1-x}}$,而 $\lim\limits_{x\to 1}\dfrac{\ln x}{1-x}$ 是 $\dfrac{0}{0}$ 型未定式,因此

$$\lim\limits_{x\to 1} x^{\frac{1}{1-x}} = e^{\lim\limits_{x\to 1}\frac{\ln x}{1-x}} = e^{-\lim\limits_{x\to 1}\frac{1}{x}} = e^{-1}.$$

§4.3 函数单调性的判别法

在第 1 章中已经介绍了函数在区间上单调的概念,下面利用导数来对函数的单调性进行研究.

由单调函数 $f(x)$ 的定义可知,它的图形是一条沿 x 轴正向上升(下降)的曲线. 这时,如图 4-5 所示,曲线上各点处的切线与 x 轴正向成锐角(钝角),即各点切线的斜率是非负的(非正的),也就是 $f'(x) \geqslant 0 (f'(x) \leqslant 0)$. 由此可见,函数的单调性与导数的符号有着密切的联系.

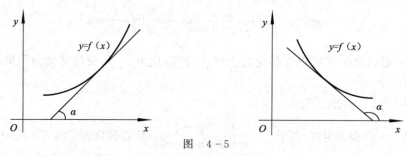

图 4-5

4.3.1 函数单调的必要条件

定理 1 设函数 $f(x)$ 在 $[a,b]$ 上连续,在 (a,b) 内可导. 如果 $f(x)$ 在 $[a,b]$ 上单调增加(减少),则在 (a,b) 内,$f'(x) \geqslant 0 (f'(x) \leqslant 0)$.

证 只证 $f(x)$ 在 $[a,b]$ 上单调增加的情形,单调减少的情形可类似地证明.

任取 $x \in (a,b)$,当 $|\Delta x|$ 充分小时,仍有 $x + \Delta x \in (a,b)$. 由假设知,

$$f'(x) = \lim_{\Delta x \to 0} \frac{f(x + \Delta x) - f(x)}{\Delta x}$$

存在. 由于 $f(x)$ 在 $[a,b]$ 上单调增加,所以当 $\Delta x > 0$ 时,$f(x + \Delta x) > f(x)$,而当 $\Delta x < 0$ 时,$f(x + \Delta x) < f(x)$. 因此,不论 $\Delta x > 0$,还是 $\Delta x < 0$,总有

$$\frac{f(x + \Delta x) - f(x)}{\Delta x} > 0.$$

根据函数极限保号性可知

$$\lim_{\Delta x \to 0} \frac{f(x + \Delta x) - f(x)}{\Delta x} \geqslant 0,$$

即

$$f'(x) \geqslant 0.$$

4.3.2 函数单调性的判别法

反过来,能否用导数的符号来判定函数的单调性呢? 我们又有下面的定理.

定理 2　设函数 $f(x)$ 在 $[a,b]$ 上连续,在 (a,b) 内可导.

(1)如果在 (a,b) 内 $f'(x)>0$,那么函数 $f(x)$ 在 $[a,b]$ 上单调增加;

(2)如果在 (a,b) 内 $f'(x)<0$,那么函数 $f(x)$ 在 $[a,b]$ 上单调减少.

证　只证 $f'(x)>0$ 的情况, $f'(x)<0$ 的情况可以类似地证明.

在 $[a,b]$ 上任取两点 x_1,x_2 且 $x_1<x_2$, $f(x)$ 在 $[x_1,x_2]$ 上满足拉格朗日中值定理的条件,于是有

$$f(x_2)-f(x_1)=f'(\xi)(x_2-x_1)\qquad(x_1<\xi<x_2).$$

由于在 (a,b) 内 $f'(x)>0$,可知 $f'(\xi)>0$,于是 $f(x_2)-f(x_1)>0$,故 $f(x_1)<f(x_2)$,即函数 $f(x)$ 在 $[a,b]$ 上单调增加.

定理 2 中的闭区间换成其他区间(包括无穷区间),结论仍成立.

例 1　判定函数 $f(x)=\cos x+x$ 在 $\left[0,\dfrac{\pi}{2}\right]$ 上的单调性.

解　因为在 $\left(0,\dfrac{\pi}{2}\right)$ 内, $f'(x)=1-\sin x>0$,所以 $f(x)$ 在 $\left[0,\dfrac{\pi}{2}\right]$ 上单调增加.

例 2　讨论函数 $f(x)=e^x-x-1$ 的单调性.

解　$f'(x)=e^x-1$.因为在 $(-\infty,0)$ 内, $f'(x)<0$,所以 $f(x)$ 在 $(-\infty,0]$ 内单调减少;因为在 $(0,+\infty)$ 内, $f'(x)>0$,所以 $f(x)$ 在 $[0,+\infty)$ 内单调增加.

例 3　讨论函数 $f(x)=\sqrt[3]{x^2}$ 的单调性.

解　当 $x\neq 0$ 时, $f'(x)=\dfrac{2}{3\sqrt[3]{x}}$;当 $x=0$ 时, $f'(x)$ 不

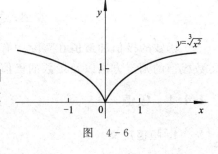

存在.

因为在 $(-\infty,0)$ 内, $f'(x)<0$,所以 $f(x)$ 在 $(-\infty,0]$ 内单调减少;因为在 $(0,+\infty)$ 内, $f'(x)>0$,所以 $f(x)$ 在 $[0,+\infty)$ 内单调增加.

$f(x)=\sqrt[3]{x^2}$ 的图形如图 4-6 所示.

图　4-6

由例 2、例 3 可知,单调区间的分界点处导数为零或者导数不存在.今后可用 $f'(x)=0$ 及 $f'(x)$ 不存在的点来划分函数 $f(x)$ 的定义区间,此时 $f'(x)$ 在各个部分区间内不变号,从而保证 $f(x)$ 在每个部分区间上单调.

例 4　确定函数 $f(x)=2x^3-9x^2+12x-3$ 的单调区间.

解　$f'(x)=6x^2-18x+12=6(x-1)(x-2)$,令 $f'(x)=0$,得 $x_1=1,x_2=2$.

在 $(-\infty,1)$ 内, $f'(x)>0$,所以 $f(x)$ 在 $(-\infty,1]$ 内单调增加;在 $(1,2)$ 内, $f'(x)<0$,所以 $f(x)$ 在 $[1,2]$ 内单调减少;在 $(2,+\infty)$ 内, $f'(x)>0$,所以 $f(x)$ 在 $[2,+\infty)$ 内单调增加.

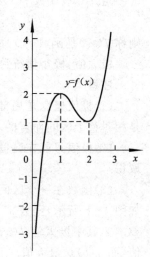

函数 $f(x)=2x^3-9x^2+12x-3$ 图像如图 4-7 所示.

下面举一个利用函数的单调性证明不等式的例子.

例 5　证明:当 $x>0$ 时, $x>\ln(1+x)$.

证　设 $f(x)=\ln(1+x)-x$,则 $f'(x)=\dfrac{1}{1+x}-1$.当 $x>0$ 时, $f'(x)$

图　4-7

<0,又因为 $f(x)$ 在 $x=0$ 处连续,故 $f(x)$ 在 $[0,+\infty)$ 上单调减少,从而有 $f(x)<f(0)=0$,即 $x>\ln(1+x)$.

例 6 证明函数 $f(x)=\dfrac{x}{\tan x}$ 在区间 $\left(0,\dfrac{\pi}{2}\right)$ 内单调减少.

证 要证 $f(x)$ 在 $\left(0,\dfrac{\pi}{2}\right)$ 内单调减少,就要证明在 $\left(0,\dfrac{\pi}{2}\right)$ 内 $f'(x)<0$. 而

$$f'(x)=\frac{\tan x-x\sec^2 x}{\tan^2 x},$$

很明显,在 $\left(0,\dfrac{\pi}{2}\right)$ 内,$\tan^2 x>0$,故只须证明 $\tan x-x\sec^2 x<0$.

设 $\varphi(x)=\tan x-x\sec^2 x$,当 $x\in\left(0,\dfrac{\pi}{2}\right)$ 时,有

$$\varphi'(x)=-2x\sec^2 x\tan x<0.$$

又由于 $\varphi(x)$ 在点 $x=0$ 处连续,所以 $\varphi(x)$ 在 $\left[0,\dfrac{\pi}{2}\right)$ 上单调减少,从而当 $0<x<\dfrac{\pi}{2}$ 时,有 $\varphi(x)<\varphi(0)=0$,即在 $\left(0,\dfrac{\pi}{2}\right)$ 内,$\tan x-x\sec^2 x<0$. 故函数 $f(x)=\dfrac{x}{\tan x}$ 在区间 $\left(0,\dfrac{\pi}{2}\right)$ 内单调减少.

§4.4 函数的极值与最值

函数的极值和最值在实际中有非常广泛的应用,也是函数性态的重要特征.本节将讨论函数极值的判定方法以及函数的极值和最值的求法.

4.4.1 极值

1. 极值定义

定义 设函数 $f(x)$ 在点 x_0 处的某邻域内有定义,如果对于该邻域内的任一 $x\neq x_0$,有
$$f(x)<f(x_0)(\text{或 } f(x)>f(x_0)),$$
则称 $f(x_0)$ 是函数 $f(x)$ 的一个**极大值**(或**极小值**),称点 x_0 为**极大值点**(或**极小值点**).

极大值、极小值统称为**极值**,极大值点、极小值点统称为**极值点**.

注意

(1)极值概念是局部性的,是针对某点附近的一个局部范围来说的;最值概念是整体性的,是相对整个区间而言的.

(2)极值只能在区间的内部取得,最值可以在区间的内部取得,也可以在区间的端点处取得.

(3)函数在一个区间上可能有几个极大值和极小值,其中有的极大值可能比极小值还小.如图 4-8 所示,函数 $f(x)$ 的极大值为 $f(x_2),f(x_4),f(x_6)$;极小值为 $f(x_1),f(x_3),f(x_5)$,$f(x_7)$,其中极大值 $f(x_4)$ 比极小值 $f(x_7)$ 还小.就整个闭区间 $[a,b]$ 来说,极小值 $f(x_3)$ 是最小值,而 $f(b)$ 是最大值.

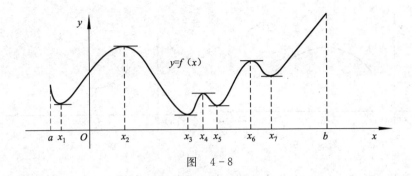

图　4-8

2. 极值存在的必要条件

由图 4-8 可以看出,可导函数在取得极值处的切线是水平的,即下面的定理成立.

定理 1　设函数 $f(x)$ 在点 x_0 处可导,且在 x_0 处取得极值,那么 $f'(x_0)=0$.

证　假定 $f(x_0)$ 是极大值(极小值的情形可类似证明),根据极大值的定义,存在 x_0 的某邻域,对于该邻域内任一 $x\neq x_0$,有 $f(x)<f(x_0)$.因而

当 $x<x_0$ 时,$\dfrac{f(x)-f(x_0)}{x-x_0}>0$,因此 $\lim\limits_{x\to x_0^-}\dfrac{f(x)-f(x_0)}{x-x_0}\geqslant 0$;

当 $x>x_0$ 时,$\dfrac{f(x)-f(x_0)}{x-x_0}<0$,因此 $\lim\limits_{x\to x_0^+}\dfrac{f(x)-f(x_0)}{x-x_0}\leqslant 0$,

于是 $f'(x_0)=0$.

满足方程 $f'(x)=0$ 的点 x 称为函数 $f(x)$ 的**驻点**.定理 1 是说:可导函数 $f(x)$ 的极值点必定是它的驻点.但是反过来,函数的驻点却不一定是极值点.例如 $f(x)=x^3$,虽然 $x=0$ 是它的驻点,但却不是它的极值点.

此外,函数在它的导数不存在的点处也可能取得极值.例如 $f(x)=|x|$ 在点 $x=0$ 处不可导,但函数在该点取得极小值.

总之,函数的驻点或导数不存在的点可能是函数的极值点,连续函数仅在这种点上才可能取得极值.这种点是不是极值点,如果是极值点,它是极大值点还是极小值点,尚需进一步判定.

3. 极值存在的充分条件

定理 2　设函数 $f(x)$ 在点 x_0 处连续,且在点 x_0 的某去心邻域内可导.当 $x(x\neq x_0)$ 由小增大经过点 x_0 时,如果

(1) $f'(x)$ 由正变负,则 x_0 是极大值点;

(2) $f'(x)$ 由负变正,则 x_0 是极小值点;

(3) $f'(x)$ 不变号,则 x_0 不是极值点.

证　(1)根据函数单调性的判定法,$f(x)$ 在 x_0 的左侧邻近是单调增加的,而在 x_0 的右侧邻近是单调减少的,又由于 $f(x)$ 在 x_0 处连续,因此对任一 $x\neq x_0$,总有 $f(x)<f(x_0)$,即 $f(x)$ 在点 x_0 处取得极大值(见图 4-9).

(2)同理可证(见图 4-10).

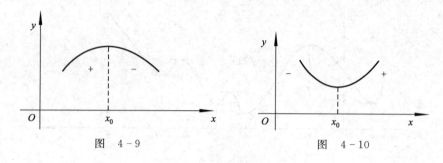

图 4 - 9 　　　　　　　图 4 - 10

（3）由条件知，$f(x)$ 在该邻域内是单调增加（减少）的（见图 4 - 11），因此 $f(x)$ 在点 x_0 处没有极值.

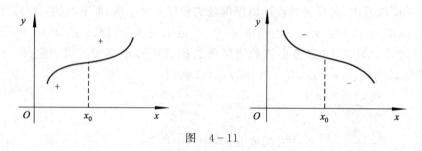

图 4 - 11

根据定理 1、2，如果函数 $f(x)$ 在所讨论的区间连续，除有限个点外处处可导，那么可以按下列步骤来求 $f(x)$ 在该区间内的极值点和相应的极值：

（1）求出导数 $f'(x)$；

（2）求出 $f(x)$ 的全部驻点和不可导点；

（3）考察 $f'(x)$ 在每个驻点或不可导点的左右邻近的符号，以确定该点是否为极值点. 如果是极值点，进一步确定是极大值点还是极小值点；

（4）求出各极值点的函数值，就得到 $f(x)$ 的全部极值.

例 1 求函数 $f(x)=x^3-6x^2+9x-3$ 的极值.

解 $f'(x)=3x^2-12x+9=3(x-1)(x-3)$，令 $f'(x)=0$，得驻点 $x_1=1,x_2=3$.

在 $(-\infty,1)$ 内，$f'(x)>0$；在 $(1,3)$ 内，$f'(x)<0$；在 $(3,+\infty)$ 内，$f'(x)>0$.

因此 $f(x)$ 在 $x_1=1$ 处取得极大值 $f(1)=1$，在 $x_2=3$ 处取得极小值 $f(3)=-3$.

例 2 求函数 $f(x)=(x-1)x^{\frac{2}{3}}$ 的极值.

解 当 $x\neq0$ 时，$f'(x)=\dfrac{5x-2}{3\sqrt[3]{x}}$；当 $x=0$ 时，$f'(x)$ 不存在. 令 $f'(x)=0$，得驻点 $x=\dfrac{2}{5}$.

在 $(-\infty,0)$ 内，$f'(x)>0$；在 $\left(0,\dfrac{2}{5}\right)$ 内，$f'(x)<0$；在 $\left(\dfrac{2}{5},+\infty\right)$ 内，$f'(x)>0$.

因此 $f(x)$ 在 $x=0$ 处取得极大值 $f(0)=0$，在 $x=\dfrac{2}{5}$ 处取得极小值 $f\left(\dfrac{2}{5}\right)=-\dfrac{3}{25}\sqrt[3]{20}$.

如果 $f(x)$ 在驻点处的二阶导数存在且不为零，通常也可以用下面的定理判定 $f(x)$ 在驻点处取得极大值还是极小值.

定理 3 设函数 $f(x)$ 在点 x_0 处具有二阶导数且 $f'(x_0)=0,f''(x_0)\neq0$.

(1)如果 $f''(x_0)<0$,函数 $f(x)$ 在点 x_0 处取得极大值;

(2)如果 $f''(x_0)>0$,函数 $f(x)$ 在点 x_0 处取得极小值.

证 对于情形(1),由于 $f''(x_0)<0$,按二阶导数的定义有

$$f''(x_0)=\lim_{x\to x_0}\frac{f'(x)-f'(x_0)}{x-x_0}=\lim_{x\to x_0}\frac{f'(x)}{x-x_0}<0.$$

根据函数极限的局部保号性,当 x 在 x_0 的足够小的去心邻域内时,$\dfrac{f'(x)}{x-x_0}<0$. 即 $x<x_0$ 时,$f'(x)>0$;当 $x>x_0$ 时,$f'(x)<0$.根据定理 2,$f(x)$ 在 x_0 处取得极大值.

类似地可以证明情形(2).

例 3 求函数 $f(x)=2x^3-3x^2-12x+1$ 的极值.

解 $f'(x)=6x^2-6x-12=6(x+1)(x-2)$,$f''(x)=12x-6$.

令 $f'(x)=0$,得驻点 $x_1=-1$,$x_2=2$,且 $f''(-1)=-18<0$,$f''(2)=18>0$.

因此 $f(x)$ 在点 $x_1=-1$ 处取得极大值 $f(-1)=8$,在 $x_2=2$ 处取得极小值 $f(2)=-19$.

注意 由定理及例题可知,在函数 $f(x)$ 的驻点 x_0 处,且 $f''(x_0)\neq0$ 时,用定理 3 确定其是极大值点还是极小值点较为方便.但 $f''(x_0)=0$,x_0 可能是极值点,也可能不是极值点,此时用定理 3 判别失效,只能用定理 2 来判断.例如,$y=x^3$ 和 $y=x^4$ 在 $x_0=0$ 处 $f''(x_0)=0$,但 $y=x^3$ 在 x_0 处不能取得极值,而 $y=x^4$ 在 x_0 处取得极小值.

4.4.2 最大值和最小值

在实际问题中,经常需要解决在一定的条件下,如何"用料最省""效益最高""耗时最少""质量最好""距离最短"等一类问题,这类问题在数学上就是最大值、最小值问题.

在第 2 章中曾指出,若函数 $f(x)$ 在闭区间 $[a,b]$ 上连续,则 $f(x)$ 在 $[a,b]$ 上有最大值和最小值.下面讨论求函数在一个闭区间上最大值和最小值的方法.

设函数 $f(x)$ 在 $[a,b]$ 上连续,在 (a,b) 内除有限个点外可导且至多有有限个驻点.如果最值在 (a,b) 内的点 x_0 处取得,可知 $f(x_0)$ 也是 $f(x)$ 的极值,从而 x_0 一定是 $f(x)$ 的驻点或不可导点.又 $f(x)$ 的最值也可能在区间的端点处取得,因此可用如下方法求 $f(x)$ 在 $[a,b]$ 上的最大值和最小值.

(1)求出 $f(x)$ 在 (a,b) 内的驻点及不可导点 $x_1,x_2,\cdots,x_n$;

(2)计算 $f(x_1),f(x_2),\cdots,f(x_n)$ 及 $f(a),f(b)$;

(3)比较(2)中诸值的大小,其中最大的就是最大值,最小的就是最小值.

例 4 求函数 $f(x)=x^3-3x^2-9x+5$ 在 $[-2,4]$ 上的最大值和最小值.

解 $f'(x)=3x^2-6x-9=3(x+1)(x-3)$,令 $f'(x)=0$,得驻点 $x_1=-1$,$x_2=3$.

由于 $f(-1)=10$,$f(3)=-22$,$f(-2)=3$,$f(4)=-15$,所以 $f(x)$ 在 $[-2,4]$ 上的最大值是 10,最小值是 -22.

对于实际问题,往往根据问题的性质,就可断定函数在定义区间的内部有最大值或最小值,则它也是极大值或极小值.如果函数在定义区间内有唯一驻点,那么,该驻点处的值就是最大值或最小值.

例 5 铁路上 AB 段的距离为 $100\,\mathrm{km}$,工厂 C 距 A 处 $20\,\mathrm{km}$,$AC\perp AB$,要在 AB 线上选定一点 D 向工厂修一条公路,已知铁路与公路每公里的货运价之比为 $3:5$,为使货物从 B 点运

到工厂 C 的运费最省,问 D 点应如何取值?

解 设 $AD=x\,\mathrm{km}$,则 $CD=\sqrt{20^2+x^2}$,总运费为

$$y=5k\sqrt{20^2+x^2}+3k(100-x)\quad(0\leqslant x\leqslant100)$$

$$y'=k\left(\frac{5x}{\sqrt{400+x^2}}-3\right),\quad y''=5k\frac{400}{(400+x^2)^{\frac{3}{2}}}.$$

令 $y'=0$ 有 $x=15$,又 $y''|_{x=15}>0$,所以 $x=15$ 为唯一的极值点,从而为最小值点. 故 $AD=15\,\mathrm{km}$ 时运费最省.

例 6 某房地产公司有 50 套公寓需要出租,当租金定位为每月 180 元时,公寓可全部租出去;当租金每月增加 10 元时,就有一套公寓租不出去,而租出去的房子每月需要花费 20 元的整修维护费. 试问房租定为多少时可获得最大收入?

解 设房租定为每月 x 元,则租出去的房子为 $50-\dfrac{x-180}{10}$ 套,每月总收入为

$$R(x)=(x-20)\left(50-\frac{x-180}{10}\right),$$

$$R(x)=(x-20)\left(68-\frac{x}{10}\right),$$

$$R'(x)=\left(68-\frac{x}{10}\right)+(x-20)\left(-\frac{1}{10}\right)=70-\frac{x}{5}.$$

令 $R'(x)=0$,则有 $x=350$(唯一驻点),故每月租金为 350 元时收入最大. 最大收入为 $R(x)=(350-20)\left(68-\dfrac{350}{10}\right)=10890$ 元.

§4.5 曲线的凹凸性与拐点

函数的单调性反映了函数图象的上升和下降,本节讨论的曲线的凹凸性则反映了曲线在上升或者下降的过程中曲线的弯曲方向. 如图 4-12 所示,两条曲线都是上升的,但是弯曲的方向是不同的.

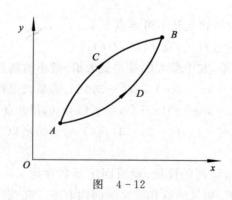

图 4-12

4.5.1 曲线凹凸性的定义

不难发现,在图 4-13 中的曲线上任取两点,连接这两点间的弦总位于这两点间的弧的上

方,而图 4 - 14 中的曲线则正好相反. 曲线的这种性质就是曲线的凹凸性. 因此曲线的凹凸性可以用连接曲线弧上任意两点的弦的中点与曲线弧上相应点(即具有相同横坐标的点)的位置关系来描述. 下面给出曲线凹凸性的定义.

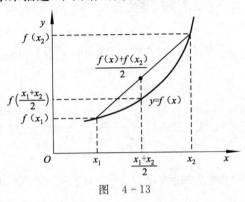 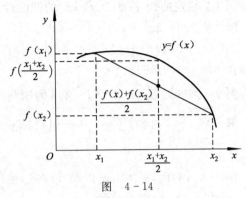

图 4 - 13   图 4 - 14

定义 1 设 $f(x)$ 在区间 I 上连续,如果对 I 上任意两点 x_1, x_2,恒有

$$f\left(\frac{x_1 + x_2}{2}\right) < \frac{f(x_1) + f(x_2)}{2},$$

那么称 $f(x)$ 在 I 上的图形是**凹的**(或**凹弧**);如果恒有

$$f\left(\frac{x_1 + x_2}{2}\right) > \frac{f(x_1) + f(x_2)}{2},$$

那么称 $f(x)$ 在 I 上的图形是**凸的**(或**凸弧**).

4.5.2 曲线凹凸性的判别法

直接运用定义来判定曲线的凹凸性很不方便,如果函数 $f(x)$ 在区间 I 上具有二阶导数,就可以利用二阶导数的符号来判定曲线的凹凸性,下面以 I 为闭区间为例来讨论曲线凹凸性的判别方法.

定理 设函数 $f(x)$ 在 $[a,b]$ 上连续,在 (a,b) 内具有二阶导数,那么

(1)若在 (a,b) 内 $f''(x) > 0$,则 $f(x)$ 在 $[a,b]$ 上的图形是凹的;

(2)若在 (a,b) 内 $f''(x) < 0$,则 $f(x)$ 在 $[a,b]$ 上的图形是凸的.

证 下证情形(1),情形(2)的证明完全类似.

在 $[a,b]$ 上任取两点 x_1, x_2,且 $x_1 < x_2$,记 $x_0 = \dfrac{x_1 + x_2}{2}$. 由拉格朗日中值公式,得

$$f(x_1) - f(x_0) = f'(\xi_1) \frac{x_1 - x_2}{2} \quad (x_1 < \xi_1 < x_0),$$

$$f(x_2) - f(x_0) = f'(\xi_2) \frac{x_2 - x_1}{2} \quad (x_0 < \xi_2 < x_2).$$

两式相加并应用拉格朗日中值公式,得

$$f(x_1) + f(x_2) - 2f(x_0) = [f'(\xi_2) - f'(\xi_1)] \frac{x_2 - x_1}{2}$$

$$= f''(\xi)(\xi_2 - \xi_1) \frac{x_2 - x_1}{2} > 0 \quad (\xi_1 < \xi < \xi_2),$$

即 $\dfrac{f(x_1)+f(x_2)}{2}>f\left(\dfrac{x_1+x_2}{2}\right)$,所以 $f(x)$ 在 $[a,b]$ 上的图形是凹的.

类似地,可以写出曲线在任意区间上凹凸性的判定定理.

例 1 判定曲线 $f(x)=x^3+x$ 的凹凸性.

解 $f'(x)=3x^2+1,f''(x)=6x$.

在 $(-\infty,0)$ 内,$f''(x)<0$,所以曲线 $f(x)$ 在 $(-\infty,0]$ 内是凸的;在 $(0,+\infty)$ 内,$f''(x)>0$,所以 $f(x)$ 在 $[0,+\infty)$ 内是凹的.

例 2 判断曲线 $y=2+(x-4)^{\frac{1}{3}}$ 的凹凸性.

解 当 $x\neq 4$ 时,有 $y'=\dfrac{1}{3}(x-4)^{-\frac{2}{3}}$,$y''=-\dfrac{2}{9}(x-4)^{-\frac{5}{3}}=-\dfrac{2}{9\cdot\sqrt[3]{(x-4)^5}}$. 当 $x=4$ 时,y'' 不存在.

在 $(-\infty,4)$ 内,$y''>0$,所以曲线 $f(x)$ 在 $(-\infty,4]$ 内是凹的;在 $(4,+\infty)$ 内,$y''<0$,所以曲线 $f(x)$ 在 $[4,+\infty)$ 内是凸的.

由例 1、例 2 可知,凹凸区间的分界点处 $f''(x)=0$ 或者 $f''(x)$ 不存在. 可以以这些分界点来划分函数 $f(x)$ 的定义区间,然后在各个区间上讨论 $f''(x)$ 的符号,判断曲线 $f(x)$ 的凹凸性.

4.5.3 拐点

定义 2 连续曲线 $y=f(x)$ 上凹弧与凸弧的分界点称为该曲线的**拐点**.

由上述讨论可知,如果函数 $f(x)$ 在某区间上连续,除有限个点外二阶可导,那么可以按下列步骤来求曲线 $f(x)$ 的拐点:

(1)求 $f''(x)$;

(2)求 $f''(x)=0$ 及 $f''(x)$ 不存在的点;

(3)对于(2)中的每一个点 x_0,检查 $f''(x)$ 在点 x_0 左右两侧邻近的符号. 当两侧的符号相反时,点 $(x_0,f(x_0))$ 是拐点;当两侧的符号相同时,点 $(x_0,f(x_0))$ 不是拐点.

例 3 求曲线 $y=3x^4-4x^3+1$ 的凹凸区间及拐点.

解 $y'=12x^3-12x^2$,$y''=36x^2-24x=36x\left(x-\dfrac{2}{3}\right)$. 令 $y''=0$,得 $x_1=0,x_2=\dfrac{2}{3}$.

在 $(-\infty,0)$ 内,$y''>0$;在 $\left(0,\dfrac{2}{3}\right)$ 内,$y''<0$;在 $\left(\dfrac{2}{3},+\infty\right)$ 内,$y''>0$. 故该曲线的凹区间是 $(-\infty,0]$,$\left[\dfrac{2}{3},+\infty\right)$,凸区间是 $\left[0,\dfrac{2}{3}\right]$,拐点是 $(0,1)$ 和 $\left(\dfrac{2}{3},\dfrac{11}{27}\right)$.

例 4 求曲线 $y=(2x-5)x^{\frac{2}{3}}$ 的凹凸区间及拐点.

解 当 $x\neq 0$ 时,$y'=\dfrac{10(x-1)}{3\sqrt[3]{x}}$,$y''=\dfrac{10(2x+1)}{9x\sqrt[3]{x}}$. 当 $x=0$ 时,y'' 不存在. 令 $y''=0$,得 $x=-\dfrac{1}{2}$.

在 $\left(-\infty,-\dfrac{1}{2}\right)$ 内,$y''<0$;在 $\left(-\dfrac{1}{2},0\right)$ 内,$y''>0$;在 $(0,+\infty)$ 内,$y''>0$. 故该曲线的凹区间是 $\left[-\dfrac{1}{2},+\infty\right)$,凸区间是 $\left(-\infty,-\dfrac{1}{2}\right]$,拐点是 $\left(-\dfrac{1}{2},-\dfrac{6}{\sqrt[3]{4}}\right)$.

§4.6　函数图形

为了更准确地把握函数 $y=f(x)$ 的性质,必须借助于函数 $y=f(x)$ 的图形,有了前面用导数研究函数的知识,我们就能较准确地作出一些简单的函数图形.但是当 $f(x)$ 的定义域和值域含有无穷区间时,要在有限的平面上作出它们的图形就必须指出 x 趋于无穷时或 y 趋于无穷时曲线的趋势,因此先介绍曲线 $y=f(x)$ 的渐近线的概念.

4.6.1　渐近线

当曲线 C 上的动点 P 沿曲线无限远离原点时,如果点 P 到某定直线 L 的距离趋于零,则称直线 L 为曲线 C 的**渐近线**,如图 $4-15$ 所示.

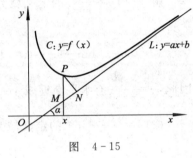

图　$4-15$

曲线的渐近线有三种:

(1)水平渐近线

如果 $\lim\limits_{x\to+\infty}f(x)=b$,或 $\lim\limits_{x\to-\infty}f(x)=b$,或 $\lim\limits_{x\to\infty}f(x)=b$,则称直线 $y=b$ 为曲线 $y=f(x)$ 的**水平渐近线**;

(2)垂直渐近线

如果 $\lim\limits_{x\to x_0^+}f(x)=\infty$,或 $\lim\limits_{x\to x_0^-}f(x)=\infty$,或 $\lim\limits_{x\to x_0}f(x)=\infty$,则称直线 $x=x_0$ 为曲线 $y=f(x)$ 的**垂直渐近线**;

(3)斜渐近线

如果 $\lim\limits_{x\to+\infty}[f(x)-ax-b]=0$,则称直线 $y=ax+b$ 为曲线 $y=f(x)$ 的**斜渐近线**.类似地可以定义 $x\to-\infty$ 时的斜渐近线.

显然,当 $a=0$ 时,斜渐近线就是水平渐近线.

下面我们讨论曲线 $y=f(x)$ 在什么条件下存在斜渐近线 $y=ax+b$,以及怎样求出斜渐近线方程.

设曲线 $y=f(x)$ 有斜渐近线 $y=ax+b$.如图 $4-16$ 所示.直线 $y=ax+b$ 与 x 轴正向夹角为 α,则曲线上的动点 P 到渐近线的距离为

$$|PN|=|PM\cos\alpha|=|f(x)-(ax+b)|\frac{1}{\sqrt{1+a^2}}.$$

按渐近线的定义,当 $x\to+\infty$ 时,$|PN|\to0$,即有

$$\lim\limits_{x\to+\infty}[f(x)-(ax+b)]=0 \text{ 或}$$
$$\lim\limits_{x\to+\infty}[f(x)-ax]=b. \tag{1}$$

又由

$$\lim\limits_{x\to+\infty}\left[\frac{f(x)}{x}-a\right]=\lim\limits_{x\to+\infty}\frac{1}{x}[f(x)-ax]=0\cdot b=0,$$

得到

$$\lim\limits_{x\to+\infty}\frac{f(x)}{x}=a. \tag{2}$$

由上面的讨论可知,若曲线 $y=f(x)$ 有斜渐近线 $y=ax+b$,则常数 a 与 b 可相继由式(2)和

式(1)来确定;反之. 若由(2)、(1)两式求得 a 与 b,则可知 $|PN| \to 0(x \to +\infty)$,从而 $y = ax+b$ 为曲线 $y = f(x)$ 的斜渐近线.

综上讨论,当 $x \to +\infty$ 时,曲线 $y = f(x)$ 有斜渐近线 $y = ax+b$ 的充分必要条件是

$$\lim_{x \to +\infty} \frac{f(x)}{x} = a, \quad \lim_{x \to +\infty} [f(x) - ax] = b$$

都存在.

例 1 求下列曲线的渐近线.

(1) $y = \dfrac{1}{x-1}$; (2) $y = \dfrac{1-2x}{x^2} + 1$;

(3) $y = x + \dfrac{\sin x}{x}$; (4) $y = \dfrac{x^3}{x^2 + 2x - 3}$.

解 (1) $y = \dfrac{1}{x-1}$ 的定义域为 $(-\infty, 1) \cup (1, +\infty)$,且

$$\lim_{x \to \infty} \frac{1}{x-1} = 0, \quad \lim_{x \to 1} \frac{1}{x-1} = \infty, \quad \lim_{x \to \infty} \frac{\frac{1}{x-1}}{x} = \lim_{x \to \infty} \frac{1}{x(x-1)} = 0,$$

因此,$y = \dfrac{1}{x-1}$ 有水平渐近线 $y = 0$,有垂直渐近线 $x = 1$.

(2) $y = \dfrac{1-2x}{x^2} + 1$ 的定义域为 $(-\infty, 0) \cup (0, +\infty)$,且

$$\lim_{x \to \infty} \left(\frac{1-2x}{x^2} + 1 \right) = 1, \quad \lim_{x \to 0} \left(\frac{1-2x}{x^2} + 1 \right) = \infty,$$

$$\lim_{x \to \infty} \frac{\frac{1-2x}{x^2} + 1}{x} = \lim_{x \to \infty} \frac{1 - 2x + x^2}{x^3} = 0,$$

因此,$y = \dfrac{1-2x}{x^2} + 1$ 有水平渐近线 $y = 1$,有垂直渐近线 $x = 0$.

(3) $y = x + \dfrac{\sin x}{x}$ 的定义域为 $(-\infty, 0) \cup (0, +\infty)$,且

$$\lim_{x \to \infty} \left(x + \frac{\sin x}{x} \right) = \infty, \quad \lim_{x \to 0} \left(x + \frac{\sin x}{x} \right) = 1,$$

$$\lim_{x \to \infty} \frac{x + \frac{\sin x}{x}}{x} = \lim_{x \to \infty} \left(1 + \frac{\sin x}{x^2} \right) = 1, \quad \lim_{x \to \infty} \left(x + \frac{\sin x}{x} - x \right) = \lim_{x \to \infty} \frac{\sin x}{x} = 0,$$

因此,$y = x + \dfrac{\sin x}{x}$ 无水平渐近线,也无垂直渐近线,但有斜渐近线 $y = x$.

(4) $y = \dfrac{x^3}{x^2 + 2x - 3}$ 的定义域为 $(-\infty, -3) \cup (-3, 1) \cup (1, +\infty)$,且

$$\lim_{x \to \infty} \frac{x^3}{x^2 + 2x - 3} = \infty, \quad \lim_{x \to -3} \frac{x^3}{x^2 + 2x - 3} = \infty, \quad \lim_{x \to 1} \frac{x^3}{x^2 + 2x - 3} = \infty,$$

$$\lim_{x \to \infty} \frac{\frac{x^3}{x^2 + 2x - 3}}{x} = \lim_{x \to \infty} \frac{x^2}{x^2 + 2x - 3} = 1,$$

$$\lim_{x \to \infty} \left(\frac{x^3}{x^2 + 2x - 3} - x \right) = \lim_{x \to \infty} \frac{-2x^2 + 3x}{x^2 + 2x - 3} = -2,$$

因此，$y=x+\dfrac{\sin x}{x}$ 无水平渐近线，有垂直渐近线 $x=-3$ 和 $x=1$，有斜渐近线 $y=x-2$.

4.6.2　函数图形的描绘

利用导数描绘函数图形的一般步骤如下：

(1)确定函数的定义域，讨论函数的一些基本性质(如奇偶性、周期性等)；

(2)计算函数的一阶、二阶导数，并求出一阶、二阶导数为零和一阶、二阶导数不存在的点；

(3)用以上各点把函数的定义域划分成几个部分区间，确定在这些部分区间内一阶、二阶导数的符号，并由此确定函数图形的升降、凹凸以及极值点、拐点；

(4)确定函数图形的水平、垂直、斜渐近线；

(5)计算上述各点的函数值，定出图形上相应的点. 为了把图形描绘得准确些，有时还需要补充一些点，然后连接这些点逐段绘出函数的图形.

例 2　作出函数 $y=x^3-3x^2+1$ 的图形.

解　(1)定义域为 $(-\infty,+\infty)$.

(2)$y'=3x^2-6x$，$y''=6x-6$. 令 $y'=0$，得 $x=0,2$；令 $y''=0$，得 $x=1$.

(3)列表：

x	$(-\infty,0)$	0	$(0,1)$	1	$(1,2)$	2	$(2,+\infty)$
y'	+	0	—	—	—	0	+
y''	—	—	—	0	+	+	+
y	↗	1	↘	-1	↘	-3	↗

(4)当 $x\to-\infty$ 时，$y\to-\infty$；当 $x\to+\infty$ 时，$y\to+\infty$.

(5)再取两个点：$(-1,-3)$，$(3,1)$. 绘图，如图 4-16 所示.

例 3　作出函数 $y=\dfrac{1-2x}{x^2}+1\,(x>0)$ 的图形.

解　(1)定义域为 $(0,+\infty)$.

(2)$y'=\dfrac{2(x-1)}{x^3}$，$y''=-\dfrac{4\left(x-\dfrac{3}{2}\right)}{x^4}$. 令 $y'=0$，得 $x=1$；令 $y''=0$，得 $x=\dfrac{3}{2}$.

(3)列表：

x	$(0,1)$	1	$\left(1,\dfrac{3}{2}\right)$	$\dfrac{3}{2}$	$\left(\dfrac{3}{2},+\infty\right)$
y'	—	0	+	+	+
y''	+	+	+	0	—
y	↘	0	↗	$\dfrac{1}{9}$	↗

(4)由例 1 中(2)的结果，图形有水平渐近线 $y=1$ 和垂直渐近线 $x=0$.

(5)绘图，如图 4-17 所示.

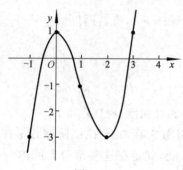

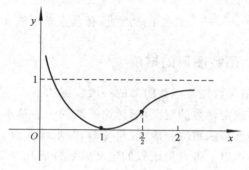

图 4-16

图 4-17

例 4 作出函数 $y = e^{-x^2}$ 的图形.

解 (1)定义域为 $(-\infty, +\infty)$. 函数是偶函数,图形关于 y 轴对称,故仅需讨论 $[0, +\infty)$ 上的图形.

(2) $y' = -2xe^{-x^2}$, $y'' = 2(2x^2 - 1)e^{-x^2}$. 令 $y' = 0$,得 $x = 0$;令 $y'' = 0$,得 $x = \dfrac{\sqrt{2}}{2}$.

(3)列表:

x	0	$\left(0, \dfrac{\sqrt{2}}{2}\right)$	$\dfrac{\sqrt{2}}{2}$	$\left(\dfrac{\sqrt{2}}{2}, +\infty\right)$
y'	0	$-$	$-$	$-$
y''	$-$	$-$	0	$+$
y	1	⤵	$e^{-\frac{1}{2}}$	⤶

(4)因为 $\lim\limits_{x \to +\infty} e^{-x^2} = 0$,所以图形有水平渐近线 $y = 0$.

(5)绘图,如图 4-18 所示.

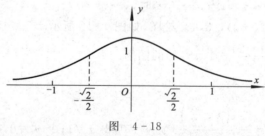

图 4-18

第 4 章 考核要求

◇理解罗尔定理、拉格朗日中值定理.

◇掌握利用洛必达法则求 $\dfrac{0}{0}$, $\dfrac{\infty}{\infty}$, $0 \cdot \infty$, $\infty - \infty$, 1^{∞}, 0^{0}, ∞^{0} 型未定式的极限.

◇掌握利用导数判断函数的单调性及求函数的单调区间.

◇理解函数极值的概念;理解极值存在的必要条件与充分条件;掌握求函数极值的方法;掌握函数最值的求法.

◇理解曲线凹凸性和拐点的概念;掌握曲线凹凸区间和拐点的求法.

◇掌握曲线的水平渐近线与垂直渐近线的求法.

习　题　4

A　　组

1. 验证函数 $y = \dfrac{1}{1+x^2}$ 在区间 $[-1,1]$ 上满足罗尔定理的条件, 并求出定理结论中的 ξ.

2. 不用求出函数 $y = (x-1)(x-2)(x-3)(x-4)$ 的导数, 说明方程 $y' = 0$ 有几个实根, 并指出它们所在的区间.

3. 若方程 $a_0 x^n + a_1 x^{n-1} + \cdots + a_{n-1} x = 0$ 有一个正根 x_0, 证明: 方程 $a_0 n x^{n-1} + a_1(n-1)x^{n-2} + \cdots + a_{n-1} = 0$ 必有一个小于 x_0 的正根.

4. 若函数 $f(x)$ 在 (a,b) 内二阶可导, 且 $f(x_1) = f(x_2) = f(x_3)$ $(a < x_1 < x_2 < x_3 < b)$, 证明: 在 (x_1, x_3) 内至少存在一点 ξ, 使得 $f''(\xi) = 0$.

5. 验证函数 $y = \ln x$ 在区间 $[1, \mathrm{e}]$ 上满足拉格朗日中值定理的条件, 并求出定理结论中的 ξ.

6. 证明下列不等式.

(1) 当 $a > b > 0$ 时, $nb^{n-1}(a-b) < a^n - b^n < na^{n-1}(a-b)$ $(n > 1)$;

(2) $|\arctan x - \arctan y| \leqslant |x-y|$;

(3) 当 $h > 0$ 时, $\dfrac{h}{1+h^2} < \arctan h < h$.

7. 证明恒等式 $\arctan x + \operatorname{arccot} x = \dfrac{\pi}{2}$.

8. 如果函数 $f(x)$ 在 $[-1,1]$ 上连续, 且 $f(0) = 0$, 在 $(-1,1)$ 内可导, 且 $|f'(x)| \leqslant M$, 证明: 在 $[-1,1]$ 上, $|f(x)| \leqslant M$.

9. 函数 $f(x) = x^3$ 与 $F(x) = x^2 + 1$ 在区间 $[1,2]$ 上是否满足柯西中值定理的条件? 如满足, 求出满足定理的数值 ξ.

10. 利用洛必达法则求下列极限.

(1) $\lim\limits_{x \to 1} \dfrac{\mathrm{e}^{x^2} - \mathrm{e}}{\ln x}$;

(2) $\lim\limits_{x \to \frac{\pi}{6}} \dfrac{1 - 2\sin x}{\cos 3x}$;

(3) $\lim\limits_{x \to +\infty} \dfrac{(\ln x)^2}{x}$;

(4) $\lim\limits_{x \to 0} \dfrac{\tan x - x}{x - \sin x}$;

(5) $\lim\limits_{x \to 0} \dfrac{3x - \sin 3x}{x^3}$;

(6) $\lim\limits_{x \to \pi} \dfrac{\sin 3x}{\tan 5x}$;

(7) $\lim\limits_{x \to 0^+} \dfrac{\ln \sin 3x}{\ln \sin x}$;

(8) $\lim\limits_{x \to 0^+} \dfrac{\ln \cot x}{\ln x}$;

(9) $\lim\limits_{x \to 1} \dfrac{x^3 - 1 + \ln x}{\mathrm{e}^x - \mathrm{e}}$;

(10) $\lim\limits_{x \to 0} \dfrac{\arctan x - x}{\sin x^3}$;

(11) $\lim\limits_{x \to 0} \dfrac{\mathrm{e}^x - \mathrm{e}^{-x} - 2x}{x - \sin x}$;

(12) $\lim\limits_{x \to \infty} x\left(\mathrm{e}^{\frac{1}{x}} - 1\right)$;

(13) $\lim\limits_{x \to 1} \left(\dfrac{x}{x-1} - \dfrac{1}{\ln x}\right)$;

(14) $\lim\limits_{x \to \frac{\pi}{2}} (\sec x - \tan x)$;

(15) $\lim\limits_{x \to \frac{\pi}{2}} \left(x - \frac{\pi}{2}\right) \tan x$;   (16) $\lim\limits_{x \to 0} \left(\cot x - \frac{1}{x}\right)$;

(17) $\lim\limits_{x \to +\infty} \left(\frac{2}{\pi} \arctan x\right)^x$;   (18) $\lim\limits_{x \to 0^+} \left(\frac{1}{x}\right)^{\tan x}$;

(19) $\lim\limits_{x \to 0^+} (\cot x)^{\frac{1}{\ln x}}$;   (20) $\lim\limits_{x \to 1^+} (2 - x)^{\tan \frac{\pi}{2} x}$.

11. 验证极限 $\lim\limits_{x \to \infty} \dfrac{x + \sin x}{x - \sin x}$ 存在,但不能用洛必达法则求出.

12. 确定下列函数的单调区间.

(1) $y = x^3 - 3x + 1$;   (2) $y = (x-1)(x+1)^3$;

(3) $y = x e^x$;   (4) $y = 2x^2 - \ln x$;

(5) $y = 2x + \dfrac{8}{x} (x > 0)$;   (6) $y = \dfrac{2}{3} x - \sqrt[3]{x^2}$;

(7) $y = \ln(x + \sqrt{1 + x^2})$;   (8) $y = \dfrac{2x}{(x-1)^2}$.

13. 证明下列不等式.

(1) 当 $x > 1$ 时, $2\sqrt{x} > 3 - \dfrac{1}{x}$;   (2) 当 $x > 0$ 时, $1 + \dfrac{1}{2} x > \sqrt{1 + x}$;

(3) 当 $x > 1$ 时, $e^x > ex$;   (4) 当 $x > 0$ 时, $\ln(1 + x) > x - \dfrac{1}{2} x^2$;

(5) 当 $x \neq 0$ 时, $e^x > 1 + x$;   (6) 当 $x > 4$ 时, $2^x > x^2$.

14. 证明:函数 $f(x) = \dfrac{\sin x}{x}$ 在区间 $\left(0, \dfrac{\pi}{2}\right)$ 内单调减少.

15. 求下列函数的极值.

(1) $y = x^4 - 2x^3$;   (2) $y = x - e^x$;   (3) $y = (x^2 - 1)^3 + 2$;

(4) $y = x^3 (x - 5)^2$;   (5) $y = x \ln x$;   (6) $y = \dfrac{\ln^2 x}{x}$;

(7) $y = x^2 + \dfrac{432}{x}$;   (8) $y = \dfrac{1 + 3x}{\sqrt{4 + 5x^2}}$.

16. a 为何值时,函数 $f(x) = a \sin x + \dfrac{1}{3} \sin 3x$ 在 $x = \dfrac{\pi}{3}$ 处取得极值? 它是极大值还是极小值,求此极值.

17. 求下列函数的最大值和最小值.

(1) $y = x^4 - 4x^3 + 8, x \in [-1, 1]$;   (2) $y = 2x^3 + 3x^2 - 12x + 14, x \in [-3, 4]$;

(3) $y = 4e^x + e^{-x}, x \in [-1, 1]$;   (4) $y = xe^{-x^2}, x \in [-1, 1]$;

(5) $y = \sin 2x - x, x \in \left[-\dfrac{\pi}{2}, \dfrac{\pi}{2}\right]$;   (6) $y = 2\tan x - \tan^2 x, x \in \left[0, \dfrac{\pi}{3}\right]$;

(7) $y = x + \sqrt{1 - x}, x \in [-5, 1]$;   (8) $y = x + \dfrac{1}{x}, x \in \left[\dfrac{1}{2}, 2\right]$.

18. 欲制造一个容积为 $50 \, \text{m}^3$ 的圆柱形锅炉,问锅炉的高和底半径取多大值时,用料最省?

19. 有一边长分别为 $8 \, \text{cm}$ 与 $5 \, \text{cm}$ 的长方形,在各角剪去相同的小正方形,把四边折起作为一个无盖小盒,要使纸盒的容积最大,问剪去的小正方形的边长应为多少?

20. 轮船甲位于轮船乙以东 75 海里处, 以 12 海里/h 的速度向西航行, 而轮船乙以 6 海里/h 的速度向北航行, 问经过多长时间, 两船相距最近?

21. 求下列曲线的凹凸区间及拐点.

(1) $y=x^3-x^4$;　　　　　(2) $y=\mathrm{e}^{-\frac{1}{2}x^2}$;　　　　　(3) $y=x\arctan x$;

(4) $y=\ln(x^2-1)$;　　　　(5) $y=\mathrm{e}^{\arctan x}$;　　　　(6) $y=x+\dfrac{x}{x^2-1}$;

(7) $y=3x^{\frac{4}{3}}-\dfrac{2}{3}x^2$;　　　　(8) $y=\dfrac{36x}{(x+3)^2}+1$.

22. a 及 b 为何值时, 点 $(1,3)$ 为曲线 $y=ax^3+bx^2$ 的拐点.

23. 求下列曲线的渐近线.

(1) $y=\mathrm{e}^{-\frac{1}{x}}$;　　　　　　　(2) $y=\dfrac{2(x-2)(x+3)}{x-1}$;

(3) $y=\dfrac{\mathrm{e}^x}{1+x}$;　　　　　　　(4) $y=\sqrt{x^2-2x}$.

24. 描绘下列函数的图形.

(1) $y=x^3-x^2-x+1$;　　　(2) $y=x+\mathrm{e}^{-x}$;　　　(3) $y=\dfrac{x}{1+x^2}$;

(4) $y=\ln(1+x^2)$;　　　　(5) $y=x^2+\dfrac{1}{x}$;　　　(6) $y=\dfrac{\ln x}{x}$;

(7) $y=\dfrac{x^2}{1+x}$;　　　　　(8) $y=\dfrac{36x}{(x+3)^2}+1$.

B　组

1. 证明: 方程 $x^3-3x+1=0$ 在区间 $[0,1]$ 内不可能有两个不同的实根.

2. 一位货车司机在收费亭处拿到一张罚款单, 说他在限速 65 km/h 的收费道路上在 2 h 内走了 159 km. 罚款单列出的违章理由为该司机超速行驶. 为什么?

3. 15 世纪郑和下西洋时最大的宝船能在 12h 内一次航行 110 海里. 试解释为什么在航行过程中的某时刻宝船的速度一定超过 9 海里/h.

4. 设 $\lim\limits_{x\to\infty}f'(x)=k$, 求 $\lim\limits_{x\to\infty}[f(x+a)-f(x)]$.

5. 设 $f(x)$ 在 $[0,1]$ 上连续, 在 $(0,1)$ 内可导, 且 $f(1)=0$, 证明: 至少存在一点 $\xi\in(0,1)$, 使得 $f'(\xi)=-\dfrac{f(\xi)}{\xi}$.

6. 设 $f(x)$ 在 $[0,1]$ 上连续, 在 $(0,1)$ 内可导, 且 $f(1)=0$, 证明: 至少存在一点 $\xi\in(0,1)$, 使得 $f'(\xi)=-\dfrac{2f(\xi)}{\xi}$.

7. 证明: 方程 $x^5+x-1=0$ 只有一个正根.

8. 利用曲线的凹凸性证明下列不等式.

(1) $\dfrac{\mathrm{e}^x+\mathrm{e}^y}{2}>\mathrm{e}^{\frac{x+y}{2}}\ (x\neq y)$;　　　　　(2) $\cos\dfrac{x+y}{2}>\dfrac{\cos x+\cos y}{2}, x,y\in\left(-\dfrac{\pi}{2},\dfrac{\pi}{2}\right)$.

阅读材料 4

牛　顿

　　牛顿(1643～1727)是英国著名的物理学家、数学家、天文学家和自然哲学家.牛顿是个遗腹子,未出生父亲就去世了,三岁时母亲再嫁,在幼小的牛顿心里留下了很重的阴影.幼年时牛顿学习成绩很一般,只是在机械制作方面显示出与众不同的天赋.牛顿12岁时在格兰瑟姆中学读书时,曾经寄宿在一位药剂师家里.牛顿酷爱读书,喜欢做化学试验.上中学时被母亲召回田庄务农,校长看出了牛顿的天赋,对其母亲劝说到:"在繁杂的农务中埋没这样一位天才,对世界来说将是多么巨大的损失."在多方努力下,牛顿一年多后复学.在1661年进入剑桥大学三一学院,在大学三年级开始钻研伽利略、开普勒、笛卡儿和沃利斯等人的著作,对其影响最深的是笛卡儿的《几何学》,沃利斯的《无穷算术》.1665年夏至1667年春,剑桥大学因瘟疫流行而关闭.牛顿离校返乡,竟成为牛顿科学生涯中的黄金岁月,可以说牛顿一生的科学蓝图都与这几年打下的基础有关.

　　1669年26岁的牛顿晋升为数学教授,并担任卢卡斯讲座的教授至1701年.1699年担任伦敦造币局局长,1703年担任皇家学会会长,1705年封爵.1684年天文学家哈雷到剑桥拜访牛顿.在哈雷的敦促下,1686年底,牛顿写成划时代的伟大著作《自然哲学的数学原理》一书.皇家学会经费不足,出不了这本书,后来靠了哈雷的资助,这部科学史上最伟大的著作之一才能够在1687年出版,并立即对整个欧洲产生了巨大的影响.它运用微积分工具,严格证明了包括开普勒行星运动三大定律、万有引力定律在内的一系列结果,将其应用于流体运动、声、光、潮汐、彗星及至宇宙体系,把经典力学确立为完整而严密的体系,把天体力学和地面上的物体力学统一起来,实现了物理学史上第一次大的综合,充分显示了这一新数学工具的威力.

　　牛顿终身未娶,晚年由外甥女凯瑟琳协助管家.牛顿卒于1727年3月20日,葬于英国伦敦著名的威斯敏斯特大教堂旁,当时的上层人物争相以抬牛顿的灵枢为荣.

　　牛顿墓碑上的拉丁铭文是:此地安葬的是艾撒克·牛顿勋爵,他用近乎神圣的心智和独具特色的数学原则,探索出行星的运动和形状、彗星的轨迹、海洋的潮汐、光线的不同谱调和由此而产生的其他学者以前所未能想像到的颜色和特性.以他在研究自然、古物和圣经中的勤奋、聪明和虔诚,他依据自己的哲学证明了至尊上帝的万能,并以其个人的方式表述了福音书的简明至理.人们为此欣喜:人类历史上曾出现如此辉煌的荣耀.

第5章 不定积分

哲学家也要学数学,因为他必须跳出浩如烟海的万变现象而抓住真正的实质.又因为这是使灵魂过渡到真理和永存的捷径.

——柏拉图

已知一个函数 $F(x)$,求它的导数 $F'(x)=f(x)$,这是微分学所研究的基本问题.本章将讨论它的反问题,即已知函数 $f(x)$,求函数 $F(x)$,使得 $F'(x)=f(x)$.这是积分学的基本问题之一.

§5.1 不定积分的概念与性质

5.1.1 原函数和不定积分的定义

定义 1 如果在区间 I 上,函数 $F(x)$ 与 $f(x)$ 满足关系式

$$F'(x)=f(x) \quad 或 \quad \mathrm{d}F(x)=f(x)\mathrm{d}x,$$

则称 $F(x)$ 为 $f(x)$ 在区间 I 上的一个**原函数**.

例如,$\dfrac{1}{2}x^2$ 是 x 的一个原函数,$\sin x$ 是 $\cos x$ 的一个原函数.

如果函数 $F(x)$ 是 $f(x)$ 的一个原函数,则 $F(x)+C$(C 为任意常数)也是 $f(x)$ 的原函数.由原函数定义,该结论显然成立.

一个函数具备什么条件,能保证它的原函数一定存在? 这个问题将在第 6 章讨论,这里先给出结论.

原函数存在定理 如果函数 $f(x)$ 在区间 I 上连续,则 $f(x)$ 在区间 I 上一定有原函数.

如果函数 $F(x)$ 是 $f(x)$ 的一个原函数,那么 $f(x)$ 的其他原函数与 $F(x)$ 有什么关系?

设 $G(x)$ 是 $f(x)$ 的任意一个原函数,即 $G'(x)=f(x)$.于是

$$[G(x)-F(x)]'=G'(x)-F'(x)=f(x)-f(x)=0.$$

由第 4 章拉格朗日中值定理的推论可知

$$G(x)-F(x)=C,$$

即 $G(x)$ 与 $F(x)$ 只相差一个常数.因此,$f(x)$ 的所有原函数都可以写成 $F(x)+C$ 的形式.

定义 2 在区间 I 上,函数 $f(x)$ 的全体原函数称为 $f(x)$ 的**不定积分**,记作

$$\int f(x)\mathrm{d}x,$$

其中记号 $\displaystyle\int$ 称为**积分号**,$f(x)$ 称为**被积函数**,$f(x)\mathrm{d}x$ 称为**被积表达式**,x 称为**积分变量**.

如上所述,如果函数 $F(x)$ 是 $f(x)$ 的一个原函数,那么 $F(x)+C$ 就是 $f(x)$ 的不定积分,即

$$\int f(x)\mathrm{d}x = F(x)+C,$$

其中 C 称为积分常数.

例 1　求 $\int \sqrt{x}\,\mathrm{d}x$.

解　因为 $\left(x^{\frac{3}{2}}\right)' = \frac{3}{2}\sqrt{x}$,所以 $\left(\frac{2}{3}x^{\frac{3}{2}}\right)' = \sqrt{x}$,因此

$$\int \sqrt{x}\,\mathrm{d}x = \frac{2}{3}x^{\frac{3}{2}}+C.$$

例 2　求 $\int \frac{1}{x}\mathrm{d}x$.

解　当 $x>0$ 时,因为 $(\ln x)' = \frac{1}{x}$,所以 $\int \frac{1}{x}\mathrm{d}x = \ln x + C$;

当 $x<0$ 时,因为 $[\ln(-x)]' = \frac{-1}{-x} = \frac{1}{x}$,所以 $\int \frac{1}{x}\mathrm{d}x = \ln(-x)+C$.

综上结果,得到:$\int \frac{1}{x}\mathrm{d}x = \ln|x|+C$.

5.1.2　不定积分的几何意义

如果 $F(x)$ 为 $f(x)$ 的一个原函数,则方程 $y=F(x)$ 的图形是平面上的一条曲线,称为 $f(x)$ 的**一条积分曲线**.因此 $f(x)$ 的不定积分 $F(x)+C$ 是一族积分曲线,可以由曲线 $y=F(x)$ 沿 y 轴方向平移得到.这族积分曲线的特点是:在横坐标相同的点处,各曲线的切线斜率都是 $f(x)$,即各切线相互平行(图 5-1).

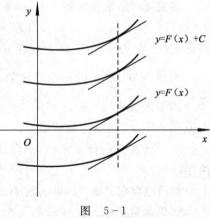

图　5-1

在求 $f(x)$ 的所有原函数中,有时需要确定一个满足条件 $y(x_0)=y_0$ 的原函数,也就是求通过点 (x_0,y_0) 的积分曲线,这个条件一般称为**初始条件**,它可以唯一确定积分常数 C 的值.

例 3　设曲线通过点 $(2,3)$,且曲线上任一点处的切线斜率等于这点横坐标的两倍,求此曲线的方程.

解　设所求曲线方程为 $y=F(x)$,由题设,$F'(x)=2x$,即 $F(x)$ 是 $2x$ 的一个原函数.又因为 $\int 2x\mathrm{d}x = x^2+C$,故所求曲线是曲线族 $y=x^2+C$ 中的一条.因为所求曲线通过点 $(2,3)$,故 $3=2^2+C$,$C=-1$,于是所求曲线方程为 $y=x^2-1$.

5.1.3　不定积分的性质

根据不定积分的定义,可以得到以下基本性质.

性质 1　$\qquad \left[\int f(x)\mathrm{d}x\right]' = f(x)$　或　$\mathrm{d}\int f(x)\mathrm{d}x = f(x)\mathrm{d}x$;

$$\int f'(x)\mathrm{d}x = f(x) + C \quad 或 \quad \int \mathrm{d}f(x) = f(x) + C.$$

由此可见,微分运算(以记号 d 表示)与积分运算(以记号 $\int$ 表示)是互逆的.当记号 d 与 $\int$ 连在一起时,或者抵消,或者抵消后差一个常数.

性质 2 函数和的不定积分等于各个函数的不定积分的和,即

$$\int [f(x) + g(x)]\mathrm{d}x = \int f(x)\mathrm{d}x + \int g(x)\mathrm{d}x.$$

证 对上式右端求导,得

$$\left[\int f(x)\mathrm{d}x + \int g(x)\mathrm{d}x\right]' = \left[\int f(x)\mathrm{d}x\right]' + \left[\int g(x)\mathrm{d}x\right]' = f(x) + g(x).$$

这说明上式右端是 $f(x)+g(x)$ 的原函数,又右端的积分号表示含有任意常数,因此上式右端是 $f(x)+g(x)$ 的不定积分.

性质 2 对于有限个函数都是成立的.

性质 3 被积函数中非零的常数因子可以提到积分号外面来,即

$$\int kf(x)\mathrm{d}x = k\int f(x)\mathrm{d}x \quad (k 为常数,且 k \neq 0).$$

证 对上式右端求导,得

$$\left[k\int f(x)\mathrm{d}x\right]' = k\left[\int f(x)\mathrm{d}x\right]' = kf(x).$$

这说明上式右端是 $kf(x)$ 的原函数,又右端的积分号表示含有任意常数,因此上式右端是 $kf(x)$ 的不定积分.

5.1.4 基本积分表

由于积分是微分的逆运算,所以由导数公式就可以得到相应的积分公式.我们把一些基本的积分公式列成一个表,这个表通常称为**基本积分表**.

(1) $\int 0\mathrm{d}x = C$;

(2) $\int x^\mu \mathrm{d}x = \dfrac{1}{\mu+1}x^{\mu+1} + C(\mu \neq -1)$,特别地 $\int \mathrm{d}x = x + C$;

(3) $\int \dfrac{1}{x}\mathrm{d}x = \ln|x| + C$;

(4) $\int a^x \mathrm{d}x = \dfrac{a^x}{\ln a} + C(a > 0, a \neq 1)$,特别地 $\int \mathrm{e}^x \mathrm{d}x = \mathrm{e}^x + C$;

(5) $\int \sin x\mathrm{d}x = -\cos x + C$;

(6) $\int \cos x\mathrm{d}x = \sin x + C$;

(7) $\int \sec^2 x\mathrm{d}x = \tan x + C$;

(8) $\int \csc^2 x\mathrm{d}x = -\cot x + C$;

(9) $\int \sec x\tan x\mathrm{d}x = \sec x + C$;

(10) $\int \csc x \cot x \mathrm{d}x = -\csc x + C$；

(11) $\int \dfrac{\mathrm{d}x}{\sqrt{1-x^2}} = \arcsin x + C$　或　$\int \dfrac{\mathrm{d}x}{\sqrt{1-x^2}} = -\arccos x + C$；

(12) $\int \dfrac{\mathrm{d}x}{1+x^2} = \arctan x + C$　或　$\int \dfrac{\mathrm{d}x}{1+x^2} = -\operatorname{arccot} x + C$.

　　基本积分表是求不定积分的基础,必须熟记. 利用基本积分表以及不定积分的性质,可以求出一些简单函数的不定积分.

例 4　求 $\int \dfrac{x^2+1}{x\sqrt{x}}\mathrm{d}x$.

解　$\int \dfrac{x^2+1}{x\sqrt{x}}\mathrm{d}x = \int \left(x^{\frac{1}{2}} + x^{-\frac{3}{2}}\right)\mathrm{d}x = \int x^{\frac{1}{2}}\mathrm{d}x + \int x^{-\frac{3}{2}}\mathrm{d}x = \dfrac{2}{3}x^{\frac{3}{2}} - 2x^{-\frac{1}{2}} + C$.

　　分项积分后的每个不定积分都应加上一个任意常数,但由于有限个任意常数的和仍是任意常数,因此在结果中加上一个任意常数就可以了.

例 5　求 $\int \left(\dfrac{x-1}{x}\right)^2 \mathrm{d}x$.

解　$\int \left(\dfrac{x-1}{x}\right)^2 \mathrm{d}x = \int \left(1 - \dfrac{1}{x}\right)^2 \mathrm{d}x = \int \left(1 - \dfrac{2}{x} + \dfrac{1}{x^2}\right)\mathrm{d}x$

$\qquad\qquad = \int \mathrm{d}x - 2\int \dfrac{\mathrm{d}x}{x} + \int \dfrac{\mathrm{d}x}{x^2} = x - 2\ln|x| - \dfrac{1}{x} + C$.

例 6　求 $\int 3^x \mathrm{e}^x \mathrm{d}x$.

解　$\int 3^x \mathrm{e}^x \mathrm{d}x = \int (3\mathrm{e})^x \mathrm{d}x = \dfrac{(3\mathrm{e})^x}{\ln(3\mathrm{e})} + C$.

例 7　求 $\int \dfrac{x^2}{1+x^2}\mathrm{d}x$.

解　$\int \dfrac{x^2}{1+x^2}\mathrm{d}x = \int \dfrac{1+x^2-1}{1+x^2}\mathrm{d}x = \int \left(1 - \dfrac{1}{1+x^2}\right)\mathrm{d}x$

$\qquad\qquad = \int \mathrm{d}x - \int \dfrac{\mathrm{d}x}{1+x^2} = x - \arctan x + C$.

例 8　求 $\int \dfrac{x^4}{1+x^2}\mathrm{d}x$.

解　$\int \dfrac{x^4-1+1}{1+x^2}\mathrm{d}x = \int \dfrac{x^4-1+1}{1+x^2}\mathrm{d}x = \int \left(x^2 - 1 + \dfrac{1}{1+x^2}\right)\mathrm{d}x$

$\qquad\qquad = \int x^2 \mathrm{d}x - \int \mathrm{d}x + \int \dfrac{\mathrm{d}x}{1+x^2} = \dfrac{1}{3}x^3 - x + \arctan x + C$.

例 9　求 $\int \dfrac{1+x+x^2}{x(1+x^2)}\mathrm{d}x$.

解　$\int \dfrac{1+x+x^2}{x(1+x^2)}\mathrm{d}x = \int \dfrac{x+(1+x^2)}{x(1+x^2)}\mathrm{d}x = \int \left(\dfrac{1}{1+x^2} + \dfrac{1}{x}\right)\mathrm{d}x$

$\qquad\qquad = \arctan x + \ln|x| + C$.

例 10　求 $\int \dfrac{\cos^2 x}{1-\sin x}\mathrm{d}x$.

解　$\displaystyle\int \frac{\cos^2 x}{1-\sin x}dx = \int \frac{1-\sin^2 x}{1-\sin x}dx = \int(1+\sin x)dx$

$\displaystyle\qquad = \int dx + \int \sin x dx = x - \cos x + C.$

例 11　求 $\displaystyle\int \sec x(\tan x - 2\sec x)dx$.

解　$\displaystyle\int \sec x(\tan x - 2\sec x)dx = \int \sec x\tan x dx - 2\int \sec^2 x dx = \sec x - 2\tan x + C.$

例 12　求 $\displaystyle\int \tan^2 x dx$.

解　$\displaystyle\int \tan^2 x dx = \int(\sec^2 x - 1)dx = \int \sec^2 x dx - \int dx = \tan x - x + C.$

例 13　求 $\displaystyle\int \frac{dx}{\sin^2 x \cos^2 x}$.

解　$\displaystyle\int \frac{dx}{\sin^2 x \cos^2 x} = \int \frac{\sin^2 x + \cos^2 x}{\sin^2 x \cos^2 x}dx = \int \frac{dx}{\cos^2 x} + \int \frac{dx}{\sin^2 x} = \tan x - \cot x + C.$

例 14　求 $\displaystyle\int \sin^2 \frac{x}{2}dx$.

解　$\displaystyle\int \sin^2 \frac{x}{2}dx = \int \frac{1-\cos x}{2}dx = \frac{1}{2}\left(\int dx - \int \cos x dx\right) = \frac{1}{2}(x - \sin x) + C.$

例 15　求 $\displaystyle\int \frac{dx}{\sin^2 \frac{x}{2} \cos^2 \frac{x}{2}}$.

解　$\displaystyle\int \frac{dx}{\sin^2 \frac{x}{2} \cos^2 \frac{x}{2}} = \int \frac{4dx}{\left(2\sin \frac{x}{2}\cos \frac{x}{2}\right)^2} = 4\int \frac{dx}{\sin^2 x} = -4\cot x + C.$

例 16　求 $\displaystyle\int \frac{dx}{1+\cos 2x}$.

解　$\displaystyle\int \frac{dx}{1+\cos 2x} = \int \frac{dx}{1+(2\cos^2 x - 1)} = \frac{1}{2}\int \frac{dx}{\cos^2 x} = \frac{1}{2}\tan x + C.$

检验积分结果是否正确,只要对结果求导,看它的导数是否等于被积函数. 如果相等,则结果是正确的,否则就是错误的.

§5.2　换元积分法

计算不定积分,仅有基本积分表是不够的,因此还需要继续从一些求导法则去导出相应的不定积分法则,逐步扩充积分方法. 最常用的基本积分法是换元积分法与分部积分法,这些积分法可以把一些较复杂的积分化为基本积分表中基本公式的形式.

本节先介绍换元积分法,简称**换元法**. 换元法的基本思想,就是把要计算的积分通过变量代换,化为基本积分表中已有的基本公式的形式. 换元法通常分为两类,即第一类换元法和第二类换元法.

5.2.1　第一类换元法

在微分法中,复合函数微分法是一种重要的方法. 积分作为微分的逆运算,也有相应的方法,这就是**换元积分法**.设 $F'(u)=f(u)$ 且 $u=\varphi(x)$ 可导,由复合函数微分法,可得

$$[F(\varphi(x))]'=F'(\varphi(x))\varphi'(x)=f(\varphi(x))\varphi'(x).$$

根据不定积分的定义,将其改写为积分形式

$$\int f(\varphi(x))\varphi'(x)\mathrm{d}x = F(\varphi(x))+C,$$

因此,就有

定理 1 设 $F(u)$ 为 $f(u)$ 的原函数,$u=\varphi(x)$ 可导,则

$$\int f(\varphi(x))\varphi'(x)\mathrm{d}x = F(\varphi(x))+C.$$

这个定理告诉我们,在求不定积分时,如果被积表达式可以整理成 $f(\varphi(x))\varphi'(x)\mathrm{d}x=f(\varphi(x))\mathrm{d}\varphi(x)$,且 $f(u)$ 具有原函数 $F(u)$,那么可设 $u=\varphi(x)$,有

$$\int f(\varphi(x))\varphi'(x)\mathrm{d}x = \int f(\varphi(x))\mathrm{d}\varphi(x) \xrightarrow{u=\varphi(x)} \int f(u)\mathrm{d}u$$

$$=F(u)+C \xrightarrow{u=\varphi(x)} F(\varphi(x))+C.$$

通常把这种换元方法称为**第一类换元法**,由于中间出现将 $\varphi'(x)\mathrm{d}x$ 凑成微分 $\mathrm{d}\varphi(x)$,所以第一类换元法又称为**凑微分法**.

例 1 求 $\int (2x+1)^8\mathrm{d}x$.

解 $\int (2x+1)^8\mathrm{d}x = \frac{1}{2}\int (2x+1)^8 \cdot (2x+1)'\mathrm{d}x = \frac{1}{2}\int (2x+1)^8\mathrm{d}(2x+1)$.

设 $u=2x+1$,则

$$\int (2x+1)^8\mathrm{d}x = \frac{1}{2}\int u^8\mathrm{d}u = \frac{1}{18}u^9+C = \frac{1}{18}(2x+1)^9+C.$$

例 2 求 $\int \sin 3x\mathrm{d}x$.

解 $\int \sin 3x\mathrm{d}x = \frac{1}{3}\int \sin 3x \cdot (3x)'\mathrm{d}x = \frac{1}{3}\int \sin 3x\mathrm{d}(3x)$.

设 $u=3x$,则

$$\int \sin 3x\mathrm{d}x = \frac{1}{3}\int \sin u\mathrm{d}u = -\frac{1}{3}\cos u+C = -\frac{1}{3}\cos 3x+C.$$

例 3 求 $\int \frac{1}{3+2x}\mathrm{d}x$.

解 $\int \frac{1}{3+2x}\mathrm{d}x = \frac{1}{2}\int \frac{1}{3+2x} \cdot (3+2x)'\mathrm{d}x = \frac{1}{2}\int \frac{1}{3+2x}\mathrm{d}(3+2x)$

设 $u=3+2x$,则

$$\int \frac{1}{3+2x}\mathrm{d}x = \frac{1}{2}\int \frac{1}{u}\mathrm{d}u = \frac{1}{2}\ln|u|+C = \frac{1}{2}\ln|3+2x|+C.$$

在我们对变量代换的方法比较熟练之后,就可以省略写出变量 u 的步骤.

例 4 求 $\int \frac{\mathrm{e}^{\sqrt{x}}}{\sqrt{x}}\mathrm{d}x$.

解 $\int \frac{\mathrm{e}^{\sqrt{x}}}{\sqrt{x}}\mathrm{d}x = 2\int \mathrm{e}^{\sqrt{x}} \cdot (\sqrt{x})'\mathrm{d}x = 2\int \mathrm{e}^{\sqrt{x}}\mathrm{d}\sqrt{x} = 2\mathrm{e}^{\sqrt{x}}+C.$

例5　求 $\displaystyle\int \frac{\ln^3 x}{x} \mathrm{d}x$.

解　$\displaystyle\int \frac{\ln^3 x}{x} \mathrm{d}x = \int \ln^3 x \cdot (\ln x)' \mathrm{d}x = \int \ln^3 x \, \mathrm{d}(\ln x) = \frac{1}{4} \ln^4 x + C$.

例6　求 $\displaystyle\int x \sqrt{1-x^2} \, \mathrm{d}x$.

解　$\displaystyle\int x \sqrt{1-x^2} \, \mathrm{d}x = -\frac{1}{2} \int \sqrt{1-x^2} \cdot (1-x^2)' \mathrm{d}x = -\frac{1}{2} \int \sqrt{1-x^2} \, \mathrm{d}(1-x^2)$

$\displaystyle\qquad\qquad\qquad = -\frac{1}{3}(1-x^2)^{\frac{3}{2}} + C.$

例7　求 $\displaystyle\int \frac{\mathrm{d}x}{a^2 - x^2} \ (a>0)$.

解　$\displaystyle\frac{1}{a^2-x^2} = \frac{1}{(a+x)(a-x)} = \frac{1}{2a} \cdot \frac{(a+x)+(a-x)}{(a+x)(a-x)} = \frac{1}{2a}\left(\frac{1}{a-x} + \frac{1}{a+x}\right).$

$\displaystyle\int \frac{\mathrm{d}x}{a^2-x^2} = \frac{1}{2a} \int \frac{\mathrm{d}x}{a-x} + \frac{1}{2a} \int \frac{\mathrm{d}x}{a+x} = -\frac{1}{2a} \int \frac{\mathrm{d}(a-x)}{a-x} + \frac{1}{2a} \int \frac{\mathrm{d}(a+x)}{a+x}$

$\displaystyle\qquad = -\frac{1}{2a} \ln|a-x| + \frac{1}{2a} \ln|a+x| + C = \frac{1}{2a} \ln\left|\frac{a+x}{a-x}\right| + C.$

例8　求 $\displaystyle\int \frac{\mathrm{d}x}{x(1-x^2)}$.

解　$\displaystyle\frac{1}{x(1-x^2)} = \frac{(1-x^2)+x^2}{x(1-x^2)} = \frac{1}{x} + \frac{x}{1-x^2}.$

$\displaystyle\int \frac{\mathrm{d}x}{x(1-x^2)} = \int \frac{1}{x} \mathrm{d}x + \int \frac{x}{1-x^2} \mathrm{d}x = \ln|x| - \frac{1}{2} \int \frac{1}{1-x^2} \cdot (1-x^2)' \mathrm{d}x$

$\displaystyle\qquad = \ln|x| - \frac{1}{2} \int \frac{1}{1-x^2} \mathrm{d}(1-x^2) = \ln|x| - \frac{1}{2} \ln|1-x^2| + C.$

例9　求 $\displaystyle\int \frac{1}{\sqrt{x}(1+x)} \mathrm{d}x$.

解　$\displaystyle\int \frac{1}{\sqrt{x}(1+x)} \mathrm{d}x = \int \frac{1}{\sqrt{x}} \cdot \frac{1}{1+(\sqrt{x})^2} \mathrm{d}x = 2 \int \frac{1}{1+(\sqrt{x})^2} \cdot (\sqrt{x})' \mathrm{d}x$

$\displaystyle\qquad = 2 \int \frac{1}{1+(\sqrt{x})^2} \mathrm{d}\sqrt{x} = 2 \arctan \sqrt{x} + C.$

例10　求下列不定积分：(1) $\displaystyle\int \frac{\mathrm{d}x}{\sqrt{a^2-x^2}} (a>0)$；　(2) $\displaystyle\int \frac{\mathrm{d}x}{a^2+x^2}$.

解　(1)与基本积分公式相比较,将被积函数 $\dfrac{1}{\sqrt{a^2-x^2}}$ 转化为 $\dfrac{1}{\sqrt{1-u^2}}$ 的形式.

$\displaystyle\int \frac{\mathrm{d}x}{\sqrt{a^2-x^2}} = \int \frac{\mathrm{d}x}{a\sqrt{1-\left(\frac{x}{a}\right)^2}} = \int \frac{1}{\sqrt{1-\left(\frac{x}{a}\right)^2}} \cdot \left(\frac{x}{a}\right)' \mathrm{d}x$

$\displaystyle\qquad = \int \frac{1}{\sqrt{1-\left(\frac{x}{a}\right)^2}} \mathrm{d}\left(\frac{x}{a}\right) = \arcsin \frac{x}{a} + C.$

(2)将被积函数 $\dfrac{1}{a^2+x^2}$ 转化为 $\dfrac{1}{1+u^2}$ 的形式.

$$\int \frac{\mathrm{d}x}{a^2 + x^2} = \frac{1}{a^2} \int \frac{\mathrm{d}x}{1 + \left(\frac{x}{a}\right)^2} = \frac{1}{a} \int \frac{1}{1 + \left(\frac{x}{a}\right)^2} \cdot \left(\frac{x}{a}\right)' \mathrm{d}x$$

$$= \frac{1}{a} \int \frac{1}{1 + \left(\frac{x}{a}\right)^2} \mathrm{d}\left(\frac{x}{a}\right) = \frac{1}{a} \arctan \frac{x}{a} + C.$$

例 11 求下列不定积分:(1) $\int \tan x \mathrm{d}x$; (2) $\int \csc x \mathrm{d}x$.

解 (1) $\int \tan x \mathrm{d}x = \int \frac{\sin x}{\cos x} \mathrm{d}x = -\int \frac{(\cos x)'}{\cos x} \mathrm{d}x$

$$= -\int \frac{1}{\cos x} \mathrm{d}\cos x = -\ln|\cos x| + C.$$

类似地,可得 $\int \cot x \mathrm{d}x = \ln|\sin x| + C$.

(2) $\csc x = \frac{1}{\sin x} = \frac{1}{2\sin \frac{x}{2} \cos \frac{x}{2}} = \frac{1}{2\tan \frac{x}{2} \cos^2 \frac{x}{2}} = \frac{\frac{1}{2}\sec^2 \frac{x}{2}}{\tan \frac{x}{2}}.$

$$\int \csc x \mathrm{d}x = \int \frac{\left(\tan \frac{x}{2}\right)'}{\tan \frac{x}{2}} \mathrm{d}x = \int \frac{\mathrm{d}\tan \frac{x}{2}}{\tan \frac{x}{2}} = \ln\left|\tan \frac{x}{2}\right| + C.$$

又因为 $\tan \frac{x}{2} = \frac{\sin \frac{x}{2}}{\cos \frac{x}{2}} = \frac{2\sin^2 \frac{x}{2}}{2\sin \frac{x}{2} \cos \frac{x}{2}} = \frac{1 - \cos x}{\sin x} = \csc x - \cot x$,所以本题结果常写成

$$\int \csc x \mathrm{d}x = \ln|\csc x - \cot x| + C.$$

因而,可得

$$\int \sec x \mathrm{d}x = \int \frac{\mathrm{d}x}{\cos x} = \int \frac{\mathrm{d}\left(x + \frac{\pi}{2}\right)}{\sin\left(x + \frac{\pi}{2}\right)} = \ln\left|\csc\left(x + \frac{\pi}{2}\right) - \cot\left(x + \frac{\pi}{2}\right)\right| + C$$

$$= \ln|\sec x + \tan x| + C.$$

例 12 求下列不定积分:(1) $\int \sin x \cos x \mathrm{d}x$; (2) $\int \sin^3 x \mathrm{d}x$; (3) $\int \sin^4 x \cos^3 x \mathrm{d}x$.

解 对于含有 $\sin x$、$\cos x$ 奇次幂的不定积分,可利用凑微分公式 $\sin x \mathrm{d}x = -\mathrm{d}\cos x$,$\cos x \mathrm{d}x = \mathrm{d}\sin x$.

(1)可使用三种方法进行求解.

方法 1 $\int \sin x \cos x \mathrm{d}x = \int \sin x \mathrm{d}\sin x = \frac{1}{2} \sin^2 x + C$;

方法 2 $\int \sin x \cos x \mathrm{d}x = -\int \cos x \mathrm{d}\cos x = -\frac{1}{2} \cos^2 x + C$;

方法 3 $\int \sin x \cos x \mathrm{d}x = \frac{1}{2} \int \sin 2x \mathrm{d}x = \frac{1}{4} \int \sin 2x \mathrm{d}(2x) = -\frac{1}{4} \cos 2x + C.$

可以看出,用不同的积分方法,求出的原函数形式可以不同,但是任意两个原函数之间至

多相差一个常数.

(2) $\displaystyle\int \sin^3 x \mathrm{d}x = \int \sin^2 x \sin x \mathrm{d}x = -\int (1 - \cos^2 x) \mathrm{d}\cos x$

$\displaystyle = -\int \mathrm{d}\cos x + \int \cos^2 x \mathrm{d}\cos x = -\cos x + \frac{1}{3}\cos^3 x + C.$

(3) $\displaystyle\int \sin^4 x \cos^3 x \mathrm{d}x = \int \sin^4 x \cos^2 x \cos x \mathrm{d}x = \int \sin^4 x (1 - \sin^2 x) \mathrm{d}\sin x$

$\displaystyle = \int \sin^4 x \mathrm{d}\sin x - \int \sin^6 x \mathrm{d}\sin x = \frac{1}{5}\sin^5 x - \frac{1}{7}\sin^7 x + C.$

例 13 求下列不定积分：(1) $\displaystyle\int \cos^2 x \mathrm{d}x$ ；(2) $\displaystyle\int \sin^2 x \cos^2 x \mathrm{d}x$ ；(3) $\displaystyle\int \cos^4 x \mathrm{d}x$.

解 对于只含有 $\sin x$、$\cos x$ 偶次幂的不定积分，一般可用倍角公式来降低被积函数的方次.

(1) $\displaystyle\int \cos^2 x \mathrm{d}x = \frac{1}{2}\int (1 + \cos 2x) \mathrm{d}x = \frac{1}{2}\int \mathrm{d}x + \frac{1}{4}\int \cos 2x \mathrm{d}(2x)$

$\displaystyle = \frac{1}{2}x + \frac{1}{4}\sin 2x + C.$

(2) $\displaystyle\int \sin^2 x \cos^2 x \mathrm{d}x = \frac{1}{4}\int \sin^2 2x \mathrm{d}x = \frac{1}{8}\int (1 - \cos 4x) \mathrm{d}x$

$\displaystyle = \frac{1}{8}\int \mathrm{d}x - \frac{1}{32}\int \cos 4x \mathrm{d}(4x) = \frac{1}{8}x - \frac{1}{32}\sin 4x + C.$

(3) $\displaystyle\int \cos^4 x \mathrm{d}x = \int (\cos^2 x)^2 \mathrm{d}x = \int \left(\frac{1 + \cos 2x}{2}\right)^2 \mathrm{d}x = \frac{1}{4}\int (1 + 2\cos 2x + \cos^2 2x) \mathrm{d}x$

$\displaystyle = \frac{1}{4}\int \left(1 + 2\cos 2x + \frac{1 + \cos 4x}{2}\right) \mathrm{d}x = \frac{1}{4}\int \left(\frac{3}{2} + 2\cos 2x + \frac{\cos 4x}{2}\right) \mathrm{d}x$

$\displaystyle = \frac{3}{8}\int \mathrm{d}x + \frac{1}{4}\int \cos 2x \mathrm{d}(2x) + \frac{1}{32}\int \cos 4x \mathrm{d}(4x)$

$\displaystyle = \frac{3}{8}x + \frac{1}{4}\sin 2x + \frac{1}{32}\sin 4x + C.$

例 14 求 $\displaystyle\int \cos 2x \cos 3x \mathrm{d}x$.

解 利用三角函数的积化和差公式，有

$\displaystyle\int \cos 2x \cos 3x \mathrm{d}x = \frac{1}{2}\int (\cos 5x + \cos x) \mathrm{d}x = \frac{1}{10}\int \cos 5x \mathrm{d}(5x) + \frac{1}{2}\int \cos x \mathrm{d}x$

$\displaystyle = \frac{1}{10}\sin 5x + \frac{1}{2}\sin x + C.$

例 15 求下列不定积分：(1) $\displaystyle\int \sec^4 x \mathrm{d}x$ ； (2) $\displaystyle\int \tan^3 x \sec^3 x \mathrm{d}x$.

解 对于含有三角函数 $\sec x$ 的不定积分，利用凑微分公式 $\sec^2 x \mathrm{d}x = \mathrm{d}\tan x$，$\sec x \tan x \mathrm{d}x = \mathrm{d}\sec x$.

(1) $\displaystyle\int \sec^4 x \mathrm{d}x = \int \sec^2 x \cdot \sec^2 x \mathrm{d}x = \int (1 + \tan^2 x) \mathrm{d}\tan x = \tan x + \frac{1}{3}\tan^3 x + C.$

(2) $\displaystyle\int \tan^3 x \sec^3 x \mathrm{d}x = \int \tan^2 x \sec^2 x \cdot \sec x \tan x \mathrm{d}x = \int (\sec^2 x - 1) \sec^2 x \mathrm{d}\sec x$

$$= \int (\sec^4 x - \sec^2 x) \mathrm{d}\sec x = \frac{1}{5} \sec^5 x - \frac{1}{3} \sec^3 x + C.$$

第一类换元法方法灵活,有时需要一定的技巧,只有反复练习才能有效地掌握这种方法.

5.2.2 第二类换元法

第一类换元法是通过变量代换 $u = \varphi(x)$,将积分 $\int f(\varphi(x))\varphi'(x)\mathrm{d}x$ 转化为 $\int f(u)\mathrm{d}u$. 我们也常遇到与第一类换元法相反的情形,即积分 $\int f(x)\mathrm{d}x$ 不易求出,但可适当选择变量代换 $x = \psi(t)$,将 $\int f(x)\mathrm{d}x$ 转化为 $\int f(\psi(t))\psi'(t)\mathrm{d}t$,这就是第二类换元法. 下面给出定理 2.

定理 2 设 $x = \psi(t)$ 单调、可导,且 $\psi'(t) \neq 0$. 又设 $\int f(\psi(t))\psi'(t)\mathrm{d}t$ 具有原函数 $F(t)$,则

$$\int f(x)\mathrm{d}x = \int f(\psi(t))\psi'(t)\mathrm{d}t = F(t) + C = F[\bar{\psi}(x)] + C,$$

其中 $t = \bar{\psi}(x)$ 是 $x = \psi(t)$ 的反函数.

证 利用复合函数及反函数的求导法则,得到

$$[F(\bar{\psi}(x))]' = f(\psi(t))\psi'(t) \cdot \frac{1}{\psi'(t)} = f(\psi(t)) = f(x).$$

因此,结论得证.

这个定理告诉我们,对于 $\int f(x)\mathrm{d}x$ 不易积分时,先进行变量代换 $x = \psi(t)$,将 $\int f(x)\mathrm{d}x$ 转化为 $\int f(\psi(t))\psi'(t)\mathrm{d}t$. 如果后一积分可求,则积分后用 $x = \psi(t)$ 的反函数 $t = \bar{\psi}(x)$ 代回,就可得到所求的不定积分.

1. 三角代换

例 16 求 $\int \sqrt{a^2 - x^2}\,\mathrm{d}x\ (a > 0)$.

分析 求该积分必须先消去根式 $\sqrt{a^2 - x^2}$,联想到 $\sin^2 t + \cos^2 t = 1$,因此可做变量代换 $x = a\sin t$,用来去掉根号.

解 设 $x = a\sin t, -\dfrac{\pi}{2} < t < \dfrac{\pi}{2}$,则

$$\sqrt{a^2 - x^2} = \sqrt{a^2 - a^2 \sin^2 t} = \sqrt{a^2 \cos^2 t} = a\cos t,$$
$$\mathrm{d}x = \mathrm{d}(a\sin t) = a\cos t\,\mathrm{d}t,$$

所以

$$\int \sqrt{a^2 - x^2}\,\mathrm{d}x = a^2 \int \cos^2 t\,\mathrm{d}t = \frac{a^2}{2}\int (1 + \cos 2t)\mathrm{d}t = \frac{a^2}{2}\int \mathrm{d}t + \frac{a^2}{4}\int \cos 2t\,\mathrm{d}(2t)$$
$$= \frac{a^2}{2}t + \frac{a^2}{4}\sin 2t + C = \frac{a^2}{2}t + \frac{a^2}{2}\sin t\cos t + C.$$

由于 $x = a\sin t$,故 $\sin t = \dfrac{x}{a}, t = \arcsin \dfrac{x}{a}$,

$$\cos t = \sqrt{1 - \sin^2 t} = \sqrt{1 - \left(\frac{x}{a}\right)^2} = \frac{\sqrt{a^2 - x^2}}{a},$$

因此,所求积分为

$$\int \sqrt{a^2 - x^2}\, \mathrm{d}x = \frac{a^2}{2} \arcsin \frac{x}{a} + \frac{x}{2} \sqrt{a^2 - x^2} + C.$$

根据 $\sin t = \dfrac{x}{a}$ 求 $\cos t$,通常采用下面的方法:画一直角三角形,如图 5-2 所示,使它的一个锐角为 t,该角的对边为 x,斜边为 a. 由勾股定理知,另一直角边为 $\sqrt{a^2 - x^2}$,所以

$$\cos t = \frac{\sqrt{a^2 - x^2}}{a}.$$

例 17　求 $\displaystyle\int \frac{\mathrm{d}x}{\sqrt{x^2 + a^2}}$ $(a > 0)$.

分析　为了消去根式 $\sqrt{x^2 + a^2}$,可利用 $1 + \tan^2 t = \sec^2 t$,做变量代换 $x = a\tan t$.

解　设 $x = a\tan t, -\dfrac{\pi}{2} < t < \dfrac{\pi}{2}$,则

$$\sqrt{x^2 + a^2} = \sqrt{a^2 \tan^2 t + a^2} = \sqrt{a^2 \sec^2 t} = a\sec t,$$
$$\mathrm{d}x = \mathrm{d}(a\tan t) = a\sec^2 t\, \mathrm{d}t,$$

所以

$$\int \frac{\mathrm{d}x}{\sqrt{x^2 + a^2}} = \int \sec t\, \mathrm{d}t = \ln|\sec t + \tan t| + C_1.$$

由于 $x = a\tan t$,故 $\tan t = \dfrac{x}{a}$,由此画直角三角形(图 5-3),得到

$$\sec t = \frac{\sqrt{x^2 + a^2}}{a}.$$

因此

$$\int \frac{\mathrm{d}x}{\sqrt{x^2 + a^2}} = \ln\left|\frac{\sqrt{x^2 + a^2}}{a} + \frac{x}{a}\right| + C_1 = \ln(\sqrt{x^2 + a^2} + x) + C,$$

其中 $C = C_1 - \ln a$,因为 $\sqrt{x^2 + a^2} + x$ 恒大于零,所以绝对值可以去掉.

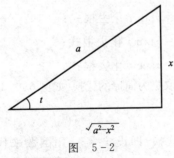

图　5-2

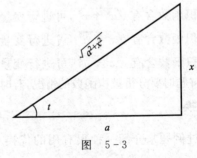

图　5-3

例 18　求 $\displaystyle\int \frac{\mathrm{d}x}{\sqrt{x^2 - a^2}}$ $(a > 0)$.

解　被积函数的定义域为 $x > a$ 或 $x < -a$,在两个区间内分别计算.

当 $x > a$ 时,与上题类似,设 $x = a\sec t, 0 < t < \dfrac{\pi}{2}$,则

$$\sqrt{x^2 - a^2} = \sqrt{a^2 \sec^2 t - a^2} = \sqrt{a^2 \tan^2 t} = a\tan t,$$

$$\mathrm{d}x = \mathrm{d}(a\sec t) = a\sec t\tan t\mathrm{d}t,$$

于是，$\displaystyle\int\frac{\mathrm{d}x}{\sqrt{x^2-a^2}} = \int\sec t\mathrm{d}t = \ln|\sec t + \tan t| + C_1.$

由于 $x = a\sec t$，故 $\sec t = \dfrac{x}{a}$，由此画直角三角形(图 5-4)，得到

$$\tan t = \frac{\sqrt{x^2-a^2}}{a}.$$

因此，

$$\int\frac{\mathrm{d}x}{\sqrt{x^2-a^2}} = \ln\left|\frac{x}{a} + \frac{\sqrt{x^2-a^2}}{a}\right| + C_1$$

$$= \ln(x + \sqrt{x^2-a^2}) + C,$$

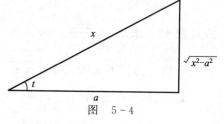

图 5-4

其中 $C = C_1 - \ln a$.

当 $x < -a$ 时，令 $x = -u$，则 $u > a$.

$$\int\frac{\mathrm{d}x}{\sqrt{x^2-a^2}} = -\int\frac{\mathrm{d}u}{\sqrt{u^2-a^2}} = -\ln(u + \sqrt{u^2-a^2}) + C_1$$

$$= -\ln(-x + \sqrt{x^2-a^2}) + C_1 = \ln\frac{1}{-x + \sqrt{x^2-a^2}} + C_1$$

$$= \ln\frac{x + \sqrt{x^2-a^2}}{(-x + \sqrt{x^2-a^2})(x + \sqrt{x^2-a^2})} + C_1$$

$$= \ln\frac{-(x + \sqrt{x^2-a^2})}{a^2} + C_1 = \ln(-x - \sqrt{x^2-a^2}) + C,$$

其中 $C = C_1 - \ln a^2$.

综上，可得

$$\int\frac{\mathrm{d}x}{\sqrt{x^2-a^2}} = \ln\left|x + \sqrt{x^2-a^2}\right| + C.$$

从上面三个例子可以看出：

如果被积函数含有 $\sqrt{a^2-x^2}$，可进行变量代换 $x = a\sin t$ 化去根式；

如果被积函数含有 $\sqrt{x^2+a^2}$，可进行变量代换 $x = a\tan t$ 化去根式；

如果被积函数含有 $\sqrt{x^2-a^2}$，可进行变量代换 $x = a\sec t$ 化去根式.

但具体解题时要分析被积函数的情况，有时可以选取更为简捷的代换(如例 6、例 10).

2. 倒代换

下面通过例题来介绍一种很有用的代换——倒代换，即设 $x = \dfrac{1}{t}$，用倒数来代换，主要用来消去在被积函数的分母中的变量 x.

例 19 求 $\displaystyle\int\frac{\mathrm{d}x}{x^4(x^2+1)}$.

解 设 $x = \dfrac{1}{t}$，则 $\mathrm{d}x = -\dfrac{1}{t^2}\mathrm{d}t$.

$$\int\frac{\mathrm{d}x}{x^4(x^2+1)} = -\int\frac{t^4}{1+t^2}\mathrm{d}t = -\int\frac{t^4-1+1}{1+t^2}\mathrm{d}t = -\int\left(t^2-1+\frac{1}{1+t^2}\right)\mathrm{d}t$$

$$=-\int t^2 \mathrm{d}t + \int \mathrm{d}t - \int \frac{1}{1+t^2} \mathrm{d}t = -\frac{1}{3}t^3 + t - \arctan t + C$$

$$=-\frac{1}{3x^3} + \frac{1}{x} - \arctan \frac{1}{x} + C.$$

3. 根式代换

例 20 求 $\int \sqrt{\mathrm{e}^x + 1} \,\mathrm{d}x$.

解 设 $t = \sqrt{\mathrm{e}^x + 1}$,则 $x = \ln(t^2 - 1)$,$\mathrm{d}x = \dfrac{2t}{t^2 - 1}\mathrm{d}t$,故

$$\int \sqrt{\mathrm{e}^x + 1}\,\mathrm{d}x = \int t \cdot \frac{2t}{t^2 - 1}\mathrm{d}t = 2\int\left(1 + \frac{1}{t^2 - 1}\right)\mathrm{d}t = 2t + \int\left(\frac{1}{t-1} - \frac{1}{t+1}\right)\mathrm{d}t$$

$$=2t + \ln\frac{t-1}{t+1} + C = 2\sqrt{\mathrm{e}^x + 1} + \ln\frac{\sqrt{\mathrm{e}^x + 1} - 1}{\sqrt{\mathrm{e}^x + 1} + 1} + C.$$

以上例题中的一些结果是可以直接用来求解较复杂的积分题的,总结为以下的补充积分公式表.

(13) $\displaystyle\int \tan x \mathrm{d}x = -\ln|\cos x| + C$;

(14) $\displaystyle\int \cot x \mathrm{d}x = \ln|\sin x| + C$;

(15) $\displaystyle\int \sec x \mathrm{d}x = \ln|\sec x + \tan x| + C$;

(16) $\displaystyle\int \csc x \mathrm{d}x = \ln|\csc x - \cot x| + C$;

(17) $\displaystyle\int \frac{\mathrm{d}x}{a^2 + x^2} = \frac{1}{a}\arctan\frac{x}{a} + C$;

(18) $\displaystyle\int \frac{\mathrm{d}x}{a^2 - x^2} = \frac{1}{2a}\ln\left|\frac{a+x}{a-x}\right| + C$;

(19) $\displaystyle\int \frac{\mathrm{d}x}{\sqrt{a^2 - x^2}} = \arcsin\frac{x}{a} + C$;

(20) $\displaystyle\int \frac{\mathrm{d}x}{\sqrt{x^2 + a^2}} = \ln(\sqrt{x^2 + a^2} + x) + C$;

(21) $\displaystyle\int \frac{\mathrm{d}x}{\sqrt{x^2 - a^2}} = \ln|x + \sqrt{x^2 - a^2}| + C$.

总之,无论利用第一类,还是第二类换元积分法,选择适当的变量代换是关键,除了熟悉一些典型类型外,还需多做练习,从中总结经验,摸索规律,提高演算技能.

§5.3 分部积分法

对应于两个函数乘积的微分法,可以推出另一种基本积分法——分部积分法.

设函数 $u = u(x)$ 及 $v = v(x)$ 具有连续导数,则

$$(uv)' = u'v + uv',$$

移项,得

$$uv' = (uv)' - u'v,$$

等式两边求不定积分,得

$$\int uv' \mathrm{d}x = uv - \int u'v \mathrm{d}x.$$

通常写成

$$\int u \mathrm{d}v = uv - \int v \mathrm{d}u,$$

该式称为**分部积分公式**.若求积分 $\int u \mathrm{d}v$ 有困难,而求积分 $\int v \mathrm{d}u$ 比较容易时,就可以使用这个公式.

例 1 求 $\int x\cos x \mathrm{d}x$.

解 设 $u = x, \mathrm{d}v = \cos x \mathrm{d}x$,则

$$\int x\cos x \mathrm{d}x = \int x \mathrm{d}\sin x = x\sin x - \int \sin x \mathrm{d}x = x\sin x + \cos x + C.$$

但是,如果设 $u = \cos x, \mathrm{d}v = x \mathrm{d}x$,则

$$\int x\cos x \mathrm{d}x = \int \cos x \mathrm{d}\frac{x^2}{2} = \frac{x^2}{2}\cos x - \int \frac{x^2}{2}\mathrm{d}\cos x = \frac{x^2}{2}\cos x + \frac{1}{2}\int x^2 \sin x \mathrm{d}x.$$

我们发现,右端的积分比原积分更难求出,因此这种设法不好.

由此可见,正确地选取 u 和 $\mathrm{d}v$ 是应用分部积分的关键.选取 u 和 $\mathrm{d}v$ 必须考虑两个因素:一是 v 容易求,二是积分 $\int v \mathrm{d}u$ 比积分 $\int u \mathrm{d}v$ 更容易求.

例 2 求 $\int x\mathrm{e}^x \mathrm{d}x$.

解 设 $u = x, \mathrm{d}v = \mathrm{e}^x \mathrm{d}x$,则 $\int x\mathrm{e}^x \mathrm{d}x = \int x \mathrm{d}\mathrm{e}^x = x\mathrm{e}^x - \int \mathrm{e}^x \mathrm{d}x = x\mathrm{e}^x - \mathrm{e}^x + C.$

由例 1、例 2 可以看出,如果被积函数是幂函数和三角函数或指数函数的乘积时,应设 u 为幂函数.

例 3 求 $\int x^3 \ln x \mathrm{d}x$.

解 设 $u = \ln x, \mathrm{d}v = x^3 \mathrm{d}x$,则

$$\int x^3 \ln x \mathrm{d}x = \int \ln x \mathrm{d}\frac{x^4}{4} = \frac{x^4}{4}\ln x - \frac{1}{4}\int x^4 \mathrm{d}\ln x = \frac{x^4}{4}\ln x - \frac{1}{4}\int x^3 \mathrm{d}x$$

$$= \frac{x^4}{4}\ln x - \frac{1}{16}x^4 + C.$$

例 4 求 $\int x\arctan x \mathrm{d}x$.

解 设 $u = \arctan x, \mathrm{d}v = x \mathrm{d}x$,则

$$\int x\arctan x \mathrm{d}x = \int \arctan x \mathrm{d}\frac{x^2}{2} = \frac{x^2}{2}\arctan x - \int \frac{x^2}{2}\mathrm{d}\arctan x = \frac{x^2}{2}\arctan x - \frac{1}{2}\int \frac{x^2}{1+x^2}\mathrm{d}x$$

$$= \frac{x^2}{2}\arctan x - \frac{1}{2}\int \frac{x^2 + 1 - 1}{1 + x^2}\mathrm{d}x = \frac{x^2}{2}\arctan x - \frac{1}{2}\int \left(1 - \frac{1}{1+x^2}\right)\mathrm{d}x$$

$$= \frac{x^2}{2}\arctan x - \frac{x}{2} + \frac{1}{2}\arctan x + C.$$

由例 3、例 4 可以看出,如果被积函数是幂函数和对数函数或反三角函数的乘积时,应设 u

为对数函数或反三角函数.

有些不定积分,需要几次分部积分,才能得出结果.

例 5　求 $\int \left(\dfrac{\ln x}{x} \right)^2 \mathrm{d}x$.

解　$\displaystyle\int \left(\dfrac{\ln x}{x} \right)^2 \mathrm{d}x = \int \ln^2 x \cdot \dfrac{1}{x^2}\mathrm{d}x = -\int \ln^2 x \mathrm{d}\dfrac{1}{x} = -\dfrac{\ln^2 x}{x} + \int \dfrac{1}{x}\mathrm{d}\ln^2 x$

$\qquad = -\dfrac{\ln^2 x}{x} + 2\int \dfrac{\ln x}{x^2}\mathrm{d}x = -\dfrac{\ln^2 x}{x} - 2\int \ln x \mathrm{d}\dfrac{1}{x}$

$\qquad = -\dfrac{\ln^2 x}{x} - \dfrac{2\ln x}{x} + 2\int \dfrac{1}{x}\mathrm{d}\ln x = -\dfrac{\ln^2 x}{x} - \dfrac{2\ln x}{x} + 2\int \dfrac{1}{x^2}\mathrm{d}x$

$\qquad = -\dfrac{\ln^2 x}{x} - \dfrac{2\ln x}{x} - \dfrac{2}{x} + C.$

有些不定积分,经过分部积分后,虽未直接求出,但是可以从等式中像解方程那样,解出所求的积分.

例 6　求 $\int \mathrm{e}^x \sin x\mathrm{d}x$.

解　$\displaystyle\int \mathrm{e}^x \sin x\mathrm{d}x = \int \sin x\mathrm{d}\mathrm{e}^x = \mathrm{e}^x \sin x - \int \mathrm{e}^x \cos x\mathrm{d}x = \mathrm{e}^x \sin x - \int \cos x\mathrm{d}\mathrm{e}^x$

$\qquad = \mathrm{e}^x \sin x - \left[\mathrm{e}^x \cos x - \int \mathrm{e}^x \mathrm{d}\cos x \right] = \mathrm{e}^x \sin x - \mathrm{e}^x \cos x - \int \mathrm{e}^x \sin x\mathrm{d}x$

移项,得

$$\int \mathrm{e}^x \sin x\mathrm{d}x = \dfrac{1}{2}\mathrm{e}^x (\sin x - \cos x) + C.$$

由于移项后,上式右端不再含有未求出的不定积分,因此结果必须加上任意常数 C.

例 7　求 $\int \sec^3 x\mathrm{d}x$.

解　$\displaystyle\int \sec^3 x\mathrm{d}x = \int \sec x \sec^2 x\mathrm{d}x = \int \sec x\mathrm{d}\tan x = \sec x\tan x - \int \sec x\tan^2 x\mathrm{d}x$

$\qquad = \sec x\tan x - \int \sec x(\sec^2 x - 1)\mathrm{d}x$

$\qquad = \sec x\tan x - \int \sec^3 x\mathrm{d}x + \ln |\sec x + \tan x|$

移项,得

$$\int \sec^3 x\mathrm{d}x = \dfrac{1}{2}(\sec x\tan x + \ln |\sec x + \tan x|) + C.$$

利用分部积分公式可以通过解方程求不定积分,这是分部积分公式的一个特点.分部积分公式的另一个特点是它可以导出一些有用的递推公式.

例 8　求 $I_n = \displaystyle\int \dfrac{\mathrm{d}x}{(x^2 + a^2)^n}$ $(a > 0, n$ 为正整数$)$.

解　设 $u = \dfrac{1}{(x^2 + a^2)^n}, \mathrm{d}v = \mathrm{d}x$,则

$$I_n = \dfrac{x}{(x^2 + a^2)^n} - \int x\mathrm{d}\dfrac{1}{(x^2 + a^2)^n} = \dfrac{x}{(x^2 + a^2)^n} + 2n\int \dfrac{x^2}{(x^2 + a^2)^{n+1}}\mathrm{d}x$$

$$= \frac{x}{(x^2+a^2)^n} + 2n\int \frac{(x^2+a^2)-a^2}{(x^2+a^2)^{n+1}}\mathrm{d}x = \frac{x}{(x^2+a^2)^n} + 2nI_n - 2na^2I_{n+1},$$

即 $I_{n+1} = \dfrac{1}{2na^2}\left[\dfrac{x}{(x^2+a^2)^n} + (2n-1)I_n\right].$

将上式中的 n 换成 $n-1$，得到递推公式：

$$I_n = \frac{1}{2(n-1)a^2}\left[\frac{x}{(x^2+a^2)^{n-1}} + (2n-3)I_{n-1}\right], n \geqslant 2.$$

再由 $I_1 = \dfrac{1}{a}\arctan\dfrac{x}{a} + C$ 可得 I_n.

有些不定积分，需要将换元法和分部积分法结合使用，才能得到结果.

例 9 求 $\int \arctan x\mathrm{d}x$.

解 设 $u = \arctan x, \mathrm{d}v = \mathrm{d}x$，则

$$\int \arctan x\mathrm{d}x = x\arctan x - \int x\mathrm{d}\arctan x = x\arctan x - \int \frac{x}{1+x^2}\mathrm{d}x$$

$$= x\arctan x - \frac{1}{2}\int \frac{1}{1+x^2}\mathrm{d}(1+x^2) = x\arctan x - \frac{1}{2}\ln(1+x^2) + C.$$

例 10 求 $\int x\sec^4 x\tan x\mathrm{d}x$.

解 $\int x\sec^4 x\tan x\mathrm{d}x = \int x\sec^3 x\sec x\tan x\mathrm{d}x = \int x\sec^3 x\mathrm{d}\sec x$

$$= \frac{1}{4}\int x\mathrm{d}\sec^4 x = \frac{x\sec^4 x}{4} - \frac{1}{4}\int \sec^4 x\mathrm{d}x,$$

而 $\int \sec^4 x\mathrm{d}x = \tan x + \dfrac{1}{3}\tan^3 x + C$（§ 5.2 例 15），因此

$$\int x\sec^4 x\tan x\mathrm{d}x = \frac{x\sec^4 x}{4} - \frac{1}{4}\tan x - \frac{1}{12}\tan^3 x + C.$$

§5.4 几种特殊类型函数的积分

前面介绍了求不定积分的基本方法——换元积分法和分部积分法，下面举出几种特殊类型函数的积分例子.

5.4.1 有理函数的不定积分

1. 有理函数的分解

有理函数是指由两个多项式的商所表示的函数，即

$$\frac{P(x)}{Q(x)} = \frac{a_0 x^m + a_1 x^{m-1} + \cdots + a_m}{b_0 x^n + b_1 x^{n-1} + \cdots + b_n},$$

其中 m, n 为非负整数，$a_0, a_1, \cdots, a_m$ 与 $b_0, b_1, \cdots, b_n$ 都是常数，且 $a_0 \cdot b_0 \neq 0$.

假定多项式 $P(x)$ 与 $Q(x)$ 之间没有公因式. 若 $m < n$，称该式为**真分式**. 否则，称为**假分式**. 利用多项式的除法，可以把一个假分式化为一个多项式与一个真分式的和. 多项式的积分已经会求，因此，只需讨论真分式的积分.

定理 若真分式 $\dfrac{P(x)}{Q(x)}$ 的分母可以分解为

$$Q(x) = b_0(x-a)^\alpha \cdots (x-b)^\beta (x^2+px+q)^\mu \cdots (x^2+rx+s)^\lambda,$$

其中 $a,\cdots,b,p,q,\cdots,r,s$ 为实数，$p^2-4q<0,\cdots,r^2-4s<0,\alpha,\cdots,\beta,\mu,\cdots,\lambda$ 为正整数，则

$$\frac{P(x)}{Q(x)} = \frac{A_1}{x-a} + \frac{A_2}{(x-a)^2} + \cdots + \frac{A_\alpha}{(x-a)^\alpha} + \cdots\cdots + \frac{B_1}{x-b} + \frac{B_2}{(x-b)^2} + \cdots + \frac{B_\beta}{(x-b)^\beta} +$$

$$\frac{M_1 x+N_1}{x^2+px+q} + \frac{M_2 x+N_2}{(x^2+px+q)^2} + \cdots + \frac{M_\mu x+N_\mu}{(x^2+px+q)^\mu} + \cdots\cdots +$$

$$\frac{K_1 x+L_1}{x^2+rx+s} + \frac{K_2 x+L_2}{(x^2+rx+s)^2} + \cdots + \frac{K_\lambda x+L_\lambda}{(x^2+rx+s)^\lambda},$$

其中 $A_1,\cdots,A_\alpha,B_1,\cdots,B_\beta,M_1,\cdots,M_\mu,N_1,\cdots,N_\mu,K_1,\cdots,K_\lambda,L_1,\cdots,l_\lambda$ 都是常数.

定理中在等式右端那些简单分式称为 $\dfrac{P(x)}{Q(x)}$ 的**部分分式**.

这个定理告诉我们：

(1) 分母 $Q(x)$ 中如果有因式 $(x-a)^\alpha$，则分解后有下列 α 个部分分式之和

$$\frac{A_1}{x-a} + \frac{A_2}{(x-a)^2} + \cdots + \frac{A_\alpha}{(x-a)^\alpha},$$

其中 $A_1,A_2,\cdots,A_\alpha$ 为待定常数.

(2) 分母 $Q(x)$ 中如果有因式 $(x^2+px+q)^\mu$，其中 $p^2-4q<0$，则分解后有下列 μ 个部分分式之和

$$\frac{M_1 x+N_1}{x^2+px+q} + \frac{M_2 x+N_2}{(x^2+px+q)^2} + \cdots + \frac{M_\mu x+N_\mu}{(x^2+px+q)^\mu},$$

其中 $M_1,M_2,\cdots,M_\mu,N_1,N_2,\cdots,N_\mu$ 为待定常数.

将真分式分解为部分分式，在分母的多项式分解为因式乘积后，主要是做两件事：一是正确写出全部的部分分式的形式；二是确定每个部分分式中的常数. 确定这些常数可用比较系数法或赋值法，下面通过例题予以说明.

例 1 将真分式 $\dfrac{1}{x(x-1)^2}$ 分解为部分分式.

解 令 $\dfrac{1}{x(x-1)^2} = \dfrac{A}{x} + \dfrac{B}{x-1} + \dfrac{C}{(x-1)^2}$，下面确定常数 A、B、C 的值.

方法 1（比较系数法） 右端通分，得

$$1 = A(x-1)^2 + Bx(x-1) + Cx = (A+B)x^2 + (-2A-B+C)x + A. \qquad (*)$$

根据恒等式两端同类项的系数相等，有

$$\begin{cases} A+B=0 \\ -2A-B+C=0, \\ A=1 \end{cases}$$

从而解出 $A=1,B=-1,C=1$.

方法 2（赋值法） 在恒等式 $(*)$ 中代入一些容易求出结果的特殊值：令 $x=1$，得 $C=1$；令 $x=0$，得 $A=1$. 再比较 x^2 项，得 $B=-1$.

因此

$$\frac{1}{x(x-1)^2} = \frac{1}{x} - \frac{1}{x-1} + \frac{1}{(x-1)^2}.$$

2. 简单有理真分式的积分

例 2 求 $\int \dfrac{x+5}{x^2-2x-3}\mathrm{d}x$.

解 设 $\dfrac{x+5}{x^2-2x-3}=\dfrac{x+5}{(x+1)(x-3)}=\dfrac{A}{x+1}+\dfrac{B}{x-3}$，解得 $A=-1,B=2$. 于是

$$\int \dfrac{x+5}{x^2-2x-3}\mathrm{d}x=-\int\dfrac{\mathrm{d}(x+1)}{x+1}+2\int\dfrac{\mathrm{d}(x-3)}{x-3}=-\ln|x+1|+2\ln|x-3|+C.$$

例 3 求 $\int \dfrac{x^2-x+1}{x^2+x+1}\mathrm{d}x$.

解
$$\int \dfrac{x^2-x+1}{x^2+x+1}\mathrm{d}x=\int\dfrac{(x^2+x+1)-2x}{x^2+x+1}\mathrm{d}x=\int\mathrm{d}x-\int\dfrac{2x}{x^2+x+1}\mathrm{d}x$$

$$=x-\int\dfrac{(2x+1)-1}{x^2+x+1}\mathrm{d}x$$

$$=x-\int\dfrac{\mathrm{d}(x^2+x+1)}{x^2+x+1}+\int\dfrac{\mathrm{d}\left(x+\dfrac{1}{2}\right)}{\left(x+\dfrac{1}{2}\right)^2+\dfrac{3}{4}}$$

$$=x-\ln(x^2+x+1)+\dfrac{2\sqrt{3}}{3}\arctan\left[\dfrac{2\sqrt{3}}{3}\left(x+\dfrac{1}{2}\right)\right]+C.$$

例 4 求 $\int \dfrac{x-1}{x(x^2+1)}\mathrm{d}x$.

解 设 $\dfrac{x-1}{x(x^2+1)}=\dfrac{A}{x}+\dfrac{Bx+C}{x^2+1}$，解得 $A=-1,B=1,C=1$. 于是

$$\int \dfrac{x-1}{x(x^2+1)}\mathrm{d}x=-\int\dfrac{\mathrm{d}x}{x}+\dfrac{1}{2}\int\dfrac{\mathrm{d}(x^2+1)}{x^2+1}+\int\dfrac{\mathrm{d}x}{x^2+1}$$

$$=-\ln|x|+\dfrac{1}{2}\ln(x^2+1)+\arctan x+C.$$

例 5 求 $\int \dfrac{x-1}{x(x+1)^2}\mathrm{d}x$.

解 设 $\dfrac{x-1}{x(x+1)^2}=\dfrac{A}{x}+\dfrac{B}{x+1}+\dfrac{C}{(x+1)^2}$，解得 $A=-1,B=1,C=2$. 于是

$$\int \dfrac{x-1}{x(x+1)^2}\mathrm{d}x=-\int\dfrac{\mathrm{d}x}{x}+\int\dfrac{\mathrm{d}(x+1)}{x+1}+2\int\dfrac{\mathrm{d}(x+1)}{(x+1)^2}$$

$$=-\ln|x|+\ln|x+1|-\dfrac{2}{x+1}+C.$$

当然，并不是所有的有理函数的积分都需要分解为部分分式再计算，对具体的题目，可以有更简便的方法.

例 6 求 $\int \dfrac{x^5}{x^3+1}\mathrm{d}x$.

解法 1 分解为部分分式：$\dfrac{x^5}{x^3+1}=x^2-\dfrac{x^2}{x^3+1}=x^2-\dfrac{1}{3(x+1)}+\dfrac{-2x+1}{3(x^2-x+1)}$，则

$$\int \dfrac{x^5}{x^3+1}\mathrm{d}x=\int x^2\mathrm{d}x-\dfrac{1}{3}\int\dfrac{\mathrm{d}(x+1)}{x+1}-\dfrac{1}{3}\int\dfrac{\mathrm{d}(x^2-x+1)}{x^2-x+1}$$

$$= \frac{1}{3}x^3 - \frac{1}{3}\ln|x+1| - \frac{1}{3}\ln|x^2-x+1| + C$$

$$= \frac{1}{3}x^3 - \frac{1}{3}\ln|x^3+1| + C.$$

解法 2　$\displaystyle\int \frac{x^5}{x^3+1}\mathrm{d}x = \frac{1}{3}\int \frac{x^3}{x^3+1}\mathrm{d}(x^3) = \frac{1}{3}\int \frac{(x^3+1)-1}{x^3+1}\mathrm{d}(x^3)$

$$= \frac{1}{3}\int \mathrm{d}(x^3) - \frac{1}{3}\int \frac{\mathrm{d}(x^3+1)}{x^3+1} = \frac{1}{3}x^3 - \frac{1}{3}\ln|x^3+1| + C.$$

5.4.2　三角函数有理式的积分

三角函数有理式是指由三角函数及常数经过有限次的四则运算所得到的式子.

对于三角函数有理式的积分,一般通过代换 $t = \tan\dfrac{x}{2}$(万能变换)可化为有理函数的积分,因为此时

$$x = 2\arctan t, \quad \mathrm{d}x = \frac{2}{1+t^2}\mathrm{d}t,$$

$$\sin x = \frac{2t}{1+t^2}, \quad \cos x = \frac{1-t^2}{1+t^2}.$$

例 7　求 $\displaystyle\int \frac{\tan x}{1+\cos x}\mathrm{d}x$.

解　设 $t = \tan\dfrac{x}{2}$,则 $x = 2\arctan t, \mathrm{d}x = \dfrac{2}{1+t^2}\mathrm{d}t, \cos x = \dfrac{1-t^2}{1+t^2}, \tan x = \dfrac{2t}{1-t^2}$.

$$\int \frac{\tan x}{1+\cos x}\mathrm{d}x = \int \frac{\dfrac{2t}{1-t^2}}{1+\dfrac{1-t^2}{1+t^2}} \cdot \frac{2}{1+t^2}\mathrm{d}t = \int \frac{2t}{1-t^2}\mathrm{d}t = -\int \frac{\mathrm{d}(1-t^2)}{1-t^2}$$

$$= -\ln|1-t^2| + C = -\ln\left|1-\tan^2\frac{x}{2}\right| + C.$$

例 8　求 $\displaystyle\int \frac{1}{5+4\cos x}\mathrm{d}x$.

解　设 $t = \tan\dfrac{x}{2}$,则 $x = 2\arctan t, \mathrm{d}x = \dfrac{2}{1+t^2}\mathrm{d}t, \cos x = \dfrac{1-t^2}{1+t^2}$.

$$\int \frac{1}{5+4\cos x}\mathrm{d}x = \int \frac{1}{5+4\dfrac{1-t^2}{1+t^2}} \cdot \frac{2}{1+t^2}\mathrm{d}t = 2\int \frac{\mathrm{d}t}{9+t^2}$$

$$= \frac{2}{3}\arctan\frac{t}{3} + C = \frac{2}{3}\arctan\left(\frac{1}{3}\tan\frac{x}{2}\right) + C.$$

代换 $t = \tan\dfrac{x}{2}$ 对三角有理式的不定积分总是有效的,但并不一定是最好的代换. 如例 7 也可采用以下方法求出结果.

$$\int \frac{\tan x}{1+\cos x}\mathrm{d}x = \int \frac{\sin x}{\cos x(1+\cos x)}\mathrm{d}x = \int \frac{-\mathrm{d}\cos x}{\cos x(1+\cos x)}$$

$$= \int \frac{\cos x - (1+\cos x)}{\cos x(1+\cos x)}\mathrm{d}\cos x = \int \frac{\mathrm{d}(1+\cos x)}{1+\cos x} - \int \frac{\mathrm{d}\cos x}{\cos x}$$

$$=\ln|1+\cos x|-\ln|\cos x|+C=\ln|1+\sec x|+C.$$

5.4.3 简单根式的积分

解决这类问题的基本思路是,利用变量代换去掉根式,使其化为有理函数的积分.

例 9 求 $\displaystyle\int\frac{\sqrt{x-1}}{x}\mathrm{d}x$.

解 为了去掉根号,设 $t=\sqrt{x-1}$,则 $x=t^2+1$, $\mathrm{d}x=2t\mathrm{d}t$. 因此,有

$$\int\frac{\sqrt{x-1}}{x}\mathrm{d}x=\int\frac{t}{t^2+1}\cdot 2t\mathrm{d}t=2\int\frac{t^2}{t^2+1}\mathrm{d}t=2\int\left(1-\frac{1}{t^2+1}\right)\mathrm{d}t$$

$$=2(t-\arctan t)+C=2(\sqrt{x-1}-\arctan\sqrt{x-1})+C.$$

例 10 求 $\displaystyle\int\frac{\mathrm{d}x}{\sqrt{x}(1+\sqrt[3]{x})}$.

解 为了同时消去根式 $\sqrt{x}$ 、$\sqrt[3]{x}$,设 $t=\sqrt[6]{x}$,则 $x=t^6$, $\mathrm{d}x=6t^5\mathrm{d}t$.

$$\int\frac{\mathrm{d}x}{\sqrt{x}(1+\sqrt[3]{x})}=\int\frac{6t^5\mathrm{d}t}{t^3(1+t^2)}=6\int\frac{t^2\mathrm{d}t}{1+t^2}=6\int\frac{1+t^2-1}{1+t^2}\mathrm{d}t$$

$$=6\int\left(1-\frac{1}{1+t^2}\right)\mathrm{d}t=6\int\mathrm{d}t-6\int\frac{1}{1+t^2}\mathrm{d}t$$

$$=6t-6\arctan t+C=6\cdot\sqrt[6]{x}-6\arctan(\sqrt[6]{x})+C.$$

在这一节中,我们主要学习了某些特殊类型的有理函数的积分,以及通过换元法转化为有理函数的三角有理式、根式的积分. 至此,我们已经学过了求不定积分的两种基本方法,以及某些特殊类型不定积分的求法. 我们应该通过多做练习,观察、分析、总结各种解题的方法和技巧,掌握不同类型问题的特点以及彼此之间的联系,达到融会贯通的目的.

需要指出的是,通常所说的"求出不定积分",是指用初等函数的形式将这个不定积分表示出来. 在这个意义下,并不是任何初等函数的不定积分都能"求出",例如, $\displaystyle\int\mathrm{e}^{x^2}\mathrm{d}x$, $\displaystyle\int\frac{\sin x}{x}\mathrm{d}x$, $\displaystyle\int\frac{\mathrm{d}x}{\ln x}$ 等等,虽然这些函数的积分都是存在的,但是却无法用初等函数的形式来表示,因此可以说,初等函数的原函数不一定是初等函数.

第 5 章 考核要求

◇理解原函数和不定积分的概念;了解函数可积的充分条件;掌握不定积分的性质;掌握基本积分公式.

◇掌握不定积分的直接积分法、第一类换元法、第二类换元法(包括三角代换与简单的根式代换).

◇掌握分部积分法.

◇掌握简单有理函数的不定积分.

习　题　5

A　组

1. 求下列不定积分.

(1) $\displaystyle\int \frac{(x-1)^3}{x^2}\mathrm{d}x$;

(2) $\displaystyle\int \sqrt{x\sqrt{x\sqrt{x}}}\,\mathrm{d}x$;

(3) $\displaystyle\int \frac{\mathrm{e}^{2x}-1}{\mathrm{e}^x-1}\mathrm{d}x$;

(4) $\displaystyle\int (\mathrm{e}^x+3^x)(1+2^x)\mathrm{d}x$;

(5) $\displaystyle\int \frac{2^{x+1}-5^{x-1}}{10^x}\mathrm{d}x$;

(6) $\displaystyle\int (10^x-10^{-x})^2\mathrm{d}x$;

(7) $\displaystyle\int \cot^2 x\mathrm{d}x$;

(8) $\displaystyle\int \frac{x^3-27}{x-3}\mathrm{d}x$;

(9) $\displaystyle\int \frac{\mathrm{d}x}{x^2(x^2+1)}$;

(10) $\displaystyle\int \frac{x^2-1}{x^2+x}\mathrm{d}x$;

(11) $\displaystyle\int \cos^2 \frac{x}{2}\mathrm{d}x$;

(12) $\displaystyle\int \frac{\mathrm{d}x}{1-\cos 2x}$;

(13) $\displaystyle\int \frac{2-\sin^2 x}{\cos^2 x}\mathrm{d}x$;

(14) $\displaystyle\int \frac{1+\cos^2 x}{1+\cos 2x}\mathrm{d}x$;

(15) $\displaystyle\int \frac{\cos 2x}{\cos x-\sin x}\mathrm{d}x$;

(16) $\displaystyle\int \frac{\cos 2x}{\sin^2 x\cos^2 x}\mathrm{d}x$;

(17) $\displaystyle\int \frac{1+\sin 2x}{\sin x+\cos x}\mathrm{d}x$;

(18) $\displaystyle\int \left(\sqrt{\frac{1+x}{1-x}}+\sqrt{\frac{1-x}{1+x}}\right)\mathrm{d}x$.

2. 设 $\displaystyle\int xf(x)\mathrm{d}x=\arccos x+C$,求 $f(x)$.

3. 设 $f'(x)=\sin x$,求 $\displaystyle\int f(x)\mathrm{d}x$.

4. 一曲线通过点 $(0,2)$,且其在任一点 (x,y) 处的切线斜率为 $x+\mathrm{e}^x$,求该曲线的方程.

5. 一物体作直线运动,已知其加速度 $\dfrac{\mathrm{d}^2 s}{\mathrm{d}t^2}=3t^2-\sin t$,且初速度 $v_0=3$,初始位移 $s_0=2$,求速度 $v(t)$ 及位移 $s(t)$.

6. 用第一类换元法计算下列不定积分.

(1) $\displaystyle\int \mathrm{e}^{3x}\mathrm{d}x$;

(2) $\displaystyle\int \sqrt{1-2x}\,\mathrm{d}x$;

(3) $\displaystyle\int x(1+x^2)^5\mathrm{d}x$;

(4) $\displaystyle\int x\cos(2x^2-1)\mathrm{d}x$;

(5) $\displaystyle\int \frac{1}{\sqrt{x(1-x)}}\mathrm{d}x$;

(6) $\displaystyle\int \frac{\mathrm{d}x}{x\ln x}$;

(7) $\displaystyle\int \frac{2x+3}{1+x^2}\mathrm{d}x$;

(8) $\displaystyle\int \frac{2-x}{\sqrt{1-x^2}}\mathrm{d}x$;

(9) $\displaystyle\int \sin^3 x\cos x\mathrm{d}x$;

(10) $\displaystyle\int \cos^2 2x\mathrm{d}x$;

(11) $\displaystyle\int \sec^3 x \tan x \mathrm{d}x$ ；

(12) $\displaystyle\int \sec^4 x \tan^2 x \mathrm{d}x$ ；

(13) $\displaystyle\int \frac{x^3 - x}{1 + x^4} \mathrm{d}x$ ；

(14) $\displaystyle\int \frac{\mathrm{e}^{2x}}{1 + \mathrm{e}^{2x}} \mathrm{d}x$ ；

(15) $\displaystyle\int \frac{\mathrm{d}x}{x^2 + 2x + 3}$ ；

(16) $\displaystyle\int \frac{\mathrm{d}x}{\sqrt{3 - 2x - x^2}}$ ；

(17) $\displaystyle\int \frac{\sin x + \cos x}{(\sin x - \cos x)^3} \mathrm{d}x$ ；

(18) $\displaystyle\int \frac{\sin x \cos x}{\sqrt{1 - \sin^4 x}} \mathrm{d}x$ ；

(19) $\displaystyle\int \frac{1}{\cos^2 x \cdot \sqrt{\tan x - 1}} \mathrm{d}x$ ；

(20) $\displaystyle\int \frac{\sin x}{\cos^3 x} \mathrm{d}x$.

7. 用第二类换元法计算下列不定积分.

(1) $\displaystyle\int \frac{\mathrm{d}x}{1 + \sqrt{1 - x^2}}$ ；

(2) $\displaystyle\int \frac{\mathrm{d}x}{x^2 (1 - x^2)^{\frac{3}{2}}}$ ；

(3) $\displaystyle\int \frac{\mathrm{d}x}{\sqrt{(x^2 + 1)^3}}$ ；

(4) $\displaystyle\int \frac{\mathrm{d}x}{\sqrt{9x^2 + 25}}$ ；

(5) $\displaystyle\int \frac{\sqrt{x^2 - 9}}{x} \mathrm{d}x$ ；

(6) $\displaystyle\int \frac{\sqrt{x^2 - 1}}{x^3} \mathrm{d}x$ ；

(7) $\displaystyle\int \frac{\mathrm{d}x}{x(x^6 + 4)}$ ；

(8) $\displaystyle\int \frac{x}{\sqrt{5 - 4x}} \mathrm{d}x$.

8. 用分部积分法计算下列不定积分.

(1) $\displaystyle\int x \sin x \mathrm{d}x$ ；

(2) $\displaystyle\int x \cdot 3^x \mathrm{d}x$ ；

(3) $\displaystyle\int x \sec^2 x \mathrm{d}x$ ；

(4) $\displaystyle\int \frac{\arctan x}{x^2} \mathrm{d}x$ ；

(5) $\displaystyle\int \ln(x^2 + 1) \mathrm{d}x$ ；

(6) $\displaystyle\int \arcsin x \mathrm{d}x$ ；

(7) $\displaystyle\int \ln^2 x \mathrm{d}x$ ；

(8) $\displaystyle\int x^2 \mathrm{e}^{-x} \mathrm{d}x$ ；

(9) $\displaystyle\int \frac{x \sin x}{\cos^3 x} \mathrm{d}x$ ；

(10) $\displaystyle\int \cos(\ln x) \mathrm{d}x$.

9. 设 $I_n = \displaystyle\int \tan^n x \mathrm{d}x$ ，证明 $I_n = \dfrac{1}{n - 1} \tan^{n-1} x - I_{n-2}$ ，并求 $\displaystyle\int \tan^5 x \mathrm{d}x$.

10. 求下列不定积分.

(1) $\displaystyle\int \frac{2x - 1}{x^2 - 5x + 6} \mathrm{d}x$ ；

(2) $\displaystyle\int \frac{x^2 + 1}{x (x - 1)^2} \mathrm{d}x$ ；

(3) $\displaystyle\int \frac{x - 2}{x^2 + 2x + 3} \mathrm{d}x$ ；

(4) $\displaystyle\int \frac{4}{x^3 - x^2 + x - 1} \mathrm{d}x$ ；

(5) $\displaystyle\int \frac{x^3 + 1}{x^3 - 5x^2 + 6x} \mathrm{d}x$ ；

(6) $\displaystyle\int \frac{x^4}{(x - 1)^3} \mathrm{d}x$ ；

(7) $\displaystyle\int \frac{\mathrm{d}x}{2 + \sin x}$ ；

(8) $\displaystyle\int \frac{\cot x}{1 + \sin x} \mathrm{d}x$ ；

(9) $\displaystyle\int \frac{\mathrm{d}x}{1 + \sin x + \cos x}$ ；

(10) $\displaystyle\int \frac{1 + \sin x}{\sin x (1 + \cos x)} \mathrm{d}x$ ；

(11) $\displaystyle\int \frac{\mathrm{d}x}{1 + \sqrt{x + 1}}$ ；

(12) $\displaystyle\int \frac{1}{x(1 + \sqrt{x})} \mathrm{d}x$ ；

(13) $\int \dfrac{\mathrm{d}x}{1+\sqrt[3]{x+2}}$;

(14) $\int \dfrac{\mathrm{d}x}{\sqrt{x}+\sqrt[4]{x}}$.

B 组

1. 求下列不定积分.

(1) $\int \dfrac{\mathrm{e}^{\frac{x}{2}}}{\sqrt{16-\mathrm{e}^x}}\mathrm{d}x$;

(2) $\int \dfrac{1}{\cos^2 x \cdot \sqrt{1-\tan^2 x}}\mathrm{d}x$;

(3) $\int \sin\left(x+\dfrac{3\pi}{4}\right)\sin\left(3x+\dfrac{\pi}{4}\right)\mathrm{d}x$;

(4) $\int \dfrac{\mathrm{d}x}{x\ln x\ln\ln x}$;

(5) $\int \dfrac{\sin x-\cos x}{1+\sin 2x}\mathrm{d}x$;

(6) $\int \dfrac{\arctan \dfrac{1}{x}}{1+x^2}\mathrm{d}x$;

(7) $\int \dfrac{\mathrm{d}x}{\sin^4 x}$;

(8) $\int \dfrac{\mathrm{d}x}{\sin x\cos^3 x}$;

(9) $\int \dfrac{\cos x}{1+\cos^2 x}\mathrm{d}x$;

(10) $\int \dfrac{\sin x}{\sqrt{1+\sin^2 x}}\mathrm{d}x$;

(11) $\int \tan^3 x\mathrm{d}x$;

(12) $\int \tan^4 x\mathrm{d}x$;

(13) $\int \dfrac{\mathrm{d}x}{\mathrm{e}^x+\mathrm{e}^{-x}}$;

(14) $\int \dfrac{2^x 3^x}{9^x-4^x}\mathrm{d}x$;

(15) $\int \dfrac{x^3}{(1+x^2)^5}\mathrm{d}x$;

(16) $\int \dfrac{\mathrm{d}x}{x(x^3+8)}$;

(17) $\int \dfrac{1}{x}\sqrt{\dfrac{1+x}{x}}\mathrm{d}x$;

(18) $\int \ln(x+\sqrt{x^2+1})\mathrm{d}x$;

(19) $\int \sin x\ln\tan x\mathrm{d}x$;

(20) $\int \dfrac{x\mathrm{e}^x}{(x+1)^2}\mathrm{d}x$.

2. 设 $F(x)=\int \dfrac{\sin x}{a\sin x+b\cos x}\mathrm{d}x, G(x)=\int \dfrac{\cos x}{a\sin x+b\cos x}\mathrm{d}x$,求 $aF(x)+bG(x), aG(x)-bF(x), F(x), G(x)$.

3. 设 $F(x)=\int \dfrac{\sin x\cos x}{\sin x+\cos x}\mathrm{d}x, G(x)=\int \dfrac{\mathrm{d}x}{\sin x+\cos x}$,求 $G(x), G(x)+2F(x), F(x)$.

4. 设 $F(x)=\int \dfrac{\sin^2 x}{\sin x+\cos x}\mathrm{d}x, G(x)=\int \dfrac{\cos^2 x}{\sin x+\cos x}\mathrm{d}x$,求 $F(x)+G(x), G(x)-F(x), F(x), G(x)$.

5. 求下列积分的递推公式.

(1) $I_n=\int x^{\alpha}(\ln x)^n\mathrm{d}x\ (\alpha\neq-1)$;

(2) $I_n=\int (\arcsin x)^n\mathrm{d}x$.

阅读材料 5

莱 布 尼 茨

莱布尼茨(1646～1716)是德国历史上著名的自然科学家、数学家、物理学家和哲学家,和牛顿同为微积分的创建人.莱布尼茨幼年丧父,在母亲教育下,他博览群书,涉猎百科.
1661年进入莱比锡大学学习法律,开始接触伽利略、开普勒、笛卡儿、帕斯卡以及巴罗等人
的科学思想.1664年,莱布尼茨完成了论文《论法学之艰难》,获哲学硕士学位.1665年,莱布
尼茨向莱比锡大学提交了博士论文《论身份》,1666年,审查委员会以他太年轻(年仅20岁)
而拒绝授予他法学博士学位.1667年,阿尔特多夫大学授予他法学博士学位,还聘请他为法
学教授.

莱布尼茨1672~1676年留居巴黎.在这期间,他深受惠更斯的启发,决心钻研高等数
学,并研究了笛卡儿、费尔马、帕斯卡等人的著作,在短短的5年间就创立了微积分.1677年
1月,莱布尼茨抵达汉诺威,在布伦兹维克公爵府中任职,此后汉诺威成了他的永久居住地.
在17世纪转变时期,莱布尼茨热心地从事于科学院的筹划、建设事务.1700年,建立了柏林
科学院,他出任首任院长.当时全世界的四大科学院——英国皇家学会、法国科学院、罗马科
学与数学科学院、柏林科学院都以莱布尼茨作为核心成员.据传,他还曾经通过传教士,建议
中国清朝的康熙皇帝(1654—1722年)在北京建立科学院.1716年11月14日,莱布尼茨卒
于汉诺威.

莱布尼茨奋斗的主要目标是寻求一种可以获得知识和创造发明的普遍方法,这种努力
导致许多数学的发现.莱布尼茨的博学多才在科学史上罕有所比,他的研究领域及其成果遍
及数学、物理学、力学、逻辑学、生物学、化学、地理学、解剖学、动物学、植物学、气体学、航海
学、地质学、语言学、法学、哲学、神学、历史和外交等等.

第6章 定积分及其应用

一个国家只有数学蓬勃的发展,才能展现它国力的强大.数学的发展和至善与国家繁荣昌盛密切相关.

——拿破仑

本章将讨论积分学的另一个基本问题——定积分.我们先从几何与物理问题的实例引出定积分概念,然后讨论定积分的性质与计算方法.定积分的应用非常广泛,本章最后主要介绍定积分在几何上的一些应用,并介绍用元素法将具体问题表示成定积分的分析方法.

§6.1 定积分的概念与性质

像导数概念一样,定积分概念也是从许多实际问题中抽象出来的.作为引进定积分概念的实例,我们先讨论下面两个问题——曲边梯形的面积和变速直线运动的路程.

6.1.1 定积分问题举例

1. 曲边梯形的面积

在许多几何问题中,我们常会遇到计算曲边梯形面积的问题.设 $y=f(x)$ 为区间 $[a,b]$ 上的连续函数,且 $f(x)\geqslant 0$.在直角坐标系中,由直线 $x=a,x=b$,x 轴及曲线 $y=f(x)$ 所围成的图形称为**曲边梯形**(见图 6-1).现在我们讨论如何求曲边梯形的面积.

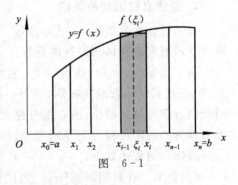

图 6-1

已知矩形面积＝底×高,由于曲边梯形有一条曲边,也就是底边上各点的高 $f(x)$ 在 $[a,b]$ 上是变化的,因此不能按矩形面积公式计算它的面积.该问题用极限的方法能够得到解决.

将区间 $[a,b]$ 分成许多小区间,从而把曲边梯形相应地分成许多个窄曲边梯形.由于 $f(x)$ 连续变化,它在每个小区间上变化很小,因此可以用其中某一点处的高来近似代替同一个小区间上的窄曲边梯形的高.那么,每个窄曲边梯形就可近似地看成窄矩形,按矩形面积公式计算出每个窄矩形的面积就是相应窄曲边梯形面积的近似值,所有这些窄矩形面积的和就是所求曲边梯形面积的近似值.

显然,区间 $[a,b]$ 分得越细,窄曲边梯形的个数越多,所有窄矩形面积的和就越接近于所求曲边梯形的面积.把区间 $[a,b]$ 无限细分下去,使每个小区间的长度都趋于零,这时所有窄矩形面积之和的极限就是所求曲边梯形的面积.

上述过程可归纳叙述如下：

（1）分割 在区间 $[a,b]$ 内任意插入 $n-1$ 个分点

$$a=x_0<x_1<x_2\cdots<x_{n-1}<x_n=b,$$

把 $[a,b]$ 分成 n 个小区间

$$[x_0,x_1],[x_1,x_2],\cdots,[x_{n-1},x_n],$$

它们的长度依次为

$$\Delta x_1=x_1-x_0,\Delta x_2=x_2-x_1,\cdots,\Delta x_n=x_n-x_{n-1}.$$

经过每一个分点做垂直于 x 轴的直线段，把曲边梯形分成 n 个窄曲边梯形，窄曲边梯形的面积记作 $\Delta S_i(i=1,2,\cdots,n)$.

（2）近似 在每个小区间 $[x_{i-1},x_i]$ 上任取一点 ξ_i，以 $[x_{i-1},x_i]$ 为底、$f(\xi_i)$ 为高的窄矩形近似替代第 i 个窄曲边梯形，即

$$\Delta S_i\approx f(\xi_i)\Delta x_i \quad (i=1,2,\cdots,n).$$

（3）求和 把 n 个窄矩形面积之和作为曲边梯形面积 S 的近似值，即

$$S=\Delta S_1+\Delta S_2+\cdots+\Delta S_n$$
$$\approx f(\xi_1)\Delta x_1+f(\xi_2)\Delta x_2+\cdots+f(\xi_n)\Delta x_n=\sum_{i=1}^n f(\xi_i)\Delta x_i.$$

（4）取极限 为保证所有小区间的长度都无限缩小，要求小区间长度中的最大值趋于零. 记 $\lambda=\max\{\Delta x_1,\Delta x_2,\cdots,\Delta x_n\}$，当 $\lambda\to 0$ 时（这时 n 无限增多，即 $n\to\infty$），取上述和式的极限，可得曲边梯形的面积

$$S=\lim_{\lambda\to 0}\sum_{i=1}^n f(\xi_i)\Delta x_i.$$

2. 变速直线运动的路程

设某物体做直线运动，已知速度 $v=v(t)$ 是时间间隔 $[a,b]$ 上的连续函数，且 $v(t)\geqslant 0$，计算在这段时间内物体所经过的路程.

由于速度 $v=v(t)$ 连续变化，它在很短的一段时间里变化很小，因此可以把时间间隔 $[a,b]$ 分成若干小段时间间隔，在每一小段时间内以匀速运动代替变速运动，求出每小段时间内所经过路程的近似值，所有部分路程近似值之和就是整个路程的近似值，最后通过时间间隔无限细分的极限过程得到变速直线运动的路程.

具体归纳叙述如下：

（1）分割 在时间间隔 $[a,b]$ 内任意插入 $n-1$ 个分点

$$a=t_0<t_1<t_2\cdots<t_{n-1}<t_n=b,$$

把 $[a,b]$ 分成 n 个小段

$$[t_0,t_1],[t_1,t_2],\cdots,[t_{n-1},t_n],$$

各小段时间间隔长依次为

$$\Delta t_1=t_1-t_0,\Delta t_2=t_2-t_1,\cdots,\Delta t_n=t_n-t_{n-1}.$$

（2）近似 在每小段时间 $[t_{i-1},t_i]$ 上任取一个时刻 τ_i，以速度 $v(\tau_i)$ 来代替 $[t_{i-1},t_i]$ 上各时刻的速度，得到部分路程 Δs_i 的近似值，即

$$\Delta s_i\approx v(\tau_i)\Delta t_i \quad (i=1,2,\cdots,n).$$

（3）求和 把这 n 段部分路程的近似值之和作为路程 s 的近似值，即

$$s = \Delta s_1 + \Delta s_2 + \cdots + \Delta s_n$$

$$\approx v(\tau_1)\Delta t_1 + v(\tau_2)\Delta t_2 + \cdots + v(\tau_n)\Delta t_n = \sum_{i=1}^{n} v(\tau_i)\Delta t_i.$$

(4)**取极限**　记 $\lambda = \max\{\Delta t_1, \Delta t_2, \cdots, \Delta t_n\}$，当 $\lambda \to 0$ 时，取上述和式的极限，可得变速直线运动的路程

$$s = \lim_{\lambda \to 0} \sum_{i=1}^{n} v(\tau_i)\Delta t_i.$$

6.1.2　定积分的定义

前面讨论的两个例子虽然实际意义不同，但是解决问题的方法与计算的步骤却完全一样．所求量取决于一个函数及其自变量的变化区间，最后都归结为具有相同结构的一种特定和式的极限．

抓住这两个具体问题共同的特性进行数学抽象，就得到下述定积分的定义．

定义　设函数 $f(x)$ 在区间 $[a,b]$ 上有定义，在 $[a,b]$ 中任意插入 $n-1$ 个分点

$$a = x_0 < x_1 < x_2 \cdots < x_{n-1} < x_n = b,$$

把 $[a,b]$ 分成 n 个小区间

$$[x_0, x_1], [x_1, x_2], \cdots, [x_{n-1}, x_n],$$

各个小区间的长度依次为

$$\Delta x_1 = x_1 - x_0, \Delta x_2 = x_2 - x_1, \cdots, \Delta x_n = x_n - x_{n-1}.$$

在每个小区间 $[x_{i-1}, x_i]$ 上任取一点 ξ_i，做乘积 $f(\xi_i)\Delta x_i$，并做和 $\sum_{i=1}^{n} f(\xi_i)\Delta x_i$．

记 $\lambda = \max\{\Delta x_1, \Delta x_2, \cdots, \Delta x_n\}$，如果不论对 $[a,b]$ 的分法，也不论在小区间 $[x_{i-1}, x_i]$ 上点 ξ_i 的取法，当 $\lambda \to 0$ 时，和式 $\sum_{i=1}^{n} f(\xi_i)\Delta x_i$ 总有确定的极限，则称此极限为函数 $f(x)$ 在区间 $[a,b]$ 上的**定积分**，记作 $\int_a^b f(x)\mathrm{d}x$，即

$$\int_a^b f(x)\mathrm{d}x = \lim_{\lambda \to 0} \sum_{i=1}^{n} f(\xi_i)\Delta x_i,$$

其中 $f(x)$ 叫做被积函数，$f(x)\mathrm{d}x$ 叫做**被积表达式**，x 叫做**积分变量**，a 叫做积分下限，b 叫做**积分上限**，$[a,b]$ 叫做积分区间．

如果函数 $f(x)$ 在区间 $[a,b]$ 的和式 $\sum_{i=1}^{n} f(\xi_i)\Delta x_i$ 在 $\lambda \to 0$ 时极限(**不**)存在，则称 $f(x)$ 在区间 $[a,b]$ 是(**不**)可积的，或称定积分 $\int_a^b f(x)\mathrm{d}x$ (**不**)存在.

根据定积分定义，就有：曲边梯形的面积 $S = \int_a^b f(x)\mathrm{d}x$，变速直线运动的路程 $s = \int_a^b v(t)\mathrm{d}t$.

关于定积分的概念再做两点说明：

(1)如果定积分 $\int_a^b f(x)\mathrm{d}x$ 存在，即和式的极限存在，则该定积分的值是一个确定的常数，它只与被积函数 $f(x)$ 及积分区间 $[a,b]$ 有关，而与积分变量用什么字母表示无关，即

$$\int_a^b f(x)\mathrm{d}x = \int_a^b f(t)\mathrm{d}t = \int_a^b f(u)\mathrm{d}u .$$

(2)在定积分的定义中,假定 $a<b$,而在实际应用及理论分析中,有时会遇到下限大于上限或是上下限相等的情形.为此,对定积分做以下两点补充规定:

当 $a>b$ 时,$\int_a^b f(x)\mathrm{d}x = -\int_b^a f(x)\mathrm{d}x$;

当 $a=b$ 时,$\int_a^b f(x)\mathrm{d}x = 0$.

关于定积分,要研究两方面的问题:首先函数 $f(x)$ 在区间 $[a,b]$ 上具备什么条件才是可积的,其次在可积的情形下如何求定积分的值.

对于第一个问题,只给出可积的两个充分条件(证明略去).

定理 1 如果函数 $f(x)$ 在区间 $[a,b]$ 上连续,则 $f(x)$ 在 $[a,b]$ 上可积.

定理 2 如果函数 $f(x)$ 在区间 $[a,b]$ 上只有有限个第一类间断点,则 $f(x)$ 在 $[a,b]$ 上可积.

对于第二个问题,理论上可以应用定积分的定义解决定积分的计算问题,但其计算过程是相当复杂的,下面看一个例题.

例 1 利用定义计算 $\int_0^1 x^2\mathrm{d}x$.

解 由于函数 x^2 在区间 $[0,1]$ 上连续,根据定理 1 可知该函数在 $[0,1]$ 上是可积的.

又因为积分与区间的分割方法以及 ξ_i 的取法无关,因此不妨把区间 $[0,1]$ n 等分,分点为 $x_i=\dfrac{i}{n}, i=1,2,\cdots,n-1$.令 $x_0=0, x_n=1$,这样每个小区间 $[x_{i-1},x_i]$ 的长度 $\Delta x_i = \dfrac{1}{n}, i=1,2, \cdots,n$.取 $\xi_i=x_i, i=1,2,\cdots,n$.于是,由定义得到

$$\sum_{i=1}^n f(\xi_i)\Delta x_i = \sum_{i=1}^n \xi_i^2 \Delta x_i = \sum_{i=1}^n x_i^2 \Delta x_i = \sum_{i=1}^n \left(\frac{i}{n}\right)^2 \cdot \frac{1}{n} = \frac{1}{n^3}\sum_{i=1}^n i^2 = \frac{1}{n^3} \cdot \frac{1}{6} n(n+1)(2n+1),$$

上式应用了前 n 个正整数的平方和公式:$1^2+2^2+\cdots+n^2 = \dfrac{1}{6}n(n+1)(2n+1)$.

当 $\lambda = \dfrac{1}{n} \to 0$ 时,$n \to \infty$,对上式两端取极限,有

$$\lim_{\lambda \to 0}\sum_{i=1}^n f(\xi_i)\Delta x_i = \lim_{n \to \infty} \frac{1}{n^3} \cdot \frac{1}{6}n(n+1)(2n+1) = \frac{1}{3} ,$$

即

$$\int_0^1 x^2\mathrm{d}x = \frac{1}{3} .$$

该例题说明,通过定义计算定积分是相当烦琐的,必须探索新的计算方法,这个问题将在 §6.2 中加以讨论.

6.1.3 定积分的几何意义

下面分三种情况讨论定积分 $\int_a^b f(x)\mathrm{d}x$ 所表示的几何意义.

(1)如果在 $[a,b]$ 上 $f(x) \geqslant 0$,由前面的讨论可知,$\int_a^b f(x)\mathrm{d}x$ 表示由曲线 $y=f(x)$,两条直线 $x=a$、$x=b$ 与 x 轴所围成的曲边梯形的面积(见图 6-2).

(2)如果在 $[a,b]$ 上 $f(x) \leqslant 0$,此时 $\int_a^b f(x)\mathrm{d}x$ 的值是个负数,其绝对值等于由曲线 $y=f(x)$,

两条直线 $x=a$、$x=b$ 与 x 轴所围成的曲边梯形(见图 6-3)的面积.

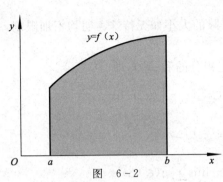

图 6-2

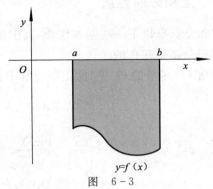

图 6-3

（3）如果在 $[a,b]$ 上 $f(x)$ 既取得正值又取得负值,这时 $f(x)$ 图形的某些部分在 x 轴的上方,其余部分在 x 轴的下方. 如果对面积赋予正负号,在 x 轴上方的图形面积赋予正号,在 x 轴下方的图形面积赋予负号,则在一般情形下, $\int_a^b f(x)\mathrm{d}x$ 表示介于 x 轴、函数 $f(x)$ 及两条直线 $x=a$、$x=b$ 之间的各部分(见图 6-4)面积的代数和.

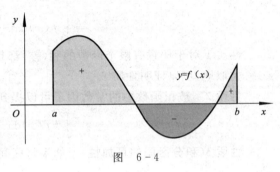

图 6-4

例 2 利用几何意义证明 $\int_a^b \mathrm{d}x = b-a$.

证 $\int_a^b \mathrm{d}x$ 在几何上表示以 $[a,b]$ 为底,高为 1 的矩形的面积(图 6-5 中灰色部分),所以 $\int_a^b \mathrm{d}x = b-a$.

例 3 利用几何意义计算 $\int_0^1 \sqrt{1-x^2}\,\mathrm{d}x$.

解 $\int_0^1 \sqrt{1-x^2}\,\mathrm{d}x$ 在几何上表示以原点为圆心,半径为 1 的 1/4 圆的面积(见图 6-6 中灰色部分),所以 $\int_0^1 \sqrt{1-x^2}\,\mathrm{d}x = \dfrac{\pi}{4}$.

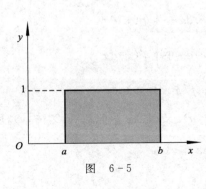

图 6-5

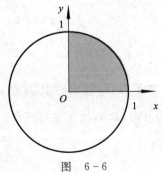

图 6-6

6.1.4 定积分的性质

定积分具有以下一些基本性质,其中积分上下限的大小如无特殊声明均不加限制,并且假定各定积分都是存在的.

性质 1 函数的和(差)的定积分等于它们的定积分的和(差),即

$$\int_a^b [f(x) \pm g(x)] dx = \int_a^b f(x) dx \pm \int_a^b g(x) dx.$$

证
$$\int_a^b [f(x) \pm g(x)] dx = \lim_{\lambda \to 0} \sum_{i=1}^n [f(\xi_i) \pm g(\xi_i)] \Delta x_i$$
$$= \lim_{\lambda \to 0} \sum_{i=1}^n f(\xi_i) \Delta x_i \pm \lim_{\lambda \to 0} \sum_{i=1}^n g(\xi_i) \Delta x_i$$
$$= \int_a^b f(x) dx \pm \int_a^b g(x) dx.$$

性质 1 对于任意有限个函数的和(差)都是成立的.

类似地,可以证明性质 2.

性质 2 被积函数中的常数因子可以提到积分号的外面,即

$$\int_a^b k f(x) dx = k \int_a^b f(x) dx \quad (k \text{ 是常数}).$$

性质 3(积分区间的可加性) 如果将区间 $[a,b]$ 分成两部分 $[a,c]$ 和 $[c,b]$,则

$$\int_a^b f(x) dx = \int_a^c f(x) dx + \int_c^b f(x) dx.$$

证 由于函数 $f(x)$ 在区间 $[a,b]$ 上可积,所以不论把区间怎样分,和式的极限总是不变的.因此在分区间 $[a,b]$ 时,可以使 c 永远是个分点,则

$$\sum_{[a,b]} f(\xi_i) \Delta x_i = \sum_{[a,c]} f(\xi_i) \Delta x_i + \sum_{[c,b]} f(\xi_i) \Delta x_i,$$

令 $\lambda \to 0$,上式两端同时取极限即可.

注意 不论 a,b,c 的相对位置如何,等式 $\int_a^b f(x) dx = \int_a^c f(x) dx + \int_c^b f(x) dx$ 总成立.

例如 $a<b<c$,由上述讨论知

$$\int_a^c f(x) dx = \int_a^b f(x) dx + \int_b^c f(x) dx,$$

于是

$$\int_a^b f(x) dx = \int_a^c f(x) dx - \int_b^c f(x) dx$$
$$= \int_a^c f(x) dx + \int_c^b f(x) dx.$$

性质 4 如果在区间 $[a,b]$ 上 $f(x) \geqslant 0$,则 $\int_a^b f(x) dx \geqslant 0$.

证 因为 $f(x) \geqslant 0$,故 $f(\xi_i) \geqslant 0 (i=1,2,\cdots,n)$.又因 $\Delta x_i > 0 (i=1,2,\cdots,n)$,所以

$$\sum_{i=1}^n f(\xi_i) \Delta x_i \geqslant 0,$$

因此 $\lim\limits_{\lambda \to 0} \sum\limits_{i=1}^n f(\xi_i) \Delta x_i \geqslant 0$,即 $\int_a^b f(x) dx \geqslant 0$.

性质 5　如果在区间 $[a,b]$ 上 $f(x) \leqslant g(x)$，则

$$\int_a^b f(x)\mathrm{d}x \leqslant \int_a^b g(x)\mathrm{d}x .$$

证　因为在 $[a,b]$ 上，$g(x)-f(x) \geqslant 0$，所以由性质 4 得到

$$\int_a^b [g(x)-f(x)]\mathrm{d}x \geqslant 0 ,$$

因此 $\int_a^b g(x)\mathrm{d}x - \int_a^b f(x)\mathrm{d}x \geqslant 0$，移项可得结论.

例 4　比较 $\int_3^5 \ln x \mathrm{d}x$ 与 $\int_3^5 \ln^2 x \mathrm{d}x$ 的大小.

解　由于在区间 $[3,5]$ 上，$\ln^2 x > \ln x$，因此根据性质 5，$\int_3^5 \ln^2 x \mathrm{d}x > \int_3^5 \ln x \mathrm{d}x$.

性质 6　设 M 及 m 分别是函数 $f(x)$ 在区间 $[a,b]$ 上的最大值及最小值，则

$$m(b-a) \leqslant \int_a^b f(x)\mathrm{d}x \leqslant M(b-a) .$$

证　因为在 $[a,b]$ 上 $m \leqslant f(x) \leqslant M$，所以由性质 5 可得

$$\int_a^b m\mathrm{d}x \leqslant \int_a^b f(x)\mathrm{d}x \leqslant \int_a^b M\mathrm{d}x ,$$

再由性质 2 即可得到结论.

该性质说明，由被积函数在积分区间上的最大值及最小值可以估计积分值.

例 5　证明不等式 $\dfrac{2}{\sqrt[4]{e}} \leqslant \int_0^2 e^{x^2-x}\mathrm{d}x \leqslant 2e^2$.

证　根据性质 6，只需求得 $f(x)=e^{x^2-x}$ 在区间 $[0,2]$ 上的最大、最小值即可.

$$f'(x)=(2x-1)e^{x^2-x},$$

令 $f'(x)=0$，解得 $x=\dfrac{1}{2}$. 而 $f(0)=1,f\left(\dfrac{1}{2}\right)=\dfrac{1}{\sqrt[4]{e}},f(2)=e^2$，所以 $f(x)$ 在 $[0,2]$ 上的最小值为 $\dfrac{1}{\sqrt[4]{e}}$，最大值为 e^2.

由性质 6 可知，不等式 $\dfrac{2}{\sqrt[4]{e}} \leqslant \int_0^2 e^{x^2-x}\mathrm{d}x \leqslant 2e^2$ 成立.

性质 7　函数绝对值的积分大于等于函数积分的绝对值，即

$$\left| \int_a^b f(x)\mathrm{d}x \right| \leqslant \int_a^b |f(x)| \mathrm{d}x .$$

证　因为 $-|f(x)| \leqslant f(x) \leqslant |f(x)|$，由性质 2 和性质 5 可知，

$$-\int_a^b |f(x)| \mathrm{d}x \leqslant \int_a^b f(x)\mathrm{d}x \leqslant \int_a^b |f(x)| \mathrm{d}x ,$$

即

$$\left| \int_a^b f(x)\mathrm{d}x \right| \leqslant \int_a^b |f(x)| \mathrm{d}x .$$

性质 8(积分中值定理)　如果函数 $f(x)$ 在闭区间 $[a,b]$ 上连续，则在积分区间 $[a,b]$ 上至少存在一点 ξ，使得

$$\int_a^b f(x)\mathrm{d}x = f(\xi)(b-a) .$$

证　由性质 6 得

$$m \leqslant \frac{1}{b-a} \int_a^b f(x) \mathrm{d}x \leqslant M,$$

其中 M、m 分别是函数 $f(x)$ 在区间 $[a,b]$ 上的最大值和最小值. 根据闭区间上连续函数的介值定理知,在 $[a,b]$ 上至少存在一点 ξ,使得

$$f(\xi) = \frac{1}{b-a} \int_a^b f(x) \mathrm{d}x,$$

即

$$\int_a^b f(x) \mathrm{d}x = f(\xi)(b-a).$$

注意 不论 $a<b$ 或 $a>b$ 定理都是成立的.

定积分中值定理的几何意义是:在区间 $[a,b]$ 上至少存在一点 ξ,使得以区间 $[a,b]$ 为底边,以曲线 $y=f(x)$ 为曲边的曲边梯形的面积等于同一底边而高为 $f(\xi)$ 的一个矩形面积(见图 6 - 7).

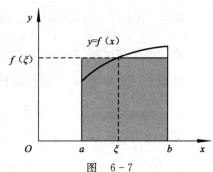

图 6 - 7

例 6 求极限 $\lim\limits_{x \to +\infty} \int_x^{x+a} \frac{\ln^n t}{t} \mathrm{d}t \, (a > 0, n \text{ 为正整数})$.

解 因为在区间 $[x, x+a]$ 上,$t>0$,因而 $f(t) = \frac{\ln^n t}{t}$ 连续,由积分中值定理,有

$$\int_x^{x+a} \frac{\ln^n t}{t} \mathrm{d}t = \frac{\ln^n \xi}{\xi}(x+a-x) = a \frac{\ln^n \xi}{\xi}, \quad \xi \in [x, x+a].$$

两边取极限,得

$$\lim_{x \to +\infty} \int_x^{x+a} \frac{\ln^n t}{t} \mathrm{d}t = \lim_{x \to +\infty} \frac{a \ln^n \xi}{\xi} = a \lim_{\xi \to +\infty} \frac{\ln^n \xi}{\xi},$$

因为当 $x \to +\infty$ 时,有 $\xi \to +\infty$. 反复应用洛必达法则,有

$$a \lim_{\xi \to +\infty} \frac{\ln^n \xi}{\xi} = a \lim_{\xi \to +\infty} \frac{n \ln^{n-1} \xi}{\xi} = \cdots = a \lim_{\xi \to +\infty} \frac{n!}{\xi} = 0.$$

由此可得,$\lim\limits_{x \to +\infty} \int_x^{x+a} \frac{\ln^n t}{t} \mathrm{d}t = 0$.

§6.2 微积分基本公式

当函数的可积性问题解决之后,接着要寻求一种计算定积分的有效方法. 本节将讨论定积分与原函数的联系,推导出用原函数计算定积分的公式.

6.2.1 积分上限的函数

设函数 $f(x)$ 在区间 $[a,b]$ 上连续,并且设 x 为 $[a,b]$ 上的一点. 由于 $f(x)$ 在 $[a,x]$ 上连续,因此

$$\int_a^x f(x) \mathrm{d}x$$

存在. 这里积分上限和积分变量都用 x 表示,为区别起见,该积分可以写成 $\int_a^x f(t) \mathrm{d}t$.

如果 x 在区间 $[a,b]$ 上变动,则对于每一个取定的 x 值,该定积分都有一个确定的数值与

之对应,所以它在[a,b]上定义了一个函数,记作

$$\Phi(x) = \int_a^x f(t) \mathrm{d}t,$$

把函数 $\Phi(x)$ 称为**积分上限的函数**.

函数 $\Phi(x)$ 具有下面的重要性质.

定理 1　如果函数 $f(x)$ 在区间 $[a,b]$ 上连续,则积分上限的函数

$$\Phi(x) = \int_a^x f(t) \mathrm{d}t$$

在 $[a,b]$ 上具有导数,且

$$\Phi'(x) = \frac{\mathrm{d}}{\mathrm{d}x} \int_a^x f(t) \mathrm{d}t = f(x).$$

证　若 $x \in (a,b)$,给 x 以增量 Δx,其绝对值足够地小,使得 $x + \Delta x \in (a,b)$. 函数的增量

$$\Delta \Phi = \Phi(x + \Delta x) - \Phi(x) = \int_a^{x+\Delta x} f(t) \mathrm{d}t - \int_a^x f(t) \mathrm{d}t = \int_x^{x+\Delta x} f(t) \mathrm{d}t,$$

应用积分中值定理,有

$$\Delta \Phi = f(\xi) \Delta x,$$

其中 ξ 在 x 与 $x + \Delta x$ 之间. 两端同除以 Δx,得

$$\frac{\Delta \Phi}{\Delta x} = f(\xi).$$

因为当 $\Delta x \to 0$ 时,$\xi \to x$. 又 $f(x)$ 在 $[a,b]$ 上连续,所以

$$\lim_{\Delta x \to 0} f(\xi) = \lim_{\xi \to x} f(\xi) = f(x).$$

因此,$\Phi(x)$ 在 (a,b) 上具有导数,且 $\Phi'(x) = \lim\limits_{\Delta x \to 0} \dfrac{\Delta \Phi}{\Delta x} = f(x)$.

若 $x = a$ 或 b,考虑其单侧导数可得,$\Phi'(a) = f(a)$,$\Phi'(b) = f(b)$.

由该定理可知,$\Phi(x)$ 是连续函数 $f(x)$ 的一个原函数,因此也证明了下面的定理.

定理 2　在区间 $[a,b]$ 上的连续函数 $f(x)$ 的原函数一定存在.

这正是第 5 章一开始所提出的但未加证明的那个结论.

定理 1 具有重要的意义,它揭示了积分学中的定积分与原函数之间的联系,为通过原函数计算定积分提供了可能.

例 1　求下列函数的导数.

(1) $\displaystyle\int_0^x t\sin t \mathrm{d}t$;　　　　　　(2) $\displaystyle\int_x^0 \mathrm{e}^{t^2} \mathrm{d}t$;　　　　　　(3) $\displaystyle\int_0^{2x} \ln(1+t^2) \mathrm{d}t$.

解　(1) $\dfrac{\mathrm{d}}{\mathrm{d}x} \displaystyle\int_0^x t\sin t \mathrm{d}t = x\sin x$.

(2) 因为 $\displaystyle\int_x^0 \mathrm{e}^{t^2} \mathrm{d}t = -\int_0^x \mathrm{e}^{t^2} \mathrm{d}t$,所以 $\dfrac{\mathrm{d}}{\mathrm{d}x} \displaystyle\int_x^0 \mathrm{e}^{t^2} \mathrm{d}t = -\dfrac{\mathrm{d}}{\mathrm{d}x} \int_0^x \mathrm{e}^{t^2} \mathrm{d}t = -\mathrm{e}^{x^2}$.

(3) $\displaystyle\int_0^{2x} \ln(1+t^2) \mathrm{d}t$ 是由 $\displaystyle\int_0^u \ln(1+t^2) \mathrm{d}t$、$u = 2x$ 复合而成的函数,应用复合函数求导法,有

$$\frac{\mathrm{d}}{\mathrm{d}x} \int_0^{2x} \ln(1+t^2) \mathrm{d}t = \frac{\mathrm{d}}{\mathrm{d}u} \int_0^u \ln(1+t^2) \mathrm{d}t \cdot \frac{\mathrm{d}u}{\mathrm{d}x} = \ln(1+u^2) \cdot (2x)' = 2\ln(1+4x^2).$$

例 2　求下列函数的导数.

(1) $\displaystyle\int_{\sin x}^{x^2} \cos t\,dt$; (2) $\displaystyle\int_0^x xf(t)\,dt$.

解 (1)因为 $\displaystyle\int_{\sin x}^{x^2}\cos t\,dt = \int_{\sin x}^0 \cos t\,dt + \int_0^{x^2}\cos t\,dt = \int_0^{x^2}\cos t\,dt - \int_0^{\sin x}\cos t\,dt$,所以

$$\frac{d}{dx}\int_{\sin x}^{x^2}\cos t\,dt = \frac{d}{dx}\int_0^{x^2}\cos t\,dt - \frac{d}{dx}\int_0^{\sin x}\cos t\,dt$$
$$=\cos x^2 \cdot (x^2)' - \cos(\sin x)\cdot(\sin x)'$$
$$=2x\cos x^2 - \cos(\sin x)\cdot\cos x .$$

(2)由于被积表达式的积分变量是 t ,因此 $\displaystyle\int_0^x xf(t)\,dt = x\int_0^x f(t)\,dt$.

$$\frac{d}{dx}\int_0^x xf(t)\,dt = (x)'\int_0^x f(t)\,dt + x\left(\int_0^x f(t)\,dt\right)' = \int_0^x f(t)\,dt + xf(x) .$$

例 3 求下列函数的极限.

(1) $\displaystyle\lim_{x\to 0}\frac{\displaystyle\int_0^x \sin t^2\,dt}{x^3}$;

(2) $\displaystyle\lim_{x\to 0}\frac{\displaystyle\int_0^x f(t)(x-t)\,dt}{x^2}$,其中 $f(x)$ 是 $(-\infty,+\infty)$ 上的连续函数.

解 (1)由于 $\displaystyle\frac{\int_0^x \sin t^2\,dt}{x^3}$ 为 $\dfrac{0}{0}$ 型的未定式,因此可以应用洛必达法则来计算.

$$\lim_{x\to 0}\frac{\int_0^x \sin t^2\,dt}{x^3} = \lim_{x\to 0}\frac{\left(\int_0^x \sin t^2\,dt\right)'}{(x^3)'} = \lim_{x\to 0}\frac{\sin x^2}{3x^2} = \lim_{x\to 0}\frac{x^2}{3x^2} = \frac{1}{3} .$$

(2) $\displaystyle\int_0^x f(t)(x-t)\,dt = x\int_0^x f(t)\,dt - \int_0^x tf(t)\,dt$.由洛必达法则可知,

$$\lim_{x\to 0}\frac{\int_0^x f(t)(x-t)\,dt}{x^2} = \lim_{x\to 0}\frac{\int_0^x f(t)\,dt}{2x} = \frac{1}{2}\lim_{x\to 0}f(x) = \frac{1}{2}f(0) .$$

6.2.2 牛顿–莱布尼茨公式

定理 3 如果函数 $f(x)$ 在区间 $[a,b]$ 上连续,且 $F(x)$ 是 $f(x)$ 的任意一个原函数,则

$$\int_a^b f(x)\,dx = F(b) - F(a) .$$

证 已知 $F(x)$ 是 $f(x)$ 的一个原函数,又根据定理 1 可知,积分上限的函数

$$\Phi(x) = \int_a^x f(t)\,dt$$

也是 $f(x)$ 的一个原函数,因此在区间 $[a,b]$ 上有

$$\Phi(x) = F(x) + C,$$

其中 C 为某个常数.于是

$$\Phi(a) = F(a) + C,$$

又 $\Phi(a)=0$,得 $C=-F(a)$,因此 $\Phi(x)=F(x)-F(a)$.令 $x=b$,得

$$\Phi(b) = F(b) - F(a),$$

即
$$\int_a^b f(x)\mathrm{d}x = F(b) - F(a) .$$

为方便起见，$F(b) - F(a)$ 通常记做 $F(x)\Big|_a^b$ 或 $[F(x)]_a^b$.

上述公式称为**牛顿-莱布尼茨公式**，也称为**微积分基本公式**. 该公式揭示了定积分与原函数之间的密切关系：连续函数在区间 $[a,b]$ 上的定积分等于它的任一个原函数在 $[a,b]$ 上的增量，从而为定积分的计算提供了简便有效的方法.

注：对于 $a > b$ 的情形，定理同样成立.

例 4　求 $\displaystyle\int_{-1}^{\sqrt{3}} \frac{\mathrm{d}x}{1+x^2}$.

解　$\displaystyle\int_{-1}^{\sqrt{3}} \frac{\mathrm{d}x}{1+x^2} = \arctan x\Big|_{-1}^{\sqrt{3}} = \arctan\sqrt{3} - \arctan(-1) = \frac{\pi}{3} - \left(-\frac{\pi}{4}\right) = \frac{7\pi}{12}$.

例 5　求 $\displaystyle\int_1^2 \frac{1-3x}{2+3x}\mathrm{d}x$.

解　$\displaystyle\int_1^2 \frac{1-3x}{2+3x}\mathrm{d}x = \int_1^2 \frac{3-(2+3x)}{2+3x}\mathrm{d}x = \int_1^2 \frac{\mathrm{d}(2+3x)}{2+3x} - \int_1^2 \mathrm{d}x$

$$= [\ln|2+3x|]_1^2 - x\Big|_1^2 = \ln 8 - \ln 5 - (2-1) = \ln\frac{8}{5} - 1.$$

例 6　求 $\displaystyle\int_{-\frac{\pi}{2}}^{\frac{\pi}{2}} \sqrt{1-\cos 2x}\,\mathrm{d}x$.

解　$\sqrt{1-\cos 2x} = \sqrt{1-(1-2\sin^2 x)} = \sqrt{2\sin^2 x} = \sqrt{2}\,|\sin x|$.

在区间 $\left[-\dfrac{\pi}{2}, 0\right]$ 上，$|\sin x| = -\sin x$；在区间 $\left[0, \dfrac{\pi}{2}\right]$ 上，$|\sin x| = \sin x$. 所以

$$\int_{-\frac{\pi}{2}}^{\frac{\pi}{2}} \sqrt{1-\cos 2x}\,\mathrm{d}x = -\sqrt{2}\int_{-\frac{\pi}{2}}^0 \sin x\,\mathrm{d}x + \sqrt{2}\int_0^{\frac{\pi}{2}} \sin x\,\mathrm{d}x$$

$$= \sqrt{2}\cos x\Big|_{-\frac{\pi}{2}}^0 - \sqrt{2}\cos x\Big|_0^{\frac{\pi}{2}} = \sqrt{2}(1-0) - \sqrt{2}(0-1) = 2\sqrt{2}.$$

本节讨论了微积分基本公式（即牛顿-莱布尼茨公式），这一公式为定积分和不定积分建立了桥梁，使定积分的求解归结为原函数的求解问题.

§6.3　定积分的换元积分法与分部积分法

由牛顿-莱布尼茨公式可知，计算定积分 $\displaystyle\int_a^b f(x)\mathrm{d}x$ 的简便方法是把它转化为求 $f(x)$ 的原函数的增量. 用换元积分法、分部积分法可以求出一些函数的原函数，因此在一定条件下，可以用换元积分法和分部积分法来计算定积分.

6.3.1　定积分的换元积分法

定理　假设函数 $f(x)$ 在区间 $[a,b]$ 上连续，函数 $x = \varphi(t)$ 满足条件：

(1) $\varphi(\alpha) = a$，$\varphi(\beta) = b$；

(2) $\varphi(t)$ 在 $[\alpha,\beta]$（或 $[\beta,\alpha]$）上具有连续导数，且其值域不越出 $[a,b]$，则有定积分的换元公式

$$\int_a^b f(x)\mathrm{d}x = \int_\alpha^\beta f(\varphi(t))\varphi'(t)\mathrm{d}t .$$

证 因为上式两边的被积函数都是连续的,因此两边的定积分都存在,而且被积函数的原函数也都存在,所以可以应用牛顿-莱布尼茨公式.

假设 $F(x)$ 是 $f(x)$ 的一个原函数,则 $\int_a^b f(x)\mathrm{d}x = F(b) - F(a)$.

另一方面,$F(\varphi(t))$ 是 $f(\varphi(t))\varphi'(t)$ 的一个原函数,因此

$$\int_\alpha^\beta f(\varphi(t))\varphi'(t)\mathrm{d}t = F(\varphi(\beta)) - F(\varphi(\alpha)) = F(b) - F(a) ,$$

所以 $$\int_a^b f(x)\mathrm{d}x = \int_\alpha^\beta f(\varphi(t))\varphi'(t)\mathrm{d}t .$$

应用换元公式时需注意:用 $x = \varphi(t)$ 把原来变量 x 代换成新变量 t 时,积分限也要换成相应于新变量 t 的积分限;求出 $f(\varphi(t))\varphi'(t)$ 的一个原函数后,不必像不定积分那样代回原来的变量,而只要把新变量 t 的上、下限分别代入相减即可.

例 1 求 $\int_0^1 x^2\sqrt{1-x^2}\,\mathrm{d}x$.

解 设 $x = \sin t$,则 $\mathrm{d}x = \cos t\mathrm{d}t$. 当 $x = 0$ 时,$t = 0$;当 $x = 1$ 时,$t = \dfrac{\pi}{2}$.

$$\int_0^1 x^2\sqrt{1-x^2}\,\mathrm{d}x = \int_0^{\frac{\pi}{2}} \sin^2 t \cos^2 t\,\mathrm{d}t = \frac{1}{4}\int_0^{\frac{\pi}{2}} \sin^2 2t\,\mathrm{d}t = \frac{1}{8}\int_0^{\frac{\pi}{2}} (1 - \cos 4t)\,\mathrm{d}t$$

$$= \frac{1}{8}\int_0^{\frac{\pi}{2}} \mathrm{d}t - \frac{1}{32}\int_0^{\frac{\pi}{2}} \cos 4t\,\mathrm{d}(4t) = \frac{1}{8}t\Big|_0^{\frac{\pi}{2}} - \frac{1}{32}\sin 4t\Big|_0^{\frac{\pi}{2}} = \frac{\pi}{16} .$$

例 2 求 $\int_1^4 \dfrac{\mathrm{d}x}{x + \sqrt{x}}$.

解 设 $\sqrt{x} = t$,则 $x = t^2$,$\mathrm{d}x = 2t\mathrm{d}t$. 当 $x = 1$ 时,$t = 1$;当 $x = 4$ 时,$t = 2$.

$$\int_1^4 \frac{\mathrm{d}x}{x + \sqrt{x}} = \int_1^2 \frac{2t\mathrm{d}t}{t^2 + t} = 2\int_1^2 \frac{\mathrm{d}t}{t + 1} = 2\int_1^2 \frac{\mathrm{d}(t+1)}{t+1}$$

$$= 2\left[\ln|t+1|\right]_1^2 = 2(\ln 3 - \ln 2) = 2\ln\frac{3}{2} .$$

换元法也可以反过来使用,即把换元公式中左右两边对调位置:$\int_\alpha^\beta f(\varphi(x))\varphi'(x)\mathrm{d}x = \int_a^b f(u)\mathrm{d}u$,用式子 $u = \varphi(x)$ 来引入新变量 u,u 的积分区间由 $a = \varphi(\alpha)$,$b = \varphi(\beta)$ 决定.

例 3 求 $\int_0^{\frac{\pi}{2}} \cos^5 x \sin x\mathrm{d}x$.

解 设 $u = \cos x$,则 $\mathrm{d}u = -\sin x\mathrm{d}x$. 当 $x = 0$ 时,$u = 1$;当 $x = \dfrac{\pi}{2}$ 时,$u = 0$.

$$\int_0^{\frac{\pi}{2}} \cos^5 x \sin x\mathrm{d}x = -\int_1^0 u^5\,\mathrm{d}u = -\frac{1}{6}u^6\Big|_1^0 = \frac{1}{6} .$$

例 4 求 $\int_1^e \dfrac{\mathrm{d}x}{x\,\sqrt{1 + \ln x}}$.

解 设 $u = 1 + \ln x$,则 $\mathrm{d}u = \dfrac{\mathrm{d}x}{x}$. 当 $x = 1$ 时,$u = 1$;当 $x = \mathrm{e}$ 时,$u = 2$.

$$\int_1^e \frac{\mathrm{d}x}{x\ \sqrt{1+\ln x}} = \int_1^2 \frac{\mathrm{d}u}{\sqrt{u}} = 2\sqrt{u}\ |_1^2 = 2(\sqrt{2}-1)\ .$$

例 5　设 $f(x)$ 在 $[-a,a]$ 上连续,证明:

(1)如果 $f(x)$ 为奇函数,则 $\int_{-a}^a f(x)\mathrm{d}x = 0$;

(2)如果 $f(x)$ 为偶函数,则 $\int_{-a}^a f(x)\mathrm{d}x = 2\int_0^a f(x)\mathrm{d}x$.

证　利用定积分的性质 3,有

$$\int_{-a}^a f(x)\mathrm{d}x = \int_{-a}^0 f(x)\mathrm{d}x + \int_0^a f(x)\mathrm{d}x\ .$$

对于积分 $\int_{-a}^0 f(x)\mathrm{d}x$,做代换 $x=-t$,那么 $\mathrm{d}x =-\mathrm{d}t$. 当 $x=-a$ 时,$t=a$;当 $x=0$ 时,$t=0$.

$$\int_{-a}^0 f(x)\mathrm{d}x =-\int_a^0 f(-t)\mathrm{d}t = \int_0^a f(-t)\mathrm{d}t = \int_0^a f(-x)\mathrm{d}x\ .$$

所以

$$\int_{-a}^a f(x)\mathrm{d}x = \int_0^a f(-x)\mathrm{d}x + \int_0^a f(x)\mathrm{d}x = \int_0^a [f(-x) + f(x)]\mathrm{d}x\ .$$

(1)如果 $f(x)$ 为奇函数,则 $f(-x)=-f(x)$,于是 $\int_{-a}^a f(x)\mathrm{d}x = 0$.

(2)如果 $f(x)$ 为偶函数,则 $f(-x)=f(x)$,于是 $\int_{-a}^a f(x)\mathrm{d}x = 2\int_0^a f(x)\mathrm{d}x$.

以上证明的两个公式表示奇、偶函数在关于原点对称的区间上的定积分的重要性质,利用它们可以简化奇、偶函数的积分.

例 6　求 $\int_{-2}^2 \frac{x^2\sin x}{1+x^4}\mathrm{d}x$.

解　因为函数 $\frac{x^2\sin x}{1+x^4}$ 在区间 $[-2,2]$ 上为奇函数,所以 $\int_{-2}^2 \frac{x^2\sin x}{1+x^4}\mathrm{d}x = 0$.

例 7　求 $\int_{-\frac{1}{2}}^{\frac{1}{2}} \frac{(\arcsin x)^2}{\sqrt{1-x^2}}\mathrm{d}x$.

解　因为函数 $\frac{(\arcsin x)^2}{\sqrt{1-x^2}}$ 在区间 $\left[-\frac{1}{2},\frac{1}{2}\right]$ 上为偶函数,所以

$$\int_{-\frac{1}{2}}^{\frac{1}{2}} \frac{(\arcsin x)^2}{\sqrt{1-x^2}}\mathrm{d}x = 2\int_0^{\frac{1}{2}} \frac{(\arcsin x)^2}{\sqrt{1-x^2}}\mathrm{d}x = 2\int_0^{\frac{1}{2}} (\arcsin x)^2 \mathrm{d}\arcsin x$$

$$= \frac{2}{3}(\arcsin x)^3\ \Big|_0^{\frac{1}{2}} = \frac{2}{3}\left(\frac{\pi}{6}\right)^3 = \frac{\pi^3}{324}.$$

例 8　设 $f(x)$ 是以 T 为周期的连续函数,证明:$\int_a^{a+T} f(x)\mathrm{d}x = \int_0^T f(x)\mathrm{d}x$.

证　$\int_a^{a+T} f(x)\mathrm{d}x = \int_a^0 f(x)\mathrm{d}x + \int_0^T f(x)\mathrm{d}x + \int_T^{a+T} f(x)\mathrm{d}x$.

令 $t=x-T$,则 $\int_T^{a+T} f(x)\mathrm{d}x = \int_0^a f(t+T)\mathrm{d}t = \int_0^a f(t)\mathrm{d}t =-\int_a^0 f(x)\mathrm{d}x$.

所以

$$\int_a^{a+T} f(x)\mathrm{d}x = \int_0^T f(x)\mathrm{d}x\ .$$

例 9 设 $f(x)$ 在 $[0,1]$ 上连续,证明: $\int_0^\pi f(\sin x)\mathrm{d}x = 2\int_0^{\frac{\pi}{2}} f(\sin x)\mathrm{d}x$.

证 $\int_0^\pi f(\sin x)\mathrm{d}x = \int_0^{\frac{\pi}{2}} f(\sin x)\mathrm{d}x + \int_{\frac{\pi}{2}}^\pi f(\sin x)\mathrm{d}x$.

令 $t = \pi - x$,则

$$\int_{\frac{\pi}{2}}^\pi f(\sin x)\mathrm{d}x = \int_{\frac{\pi}{2}}^0 f[\sin(\pi - t)]\mathrm{d}(-t) = \int_0^{\frac{\pi}{2}} f(\sin t)\mathrm{d}t = \int_0^{\frac{\pi}{2}} f(\sin x)\mathrm{d}x.$$

所以 $\int_0^\pi f(\sin x)\mathrm{d}x = 2\int_0^{\frac{\pi}{2}} f(\sin x)\mathrm{d}x.$

例 10 证明: $\int_0^{\frac{\pi}{2}} \sin^n x\mathrm{d}x = \int_0^{\frac{\pi}{2}} \cos^n x\mathrm{d}x$.

证 设 $x = \frac{\pi}{2} - t$,则 $\mathrm{d}x = -\mathrm{d}t$. 当 $x = 0$ 时,$t = \frac{\pi}{2}$;当 $x = \frac{\pi}{2}$ 时,$t = 0$.

$$\int_0^{\frac{\pi}{2}} \sin^n x\mathrm{d}x = -\int_{\frac{\pi}{2}}^0 \sin^n\left(\frac{\pi}{2} - t\right)\mathrm{d}t = \int_0^{\frac{\pi}{2}} \cos^n t\mathrm{d}t = \int_0^{\frac{\pi}{2}} \cos^n x\mathrm{d}x.$$

因为定积分与积分变量使用的字母无关,所以上式中最后的等号成立.

6.3.2 定积分的分部积分法

设函数 $u(x)$,$v(x)$ 在区间 $[a,b]$ 上具有连续导数 $u'(x)$、$v'(x)$,那么
$$(uv)' = u'v + uv'.$$
等式的两边分别求在 $[a,b]$ 上的定积分,得
$$(uv)\Big|_a^b = \int_a^b u'v\mathrm{d}x + \int_a^b uv'\mathrm{d}x.$$

移项,有

$$\int_a^b u\mathrm{d}v = (uv)\Big|_a^b - \int_a^b v\mathrm{d}u.$$

这就是定积分的分部积分公式.

例 11 求下列定积分.

$(1)\ \int_0^1 x\cos \pi x\mathrm{d}x$; $\qquad\qquad (2)\ \int_0^{\frac{1}{2}} \arcsin x\mathrm{d}x$.

解 $(1)\ \int_0^1 x\cos(\pi x)\mathrm{d}x = \frac{1}{\pi}\int_0^1 x\mathrm{d}\sin(\pi x) = \frac{1}{\pi}\left[x\sin(\pi x)\right]\Big|_0^1 - \frac{1}{\pi}\int_0^1 \sin(\pi x)\mathrm{d}x$

$\qquad\qquad = -\frac{1}{\pi^2}\int_0^1 \sin(\pi x)\mathrm{d}\pi x = \frac{1}{\pi^2}\cos(\pi x)\Big|_0^1 = -\frac{2}{\pi^2}.$

$(2)\ \int_0^{\frac{1}{2}} \arcsin x\mathrm{d}x = (x\arcsin x)\Big|_0^{\frac{1}{2}} - \int_0^{\frac{1}{2}} x\mathrm{d}(\arcsin x) = \frac{1}{2}\cdot\frac{\pi}{6} - \int_0^{\frac{1}{2}} \frac{x}{\sqrt{1-x^2}}\mathrm{d}x$

$\qquad\qquad = \frac{\pi}{12} + \frac{1}{2}\int_0^{\frac{1}{2}} \frac{\mathrm{d}(1-x^2)}{\sqrt{1-x^2}} = \frac{\pi}{12} + \sqrt{1-x^2}\Big|_0^{\frac{1}{2}} = \frac{\pi}{12} + \frac{\sqrt{3}}{2} - 1.$

例 12 求 $I_n = \int_0^{\frac{\pi}{2}} \sin^n x\mathrm{d}x$.

解 $I_n = -\int_0^{\frac{\pi}{2}} \sin^{n-1} x\mathrm{d}(\cos x) = -\left[\sin^{n-1} x\cos x\right]_0^{\frac{\pi}{2}} + \int_0^{\frac{\pi}{2}} \cos x\mathrm{d}(\sin^{n-1} x)$

$$= (n-1) \int_0^{\frac{\pi}{2}} \sin^{n-2} x \cos^2 x \mathrm{d}x = (n-1) \int_0^{\frac{\pi}{2}} \sin^{n-2} x (1-\sin^2 x) \mathrm{d}x$$
$$= (n-1) I_{n-2} - (n-1) I_n,$$

由此,得 $I_n = \dfrac{n-1}{n} I_{n-2}$. 而 $I_{n-2} = \dfrac{n-3}{n-2} I_{n-4}$,依次进行下去,直至 I_1 或 I_0.

当 n 为奇数时, $I_n = \dfrac{n-1}{n} \times \dfrac{n-3}{n-2} \times \cdots \times \dfrac{4}{5} \times \dfrac{2}{3} I_1$,又 $I_1 = \int_0^{\frac{\pi}{2}} \sin x \mathrm{d}x = 1$,因此

$$I_n = \dfrac{n-1}{n} \times \dfrac{n-3}{n-2} \times \cdots \times \dfrac{4}{5} \times \dfrac{2}{3}.$$

当 n 为偶数时, $I_n = \dfrac{n-1}{n} \times \dfrac{n-3}{n-2} \times \cdots \times \dfrac{3}{4} \times \dfrac{1}{2} I_0$,又 $I_0 = \int_0^{\frac{\pi}{2}} \mathrm{d}x = \dfrac{\pi}{2}$,因此

$$I_n = \dfrac{n-1}{n} \times \dfrac{n-3}{n-2} \times \cdots \times \dfrac{3}{4} \times \dfrac{1}{2} \times \dfrac{\pi}{2}.$$

我们可以直接利用这个公式来求定积分. 例如,

$$\int_0^{\frac{\pi}{2}} \sin^5 x \mathrm{d}x = \dfrac{4}{5} \times \dfrac{2}{3} = \dfrac{8}{15}.$$

$$\int_0^{\frac{\pi}{2}} \cos^8 x \mathrm{d}x = \int_0^{\frac{\pi}{2}} \sin^8 x \mathrm{d}x = \dfrac{7}{8} \times \dfrac{5}{6} \times \dfrac{3}{4} \times \dfrac{1}{2} \times \dfrac{\pi}{2} = \dfrac{35}{256} \pi.$$

§6.4 广 义 积 分

在一些实际问题中,常遇到积分区间为无穷区间或者被积函数为无界函数的积分,它们不属于前面所讲的定积分. 因此需要对定积分做两种推广,从而形成广义积分的概念(前面讨论的积分称为常义积分).

6.4.1 无穷区间上的广义积分

定义 1 设函数 $f(x)$ 在区间 $[a, +\infty)$ 上连续,取 $b > a$. 如果极限

$$\lim_{b \to +\infty} \int_a^b f(x) \mathrm{d}x$$

存在,则称此极限为函数 $f(x)$ 在无穷区间 $[a, +\infty)$ 上的**广义积分**,记作 $\int_a^{+\infty} f(x) \mathrm{d}x$,即

$$\int_a^{+\infty} f(x) \mathrm{d}x = \lim_{b \to +\infty} \int_a^b f(x) \mathrm{d}x,$$

也称 $\int_a^{+\infty} f(x) \mathrm{d}x$ **收敛**;如果上述极限不存在,则称 $\int_a^{+\infty} f(x) \mathrm{d}x$ **发散**.

类似地,设函数 $f(x)$ 在区间 $(-\infty, b]$ 上连续,取 $a < b$. 如果极限

$$\lim_{a \to -\infty} \int_a^b f(x) \mathrm{d}x$$

存在,则称此极限为函数 $f(x)$ 在无穷区间 $(-\infty, b]$ 上的广义积分,记作 $\int_{-\infty}^b f(x) \mathrm{d}x$,即

$$\int_{-\infty}^b f(x) \mathrm{d}x = \lim_{a \to -\infty} \int_a^b f(x) \mathrm{d}x,$$

也称 $\int_{-\infty}^b f(x) \mathrm{d}x$ **收敛**;如果上述极限不存在,就称 $\int_{-\infty}^b f(x) \mathrm{d}x$ **发散**.

设函数 $f(x)$ 在区间 $(-\infty, +\infty)$ 上连续,如果广义积分

$$\int_{-\infty}^{0} f(x)\mathrm{d}x \text{ 和 } \int_{0}^{+\infty} f(x)\mathrm{d}x$$

都收敛,则称这两个广义积分之和为函数 $f(x)$ 在无穷区间 $(-\infty, +\infty)$ 上的**广义积分**,记作 $\int_{-\infty}^{+\infty} f(x)\mathrm{d}x$,即

$$\int_{-\infty}^{+\infty} f(x)\mathrm{d}x = \int_{-\infty}^{0} f(x)\mathrm{d}x + \int_{0}^{+\infty} f(x)\mathrm{d}x = \lim_{a \to -\infty} \int_{a}^{0} f(x)\mathrm{d}x + \lim_{b \to +\infty} \int_{0}^{b} f(x)\mathrm{d}x ,$$

也称 $\int_{-\infty}^{+\infty} f(x)\mathrm{d}x$ **收敛**;否则,就称 $\int_{-\infty}^{+\infty} f(x)\mathrm{d}x$ **发散**.

例 1 讨论下列广义积分的敛散性.

(1) $\int_{0}^{+\infty} x\mathrm{e}^{-x}\mathrm{d}x$;   (2) $\int_{-\infty}^{0} x\mathrm{e}^{-x^2}\mathrm{d}x$;   (3) $\int_{-\infty}^{+\infty} \dfrac{x}{1+x^2}\mathrm{d}x$.

解 (1) 取 $b > 0$,则

$$\int_{0}^{b} x\mathrm{e}^{-x}\mathrm{d}x = -\int_{0}^{b} x\mathrm{d}\mathrm{e}^{-x} = -x\mathrm{e}^{-x}\Big|_{0}^{b} + \int_{0}^{b} \mathrm{e}^{-x}\mathrm{d}x = -\frac{b}{\mathrm{e}^{b}} - \mathrm{e}^{-x}\Big|_{0}^{b} = -\frac{b+1}{\mathrm{e}^{b}} + 1 .$$

于是

$$\int_{0}^{+\infty} x\mathrm{e}^{-x}\mathrm{d}x = \lim_{b \to +\infty} \int_{0}^{b} x\mathrm{e}^{-x}\mathrm{d}x = \lim_{b \to +\infty} \left(-\frac{b+1}{\mathrm{e}^{b}} + 1\right) = 1 ,$$

其中 $\lim\limits_{b \to +\infty} \dfrac{b+1}{\mathrm{e}^{b}} = \lim\limits_{b \to +\infty} \dfrac{1}{\mathrm{e}^{b}} = 0$.

(2) 取 $a < 0$,则

$$\int_{a}^{0} x\mathrm{e}^{-x^2}\mathrm{d}x = -\frac{1}{2}\int_{a}^{0} \mathrm{e}^{-x^2}\mathrm{d}(-x^2) = -\frac{1}{2}\mathrm{e}^{-x^2}\Big|_{a}^{0} = \frac{1}{2\mathrm{e}^{a^2}} - \frac{1}{2} .$$

于是

$$\int_{-\infty}^{0} x\mathrm{e}^{-x^2}\mathrm{d}x = \lim_{a \to -\infty} \int_{a}^{0} x\mathrm{e}^{-x^2}\mathrm{d}x = \lim_{a \to -\infty} \left(\frac{1}{2\mathrm{e}^{a^2}} - \frac{1}{2}\right) = -\frac{1}{2} .$$

(3) 先考察 $\int_{-\infty}^{0} \dfrac{x}{1+x^2}\mathrm{d}x$ 的敛散性.取 $a < 0$,则

$$\int_{a}^{0} \frac{x}{1+x^2}\mathrm{d}x = \frac{1}{2}\int_{a}^{0} \frac{\mathrm{d}(1+x^2)}{1+x^2} = \frac{1}{2}\ln(1+x^2)\Big|_{a}^{0} = -\frac{1}{2}\ln(1+a^2) .$$

于是

$$\int_{-\infty}^{0} \frac{x}{1+x^2}\mathrm{d}x = \lim_{a \to -\infty} \int_{a}^{0} \frac{x}{1+x^2}\mathrm{d}x = -\frac{1}{2}\lim_{a \to -\infty}\left[\ln(1+a^2)\right] = -\infty ,$$

故 $\int_{-\infty}^{0} \dfrac{x}{1+x^2}\mathrm{d}x$ 发散,因而 $\int_{-\infty}^{+\infty} \dfrac{x}{1+x^2}\mathrm{d}x$ 发散.

例 2 证明广义积分 $\int_{1}^{+\infty} \dfrac{\mathrm{d}x}{x^p}$ 当 $p > 1$ 时收敛;当 $p \leqslant 1$ 时发散.

证 当 $p = 1$ 时,$\int_{1}^{+\infty} \dfrac{\mathrm{d}x}{x} = \lim\limits_{b \to +\infty} \ln b = +\infty$.

当 $p \neq 1$ 时,$\int_{1}^{+\infty} \dfrac{1}{x^p}\mathrm{d}x = \lim\limits_{b \to +\infty}\left[\dfrac{x^{1-p}}{1-p}\right]_{1}^{b} = \lim\limits_{b \to +\infty} \dfrac{b^{1-p}-1}{1-p} = \begin{cases} +\infty & \text{当 } p < 1 \\ \dfrac{1}{p-1} & \text{当 } p > 1 \end{cases}.$

因此，当 $p>1$ 时广义积分 $\int_1^{+\infty}\dfrac{\mathrm{d}x}{x^p}$ 收敛，其值为 $\dfrac{1}{p-1}$；当 $p\leqslant 1$ 时，该广义积分发散.

6.4.2　无界函数的广义积分

定义 2　设函数 $f(x)$ 在 $(a,b]$ 上连续，且 $\lim\limits_{x\to a^+}f(x)=\infty$，取 $\varepsilon>0$，如果极限

$$\lim_{\varepsilon\to 0^+}\int_{a+\varepsilon}^b f(x)\mathrm{d}x$$

存在，则称此极限为函数 $f(x)$ 在 $(a,b]$ 上的**广义积分**，仍然记作 $\int_a^b f(x)\mathrm{d}x$，即

$$\int_a^b f(x)\mathrm{d}x=\lim_{\varepsilon\to 0^+}\int_{a+\varepsilon}^b f(x)\mathrm{d}x,$$

也称 $\int_a^b f(x)\mathrm{d}x$ **收敛**；如果上述极限不存在，就称 $\int_a^b f(x)\mathrm{d}x$ **发散**.

类似地，设函数 $f(x)$ 在 $[a,b)$ 上连续，且 $\lim\limits_{x\to b^-}f(x)=\infty$，取 $\varepsilon>0$，如果极限

$$\lim_{\varepsilon\to 0^+}\int_a^{b-\varepsilon} f(x)\mathrm{d}x$$

存在，则称此极限为函数 $f(x)$ 在 $[a,b)$ 上的**广义积分**，仍然记作 $\int_a^b f(x)\mathrm{d}x$，即

$$\int_a^b f(x)\mathrm{d}x=\lim_{\varepsilon\to 0^+}\int_a^{b-\varepsilon} f(x)\mathrm{d}x,$$

也称 $\int_a^b f(x)\mathrm{d}x$ **收敛**；如果上述极限不存在，就称 $\int_a^b f(x)\mathrm{d}x$ **发散**.

设函数 $f(x)$ 在 $[a,c),(c,b]$ 上连续，而在点 c 的邻域内无界. 如果两个广义积分

$$\int_a^c f(x)\mathrm{d}x \ 与 \int_c^b f(x)\mathrm{d}x$$

都收敛，则定义

$$\int_a^b f(x)\mathrm{d}x=\int_a^c f(x)\mathrm{d}x+\int_c^b f(x)\mathrm{d}x=\lim_{\varepsilon\to 0^+}\int_a^{c-\varepsilon} f(x)\mathrm{d}x+\lim_{\varepsilon\to 0^+}\int_{c+\varepsilon}^b f(x)\mathrm{d}x.$$

否则，就称 $\int_a^b f(x)\mathrm{d}x$ **发散**.

例 3　讨论下列广义积分的敛散性.

(1) $\int_0^1 \ln x\mathrm{d}x$；　　　(2) $\int_0^1 \dfrac{\mathrm{d}x}{\sqrt{1-x^2}}$；　　　(3) $\int_0^2 \dfrac{\mathrm{d}x}{\sqrt[3]{(x-1)^4}}$.

解　(1) 因为 $\lim\limits_{x\to 0^+}\ln x=-\infty$，于是

$$\int_\varepsilon^1 \ln x\mathrm{d}x=x\ln x\Big|_\varepsilon^1-\int_\varepsilon^1 x\mathrm{d}\ln x=-\varepsilon\ln\varepsilon-\int_\varepsilon^1\mathrm{d}x=-\varepsilon\ln\varepsilon-1+\varepsilon.$$

因此

$$\int_0^1 \ln x\mathrm{d}x=\lim_{\varepsilon\to 0^+}\int_\varepsilon^1 \ln x\mathrm{d}x=\lim_{\varepsilon\to 0^+}(-\varepsilon\ln\varepsilon-1+\varepsilon)=-1,$$

其中 $\lim\limits_{\varepsilon\to 0^+}\varepsilon\ln\varepsilon=\lim\limits_{\varepsilon\to 0^+}\dfrac{\ln\varepsilon}{\dfrac{1}{\varepsilon}}=\lim\limits_{\varepsilon\to 0^+}\dfrac{\dfrac{1}{\varepsilon}}{-\dfrac{1}{\varepsilon^2}}=-\lim\limits_{\varepsilon\to 0^+}\varepsilon=0.$

(2)因为 $\lim\limits_{x\to 1^-}\dfrac{1}{\sqrt{1-x^2}}=+\infty$,于是

$$\int_0^{1-\varepsilon}\frac{\mathrm{d}x}{\sqrt{1-x^2}}=\arcsin x\Big|_0^{1-\varepsilon}=\arcsin(1-\varepsilon).$$

因此

$$\int_0^1\frac{\mathrm{d}x}{\sqrt{1-x^2}}=\lim_{\varepsilon\to 0^+}\int_0^{1-\varepsilon}\frac{\mathrm{d}x}{\sqrt{1-x^2}}=\lim_{\varepsilon\to 0^+}\arcsin(1-\varepsilon)=\arcsin 1=\frac{\pi}{2}.$$

(3)因为 $\lim\limits_{x\to 1}\dfrac{1}{\sqrt[3]{(x-1)^4}}=+\infty$,因此需要分别考察 $\int_0^1\dfrac{\mathrm{d}x}{\sqrt[3]{(x-1)^4}}$ 和 $\int_1^2\dfrac{\mathrm{d}x}{\sqrt[3]{(x-1)^4}}$.

由于

$$\int_0^{1-\varepsilon}\frac{\mathrm{d}x}{\sqrt[3]{(x-1)^4}}=\int_0^{1-\varepsilon}(x-1)^{-\frac{4}{3}}\mathrm{d}(x-1)=-3(x-1)^{-\frac{1}{3}}\Big|_0^{1-\varepsilon}=\frac{3}{\sqrt[3]{\varepsilon}}-3,$$

于是

$$\int_0^1\frac{\mathrm{d}x}{\sqrt[3]{(x-1)^4}}=\lim_{\varepsilon\to 0^+}\int_0^{1-\varepsilon}\frac{\mathrm{d}x}{\sqrt[3]{(x-1)^4}}=\lim_{\varepsilon\to 0^+}\left(\frac{3}{\sqrt[3]{\varepsilon}}-3\right)=+\infty,$$

故 $\int_0^1\dfrac{\mathrm{d}x}{\sqrt[3]{(x-1)^4}}$ 发散,因此 $\int_0^2\dfrac{\mathrm{d}x}{\sqrt[3]{(x-1)^4}}$ 发散.

例 4 证明积分 $\int_0^1\dfrac{\mathrm{d}x}{x^p}$ 当 $p<1$ 时收敛;当 $p\geqslant 1$ 时发散.

证 当 $p\leqslant 0$ 时,$\int_0^1\dfrac{\mathrm{d}x}{x^p}$ 为常义积分.

当 $p=1$ 时,$\int_0^1\dfrac{\mathrm{d}x}{x}=\lim\limits_{\varepsilon\to 0^+}[\ln x]_\varepsilon^1=\lim\limits_{\varepsilon\to 0^+}(-\ln\varepsilon)=+\infty.$

当 $p>0$ 且 $p\neq 1$ 时,$\int_0^1\dfrac{\mathrm{d}x}{x^p}=\lim\limits_{\varepsilon\to 0^+}\left[\dfrac{x^{1-p}}{1-p}\right]_\varepsilon^1=\lim\limits_{\varepsilon\to 0^+}\dfrac{1-\varepsilon^{1-p}}{1-p}=\begin{cases}+\infty & \text{当 } p>1\\[2mm]\dfrac{1}{1-p} & \text{当 } 0<p<1\end{cases}.$

§6.5 定积分的应用

本章中将应用定积分理论来分析和解决一些几何问题.通过这些例子,不仅在于建立计算这些几何量的公式,而且更重要的在于介绍运用元素法将一个量表示成定积分的分析方法.

6.5.1 定积分的元素法

在定积分的应用中,经常采用所谓元素法.这种方法实际上是由定积分的定义简化而成的.下面以曲边梯形的面积为例来说明这种方法.

设 $f(x)$ 在区间 $[a,b]$ 上连续且 $f(x)\geqslant 0$,则以曲线 $y=f(x)$ 为曲边,底为 $[a,b]$ 的曲边梯形的面积 S 可表示为定积分

$$\int_a^b f(x)\mathrm{d}x.$$

把这个面积 S 表示为定积分的步骤是:

(1)化整为零 用任意一组分点把区间 $[a,b]$ 分成长度为 $\Delta x_i(i=1,2,\cdots,n)$ 的 n 个小区

间,相应地把曲边梯形分成 n 个窄曲边梯形,第 i 个窄曲边梯形的面积设为 ΔS_i,于是有

$$S = \sum_{i=1}^{n} \Delta S_i \ ;$$

(2)以不变高代替变高　以矩形代替曲边梯形,给出"零"的近似值

$$\Delta S_i \approx f(\xi_i)\Delta x_i \quad (x_{i-1} \leqslant \xi_i \leqslant x_i) \ ;$$

(3)积零为整　给出"整"的近似值　$S \approx \sum_{i=1}^{n} f(\xi_i)\Delta x_i \ ;$

(4)取极限　近似值向精确值转化

$$S = \lim_{\lambda \to 0} \sum_{i=1}^{n} f(\xi_i)\Delta x_i = \int_a^b f(x)\mathrm{d}x \ .$$

上述做法蕴含两个实质性的问题:

(1)所求量(即面积 S)与区间 $[a,b]$ 有关.如果把区间 $[a,b]$ 分成许多部分区间,则所求量相应地分成许多部分量(即 ΔS_i),而所求量等于所有部分量之和(即 $S = \sum_{i=1}^{n} \Delta S_i$),该性质称为所求量对于区间 $[a,b]$ 具有可加性.

(2)用 $f(\xi_i)\Delta x_i$ 近似代替部分量 ΔS_i,它们只相差一个比 Δx_i 高阶的无穷小,因此和式 $\sum_{i=1}^{n} f(\xi_i)\Delta x_i$ 的极限才是精确值 S,故关键是确定

$$\Delta S_i \approx f(\xi_i)\Delta x_i \quad (\Delta S_i - f(\xi_i)\Delta x_i = o(\Delta x_i)) \ .$$

在实用时,用 ΔS 表示任一小区间 $[x, x+\mathrm{d}x]$ 上的窄曲边梯形的面积,这样 $S = \sum \Delta S$. 取左端点 x 为 ξ,以点 x 处的函数值 $f(x)$ 为高、$\mathrm{d}x$ 为底的矩形面积 $f(x)\mathrm{d}x$ 为 ΔS 的近似值(见图 6-8),即 $\Delta S \approx f(x)\mathrm{d}x$.

右端 $f(x)\mathrm{d}x$ 称作面积元素,记为 $\mathrm{d}S = f(x)\mathrm{d}x$,于是

$$S = \lim \sum f(x)\mathrm{d}x = \int_a^b f(x)\mathrm{d}x \ .$$

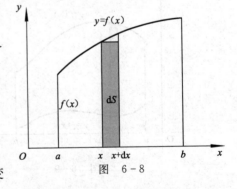

图　6-8

一般地,能用定积分计算的量 I,应满足下列三个条件:

(1)I 与一个变量 x 的变化区间 $[a,b]$ 有关;

(2)I 对于区间 $[a,b]$ 具有可加性;

(3)部分量 ΔI_i 的近似值可表示为 $f(\xi_i)\Delta x_i$.

通常把量 I 表示成定积分表达式的步骤是:

(1)根据具体问题,选取一个变量(例如 x)为积分变量,并确定它的变化区间 $[a,b]$;

(2)在区间 $[a,b]$ 上任取小区间 $[x, x+\mathrm{d}x]$,求出相应于这个小区间的部分量 ΔI 的近似值.如果 ΔI 能近似地表示为连续函数 $f(x)$ 与 $\mathrm{d}x$ 的乘积,就把 $f(x)\mathrm{d}x$ 称为量 I 的元素,记作

$$\mathrm{d}I = f(x)\mathrm{d}x \ .$$

(3)以 I 的元素 $f(x)\mathrm{d}x$ 为被积表达式,在 $[a,b]$ 上作定积分,得

$$I = \int_a^b f(x)\mathrm{d}x \ .$$

这种方法叫做**元素法**,其实质是找出 I 的元素 $\mathrm{d}I$ 的表达式.下面应用这种方法讨论几何

中的一些问题.

6.5.2 平面图形的面积

1. 直角坐标的情形

(1)曲边梯形的面积

由曲线 $y=f(x)(f(x)\geqslant 0)$ 及直线 $x=a$、$x=b(a<b)$ 与 x 轴所围成的曲边梯形的面积 S 为

$$S=\int_a^b f(x)\mathrm{d}x,$$

其中被积表达式 $f(x)\mathrm{d}x$ 是直角坐标系下的面积元素,即 $\mathrm{d}S=f(x)\mathrm{d}x$,它表示高为 $f(x)$、底为 $\mathrm{d}x$ 的一个矩形面积.

(2)由连续曲线 $y=f(x)$、$y=g(x)(f(x)\geqslant g(x))$ 及直线 $x=a,x=b(a<b)$ 所围成的平面图形(见图6-9)面积 S 的计算.

取 x 为积分变量,它的变化区间为 $[a,b]$.相应于 $[a,b]$ 上的任一小区间 $[x,x+\mathrm{d}x]$ 的部分面积近似于高为 $f(x)-g(x)$、底为 $\mathrm{d}x$ 的矩形面积,从而得到面积元素

$$\mathrm{d}S=[f(x)-g(x)]\mathrm{d}x.$$

以 $[f(x)-g(x)]\mathrm{d}x$ 为被积表达式,在区间 $[a,b]$ 上做定积分,得到

$$S=\int_a^b [f(x)-g(x)]\mathrm{d}x.$$

类似地,可以得到下面图形面积的计算公式.

(3)由曲线 $x=f(y)$、$x=g(y)(f(y)\geqslant g(y))$ 及直线 $y=c$、$y=d(c<d)$ 所围成的平面图形(见图6-10)面积 S 的计算.

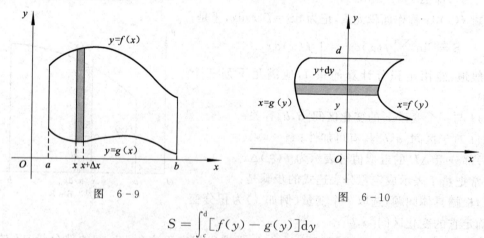

图 6-9　　　　　　图 6-10

$$S=\int_c^d [f(y)-g(y)]\mathrm{d}y.$$

例1 计算由两条抛物线 $y^2=x$、$y=x^2$ 所围成的图形的面积.

解法1 首先根据题意作图,这两条抛物线所围成的图形如图6-11所示.为了确定图形所在的范围,必须求出这两条抛物线的交点.解方程组

$$\begin{cases} y^2=x, \\ y=x^2, \end{cases}$$

得到交点为 $(0,0)$,$(1,1)$.

取 x 为积分变量,则它的变化区间为 $[0,1]$.这时,抛物线 $y^2=x$ 位于抛物线 $y=x^2$ 的上方,故面积元素 $dS=(\sqrt{x}-x^2)dx$,因此所求面积

$$S=\int_0^1(\sqrt{x}-x^2)dx=\left(\frac{2}{3}x^{\frac{3}{2}}-\frac{x^3}{3}\right)\Big|_0^1=\frac{1}{3}.$$

解法 2　取 y 为积分变量,则它的变化区间为 $[0,1]$.这时,抛物线 $y=x^2$ 位于抛物线 $y^2=x$ 的右方,故面积元素 $dS=(\sqrt{y}-y^2)dy$,因此所求面积

$$S=\int_0^1(\sqrt{y}-y^2)dy=\left(\frac{2}{3}y^{\frac{3}{2}}-\frac{y^3}{3}\right)\Big|_0^1=\frac{1}{3}.$$

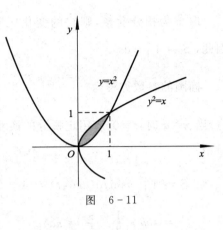

图　6 - 11

本例中,积分变量选取 x 或选取 y,其计算过程的繁简度基本一样.但在有些情况下,积分变量的选取对计算过程的难易有较大影响,如下例.

例 2　计算抛物线 $y^2=2x$ 与直线 $x-y=4$ 所围成的图形的面积.

解法 1　所围图形如图 6 - 12 所示.先求出抛物线 $y^2=2x$ 与直线 $x-y=4$ 的交点,解方程组

$$\begin{cases} y^2=2x, \\ x-y=4, \end{cases}$$

得到交点为 $(2,-2),(8,4)$.

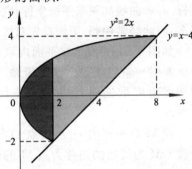

由图形可知,直线 $x-y=4$ 位于抛物线 $y^2=2x$ 的右方,所以取 y 为积分变量,它的变化区间为 $[-2,4]$.这时,面积元素 $dS=\left[(y+4)-\frac{1}{2}y^2\right]dy$,因此所求面积

图　6 - 12

$$S=\int_{-2}^4\left[(y+4)-\frac{1}{2}y^2\right]dy=\left(\frac{y^2}{2}+4y-\frac{y^3}{6}\right)\Big|_{-2}^4=18.$$

解法 2　取 x 为积分变量,则它的变化区间为 $[0,8]$,我们分为 $[0,2]$、$[2,8]$ 两段来考虑.

在 $[0,2]$ 上,抛物线 $y=\sqrt{2x}$ 位于抛物线 $y=-\sqrt{2x}$ 的上方,故面积元素

$$dS_1=\left[\sqrt{2x}-(-\sqrt{2x})\right]dx=2\sqrt{2x}dx,$$

因此,相应的面积 $S_1=\int_0^2 2\sqrt{2x}dx=\frac{4\sqrt{2}}{3}x^{\frac{3}{2}}\Big|_0^2=\frac{16}{3}.$

在 $[2,8]$ 上,抛物线 $y^2=2x$ 位于直线 $x-y=4$ 的上方,故面积元素

$$dS_2=\left[\sqrt{2x}-(x-4)\right]dx=(4+\sqrt{2x}-x)dx,$$

因此,相应的面积 $S_2=\int_2^8(4+\sqrt{2x}-x)dx=\left(4x+\frac{2\sqrt{2}}{3}x^{\frac{3}{2}}-\frac{x^2}{2}\right)\Big|_2^8=\frac{38}{3}.$

综上可得,所求面积 $S=S_1+S_2=\frac{16}{3}+\frac{38}{3}=18.$

显然,解法 1 更简洁,这表明积分变量的选取有个合理性的问题,应注意选取的技巧.

例 3　计算椭圆 $\frac{x^2}{a^2}+\frac{y^2}{b^2}=1(a>0,b>0)$ 的面积 S.

解　由于椭圆关于 x 轴、y 轴对称(图 6 - 13),所以椭圆面积 $S=4S_1$,其中 S_1 是椭圆在第一象限的面积.

取 x 为积分变量,则它的变化区间为 $[0,a]$.

因此,$S = 4 \int_0^a y \mathrm{d}x$.

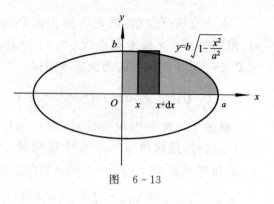

图 6-13

椭圆的参数方程为 $\begin{cases} x = a\cos t \\ y = b\sin t \end{cases}$,当 $x=0$ 时,$t = \dfrac{\pi}{2}$;当 $x=a$ 时,$t=0$.应用定积分的换元法,则椭圆面积

$$S = 4 \int_{\frac{\pi}{2}}^{0} b\sin t \, \mathrm{d}(a\cos t) = 4ab \int_0^{\frac{\pi}{2}} \sin^2 t \, \mathrm{d}t$$

$$= 4ab \cdot \frac{1}{2} \cdot \frac{\pi}{2} = \pi ab.$$

2. 极坐标的情形

除了常用的直角坐标外,还有另外一种重要的坐标,即极坐标.有些曲线如果采用极坐标,它的方程比用直角坐标简单得多,因此经常用到.下面首先对极坐标进行介绍.

如图 6-14 所示,在平面内取一定点 O,称为**极点**.从点 O 出发引一条射线 Ox,称为**极轴**.再取定一个长度单位,通常规定角度取逆时针方向为正,这样就建立了一个极坐标系.

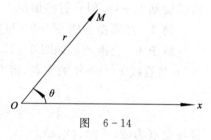

图 6-14

设 M 是平面内一点,极点 O 与点 M 的距离称为点 M 的**极径**,记为 r.以极轴 Ox 为始边,射线 OM 为终边的角称为点 M 的极角,记为 θ.这样,点 M 的位置就可以用 r 和 θ 来确定,有序数对 (r, θ) 称为点 M 的极坐标,记为 $M(r, \theta)$.

一般地,不作特殊说明时,认为 $r \geqslant 0$,θ 可取任意实数.

把直角坐标系的原点 O 作为极点,x 轴的正半轴作为极轴,并在两种坐标系中取相同的长度单位,如图 6-15 所示.如果点 M 的直角坐标是 (x,y),极坐标是 (r,θ),则有下列关系成立

$$x = r\cos\theta, \quad y = r\sin\theta.$$

另外还有下式成立

$$r^2 = x^2 + y^2, \quad \tan\theta = \frac{y}{x} \quad (x \neq 0).$$

这就是直角坐标与极坐标的互化公式.

用极坐标描述的曲线方程称为**极坐标方程**,通常表示为 r 为自变量 θ 的函数.平面上有些曲线,采用极坐标时,方程比较简单.例如,以原点为中心,R 为半径的圆的极坐标方程为 $r=R$;圆心在 $(a,0)$,半径为 a 的圆的极坐标方程为 $r=2a\cos\theta$.

有些平面图形的面积,用极坐标计算比较简便.

设由平面曲线 $r=r(\theta)$ 及两条射线 $\theta=\alpha,\theta=\beta(\beta>\alpha)$ 围成一平面图形(称为曲边扇形,图 6-16),现在计算它的面积.这里,$r(\theta)$ 在 $[\alpha,\beta]$ 上连续,且 $r(\theta) \geqslant 0$.由于当 θ 在 $[\alpha,\beta]$ 上变动时,极径 $r=r(\theta)$ 也随之变动,因此所求图形的面积不能利用圆扇形面积公式 $S=\dfrac{1}{2}R^2\theta$ 来计算.

取极角 θ 为积分变量,它的变化区间为 $[\alpha,\beta]$.相应于任一小区间 $[\theta,\theta+\mathrm{d}\theta]$ 的窄曲边扇形的面积可以用半径为 $r(\theta)$、中心角为 $\mathrm{d}\theta$ 的圆扇形面积来近似代替,即曲边扇形的面积元素

$$dS = \frac{1}{2}[r(\theta)]^2 d\theta.$$

以 $\frac{1}{2}[r(\theta)]^2 d\theta$ 为被积表达式,在 $[\alpha,\beta]$ 上做定积分,可得曲边扇形的面积

$$S = \int_\alpha^\beta \frac{1}{2}[r(\theta)]^2 d\theta.$$

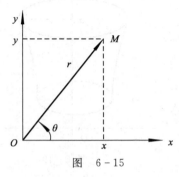 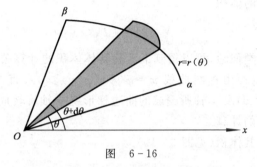

图 6-15   图 6-16

例 4 计算心形线 $r=a(1+\cos\theta)(a>0)$ 所围图形的面积.

解 心形线所围成的图形如图 6-17 所示.它对称于极轴,因此所求图形的面积 S 是极轴上方图形面积 S_1 的两倍.

对于极轴上方的图形区域,θ 的变化区间为 $[0,\pi]$.因此

$$S = 2\int_0^\pi \frac{1}{2}[a(1+\cos\theta)]^2 d\theta$$

$$= a^2 \int_0^\pi (1+2\cos\theta+\cos^2\theta)d\theta$$

$$= a^2 \int_0^\pi \left(\frac{3}{2}+2\cos\theta+\frac{1}{2}\cos 2\theta\right)d\theta = a^2\left[\frac{3}{2}\theta+2\sin\theta+\frac{1}{4}\sin 2\theta\right]_0^\pi$$

$$= \frac{3}{2}\pi a^2.$$

图 6-17

6.5.3 立体的体积

1. 旋转体的体积

由一个平面图形绕该平面内一条直线旋转一周而生成的立体称为**旋转体**,平面内的这条直线称为**旋转轴**.例如,圆柱、圆锥、球可以分别看成是由矩形绕它的一条边、直角三角形绕它的直角边、半圆绕它的直径旋转一周而成的立体,它们都是旋转体.下面计算旋转体的体积.

(1)由连续曲线 $y=f(x)(f(x)\geqslant0)$、直线 $x=a$、$x=b(a<b)$ 及 x 轴所围成的曲边梯形绕 x 轴旋转而成的旋转体体积的计算.

容易看出,该旋转体(见图 6-18)的任一个垂

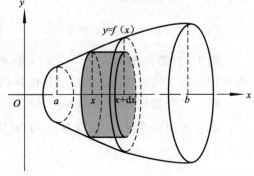

图 6-18

直于 x 轴的截面都是圆,半径为 $y=f(x)$. 取 x 为积分变量,则它的变化区间为 $[a,b]$. 相应于 $[a,b]$ 上的任一小区间 $[x,x+\mathrm{d}x]$ 的窄曲边梯形绕 x 轴旋转而成的薄旋转体的体积近似于以 $f(x)$ 为底半径,$\mathrm{d}x$ 为高的圆柱体的体积,即体积元素为

$$\mathrm{d}V=\pi\,[f(x)]^2\,\mathrm{d}x.$$

以 $\pi\,[f(x)]^2\,\mathrm{d}x$ 为被积表达式,在 $[a,b]$ 上做定积分,可得旋转体的体积

$$V=\int_a^b\pi\,[f(x)]^2\,\mathrm{d}x.$$

类似地,可以得到下面旋转体体积的计算公式.

(2)由连续曲线 $x=\varphi(y)$($\varphi(y)\geqslant0$)、直线 $y=c$、$y=d(c<d)$ 及 y 轴所围成的曲边梯形绕 y 轴旋转而成的旋转体体积的计算.

其体积(见图 6-19)为

$$V=\int_c^d\pi\,[\varphi(y)]^2\,\mathrm{d}y.$$

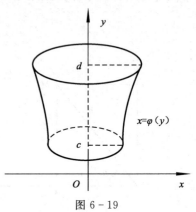

图 6-19

例 5 计算由椭圆 $\dfrac{x^2}{a^2}+\dfrac{y^2}{b^2}=1$ 所围成的图形绕 x 轴旋转而成的旋转体的体积.

解 这个旋转体的图形如图 6-20 所示.

取 x 为积分变量,它的变化区间为 $[-a,a]$,该旋转体在任一点 x 处垂直于 x 轴的截面圆的半径为 $\dfrac{b}{a}\sqrt{a^2-x^2}$,得所求体积

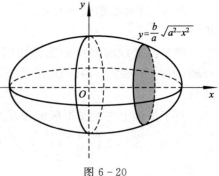

图 6-20

$$V=\int_{-a}^a\pi\left(\frac{b}{a}\,\sqrt{a^2-x^2}\right)^2\mathrm{d}x=\frac{2\pi b^2}{a^2}\int_0^a(a^2-x^2)\,\mathrm{d}x$$

$$=\frac{2\pi b^2}{a^2}\left(a^2x-\frac{x^3}{3}\right)\Big|_0^a=\frac{4}{3}\pi ab^2.$$

例 6 计算由曲线 $y=x^2$ 及 $x=y^2$ 所围成的图形绕 x 轴旋转而成的旋转体的体积.

解 这个旋转体的图形如图 6-21 所示.

取 x 为积分变量,它的变化区间为 $[0,1]$,该旋转体在任一点 x 处垂直于 x 轴的截面面积为 $\pi[x-(x^2)^2]=\pi(x-x^4)$,得所求体积

$$V=\int_0^1\pi(x-x^4)\,\mathrm{d}x=\pi\left[\frac{x^2}{2}-\frac{x^5}{5}\right]_0^1=\frac{3}{10}\pi.$$

例 7 计算由抛物线 $y=\sqrt{2x}$、x 轴及 $x=1$ 所围成的曲边梯形绕 y 轴旋转而成的旋转体的体积.

解 这个旋转体的图形如图 6-22 所示.

取 y 为积分变量,它的变化区间为 $[0,\sqrt{2}]$,该旋转体

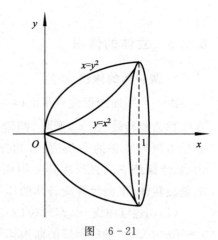

图 6-21

在任一点 y 处垂直于 y 轴的截面面积为
$\pi\left[1^2-\left(\dfrac{y^2}{2}\right)^2\right]=\pi\left(1-\dfrac{y^4}{4}\right)$，得所求体积

$$V=\int_0^{\sqrt{2}}\pi\left(1-\frac{y^4}{4}\right)\mathrm{d}y=\pi\left[y-\frac{y^5}{20}\right]_0^{\sqrt{2}}$$

$$=\frac{4\sqrt{2}}{5}\pi.$$

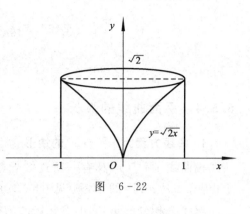

图 6-22

2. 平行截面面积为已知的立体的体积

设立体在垂直于 x 轴的两个平面 $x=a$，$x=b$ $(a<b)$ 之间，并设过点 x 且垂直于 x 轴的截面面积为 $S(x)$，现在来计算它的体积（见图 6-23）.

取 x 为积分变量，则它的变化区间为 $[a,b]$. 相应于 $[a,b]$ 上的任一小区间 $[x,x+\mathrm{d}x]$ 的薄立体片的体积近似于以点 x 处垂直于 x 轴的截面为底，$\mathrm{d}x$ 为高的柱体的体积，即体积元素为
$$\mathrm{d}V=S(x)\mathrm{d}x.$$
以 $S(x)\mathrm{d}x$ 为被积表达式，在 $[a,b]$ 上做定积分，可得旋转体的体积

$$V=\int_a^b S(x)\mathrm{d}x.$$

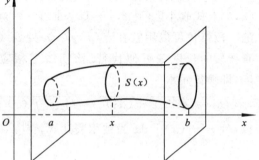

图 6-23

例8 一平面经过半径为 R 的圆柱体的底圆中心，并与底面的交角为 $\alpha\left(0<\alpha<\dfrac{\pi}{2}\right)$，计算这个平面截该圆柱体所得的立体的体积.

解法1 这个立体如图 6-24 所示. 如图建立坐标系，取底面为坐标平面 Oxy，斜面与水平面的交线为 x 轴，则底面半圆的方程为

$$y=\sqrt{R^2-x^2},\quad -R\leqslant x\leqslant R.$$

取 x 为积分变量，则它的变化区间为 $[-R,R]$.

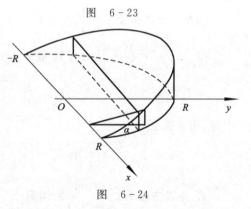

图 6-24

立体在任一点 x 处垂直于 x 轴的截面是一直角三角形，它的两条直角边长为 $\sqrt{R^2-x^2}$，$\sqrt{R^2-x^2}\tan\alpha$，所以截面面积

$$S(x)=\frac{1}{2}(R^2-x^2)\tan\alpha.$$

于是，所求立体的体积

$$V=\int_{-R}^{R}\frac{1}{2}(R^2-x^2)\tan\alpha\,\mathrm{d}x=\tan\alpha\int_0^R(R^2-x^2)\mathrm{d}x=\frac{2}{3}R^3\tan\alpha.$$

解法2 取 y 为积分变量，则它的变化区间为 $[0,R]$. 立体在任一点 y 处垂直于 y 轴的截面是一矩形，其底为 $2\sqrt{R^2-y^2}$，高为 $y\tan\alpha$，所以截面面积

$$S(y)=2y\sqrt{R^2-y^2}\tan\alpha.$$

于是，所求立体的体积

$$V = \int_0^R 2y \sqrt{R^2 - y^2} \tan \alpha dy = -\tan \alpha \int_0^R \sqrt{R^2 - y^2} d(R^2 - y^2)$$

$$= -\tan \alpha \cdot \frac{2}{3} (R^2 - y^2)^{\frac{3}{2}} \Big|_0^R = \frac{2}{3} R^3 \tan \alpha.$$

6.5.4 平面曲线的弧长

1. 曲线方程为 $y = f(x)$ 的情形

设曲线 $y = f(x)$ 具有一阶连续导数,求这条曲线上相应于 x 从 a 到 b 的一段弧(见图 6-25)的长度.

取 x 为积分变量,它的变化区间为 $[a,b]$. 在区间 $[a,b]$ 上任取小区间 $[x,x+dx]$,曲线 $y = f(x)$ 上相应的一段弧长可以用它在点 $(x,f(x))$ 处切线上相应的直线段的长度来近似代替. 该切线上相应小段的长度,即弧长元素

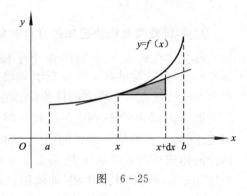

图 6-25

$$ds = \sqrt{(dx)^2 + (dy)^2} = \sqrt{1 + [f'(x)]^2} dx.$$

以 $\sqrt{1 + [f'(x)]^2} dx$ 为被积表达式,在 $[a,b]$ 上做定积分,可得弧长

$$s = \int_a^b \sqrt{1 + [f'(x)]^2} dx.$$

例 9 计算曲线 $y = \frac{1}{3} x^{\frac{3}{2}}$ 上介于 $x = 0$ 和 $x = 12$ 之间的一段弧长.

解 将 $y' = \frac{1}{2} x^{\frac{1}{2}}$ 代入弧长元素 $ds = \sqrt{1 + (y')^2} dx$ 中,得

$$ds = \sqrt{1 + \left(\frac{1}{2} x^{\frac{1}{2}} \right)^2} dx = \sqrt{1 + \frac{x}{4}} dx.$$

于是,所求弧长为

$$s = \int_0^{12} \sqrt{1 + \frac{x}{4}} dx = 4 \int_0^{12} \sqrt{1 + \frac{x}{4}} d\left(1 + \frac{x}{4} \right) = \frac{8}{3} \left(1 + \frac{x}{4} \right)^{\frac{3}{2}} \Big|_0^{12} = \frac{56}{3}.$$

2. 曲线方程为 $\begin{cases} x = \varphi(t) \\ y = \psi(t) \end{cases}$ 的情形

设曲线的参数方程为

$$\begin{cases} x = \varphi(t) \\ y = \psi(t) \end{cases} \quad (\alpha \leqslant t \leqslant \beta),$$

其中 $\varphi(t), \psi(t)$ 具有一阶连续导数,下面计算该曲线弧的长度.

取 t 为积分变量,它的变化区间为 $[\alpha, \beta]$. 在 $[\alpha, \beta]$ 上任取小区间 $[t, t+dt]$,曲线上相应的一段弧长的近似值,即弧长元素

$$ds = \sqrt{(dx)^2 + (dy)^2} = \sqrt{[\varphi'(t)]^2 + [\psi'(t)]^2} dt.$$

$\sqrt{[\varphi'(t)]^2 + [\psi'(t)]^2} dt$ 为被积表达式,在 $[\alpha, \beta]$ 上做定积分,可得弧长

$$s = \int_\alpha^\beta \sqrt{[\varphi'(t)]^2 + [\psi'(t)]^2} dt.$$

需要注意的是,这里的积分上限应大于积分下限.

例 10 计算摆线(图 6-26)$\begin{cases} x=a(t-\sin t) \\ y=a(1-\cos t) \end{cases}$ $(0 \leqslant t \leqslant 2\pi, a > 0)$的长度.

解 分别对 x、y 求导,$x'=a(1-\cos t)$,$y'=a\sin t$. 从而,弧长元素

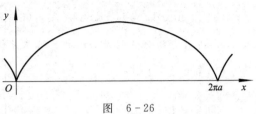

图 6-26

$$\begin{aligned} \mathrm{d}s &= \sqrt{[a(1-\cos t)]^2+(a\sin t)^2}\,\mathrm{d}t \\ &= a\sqrt{2(1-\cos t)}\,\mathrm{d}t = 2a\sin\frac{t}{2}\,\mathrm{d}t. \end{aligned}$$

于是,所求弧长为

$$s = \int_0^{2\pi} 2a\sin\frac{t}{2}\,\mathrm{d}t = 4a\int_0^{2\pi}\sin\frac{t}{2}\,\mathrm{d}\left(\frac{t}{2}\right) = -4a\cos\frac{t}{2}\Big|_0^{2\pi} = 8a.$$

第 6 章 考核要求

◇理解定积分概念及其几何意义;掌握定积分的性质.

◇掌握积分上限的函数及其求导方法;理解原函数存在定理.

◇掌握牛顿-莱布尼茨公式;掌握定积分的换元积分法和分部积分法.

◇掌握奇偶函数、周期函数的积分.

◇掌握直角坐标系下平面图形面积的求法.

◇掌握直角坐标系下旋转体体积的求法.

◇掌握直角坐标系下平面曲线弧长的求法.

习 题 6

A 组

1. 利用定义计算下列积分.

(1) $\int_a^b C\,\mathrm{d}x$,其中 C 为任意常数;　　　　(2) $\int_0^1 x\,\mathrm{d}x$.

2. 利用定积分的几何意义,求下列积分的值.

(1) $\int_0^1 (1-x)\,\mathrm{d}x$;　　　　(2) $\int_0^4 \sqrt{4x-x^2}\,\mathrm{d}x$.

3. 根据定积分的几何意义,证明下列各式.

(1) $\int_{-1}^1 x^3\,\mathrm{d}x = 0$;　　　　(2) $\int_{-2}^2 (x^2+1)\,\mathrm{d}x = 2\int_0^2 (x^2+1)\,\mathrm{d}x$;

(3) $\int_0^{2\pi} \sin x\,\mathrm{d}x = 0$;　　　　(4) $\int_0^2 \sqrt{1-(x-1)^2}\,\mathrm{d}x = 2\int_0^1 \sqrt{1-(x-1)^2}\,\mathrm{d}x$.

4. 不计算积分,比较下列各积分值的大小.

(1) $\int_0^1 x^2\,\mathrm{d}x$ 与 $\int_0^1 x^3\,\mathrm{d}x$;　　　　(2) $\int_1^2 x^2\,\mathrm{d}x$ 与 $\int_1^2 x^3\,\mathrm{d}x$;

(3) $\int_0^1 e^x dx$ 与 $\int_0^1 e^{x^2} dx$;　　　　(4) $\int_1^2 \ln x dx$ 与 $\int_1^2 \ln^2 x dx$;

(5) $\int_0^{\frac{\pi}{2}} \sin x dx$ 与 $\int_0^{\frac{\pi}{2}} x dx$;　　　　(6) $\int_{-\frac{\pi}{2}}^0 \cos x dx$ 与 $\int_0^{\frac{\pi}{2}} \cos x dx$.

5. 利用定积分的性质,估计下列积分值.

(1) $\int_1^3 (x^3+1) dx$;　　　　(2) $\int_0^1 e^{-x^2} dx$;

(3) $\int_{-1}^2 (4-x^2) dx$;　　　　(4) $\int_{\frac{\pi}{4}}^{\frac{5\pi}{4}} (1+\sin^2 x) dx$;

(5) $\int_{\frac{\sqrt{3}}{3}}^{\sqrt{3}} x \arctan x dx$;　　　　(6) $\int_1^2 \frac{x}{1+x^2} dx$.

6. 求极限 $\lim\limits_{n \to \infty} \int_0^{\frac{1}{2}} \frac{x^n}{1+x^2} dx$.

7. 求下列导数.

(1) $\dfrac{d}{dx} \int_1^x \sin e^t dt$;　　　　(2) $\dfrac{d}{dx} \int_0^{x^2} \sqrt{1+t^2} dt$;

(3) $\dfrac{d}{dx} \int_{x^2}^0 \dfrac{dt}{\sqrt{1+t^2}}$;　　　　(4) $\dfrac{d}{dx} \int_{\sin x}^{\cos x} \cos(\pi t^2) dt$;

(5) $\dfrac{d}{dx} \int_{\sqrt{x}}^{x^3} e^{-t^2} dt$;　　　　(6) $\dfrac{d}{dx} \int_0^x (t^3-x^3) \sin t dt$.

8. 求下列极限.

(1) $\lim\limits_{x \to 0} \dfrac{\int_0^x \cos t^2 dt}{x}$;　　　　(2) $\lim\limits_{x \to 0} \dfrac{\int_0^x t \tan t dt}{x^3}$;

(3) $\lim\limits_{x \to 1} \dfrac{\int_1^x \frac{\ln t}{t+1} dt}{(x-1)^2}$;　　　　(4) $\lim\limits_{x \to 0} \dfrac{\int_0^{x^2} \sqrt{1+t^2} dt}{x^2}$.

9. 用牛顿-莱布尼茨公式计算下列定积分.

(1) $\int_1^4 \left(\dfrac{\sqrt{x}-1}{\sqrt{x}}\right)^2 dx$;　　　　(2) $\int_0^\pi (1+\sin x+\cos x) dx$;

(3) $\int_0^1 (\sqrt{x+1}-3^x) dx$;　　　　(4) $\int_0^{\frac{\pi}{4}} \tan^2 x dx$;

(5) $\int_{-e-1}^{-2} \dfrac{dx}{1+x}$;　　　　(6) $\int_{-\frac{1}{2}}^{\frac{1}{2}} \dfrac{1}{\sqrt{1-x^2}} dx$;

(7) $\int_{-1}^0 \dfrac{3x^4+3x^2+1}{1+x^2} dx$;　　　　(8) $\int_0^2 |x-1| dx$;

(9) $\int_0^{2\pi} |\sin x| dx$;　　　　(10) $\int_0^\pi \sqrt{1+\cos 2x} dx$.

10. 下列做法是否正确,为什么?

(1) $\int_{-1}^1 \dfrac{1}{x^2} dx = -\dfrac{1}{x} \Big|_{-1}^1 = -2$;

(2) $\int_0^{\frac{\pi}{2}} \sqrt{1-\sin 2x} dx = \int_0^{\frac{\pi}{2}} \sqrt{\sin^2 x - 2\sin x\cos x + \cos^2 x} dx$

$$= \int_0^{\frac{\pi}{2}} \sqrt{(\sin x - \cos x)^2} \, dx = \int_0^{\frac{\pi}{2}} (\sin x - \cos x) \, dx$$

$$= (-\cos x - \sin x) \Big|_0^{\frac{\pi}{2}} = (-1) - (-1) = 0.$$

11. 用换元积分法计算下列各题.

(1) $\displaystyle\int_{\frac{\pi}{3}}^{\pi} \sin(x - \frac{\pi}{3}) \, dx$;

(2) $\displaystyle\int_{-2}^{1} \frac{dx}{(11 + 5x)^3}$;

(3) $\displaystyle\int_0^{\frac{\pi}{2}} \sin^6 x \cos x \, dx$;

(4) $\displaystyle\int_0^5 \frac{x^3}{x^2 + 1} \, dx$;

(5) $\displaystyle\int_0^1 \frac{\arctan x}{1 + x^2} \, dx$;

(6) $\displaystyle\int_0^{\pi} \sqrt{\sin^3 x - \sin^5 x} \, dx$;

(7) $\displaystyle\int_0^1 \sqrt{1 - x^2} \, dx$;

(8) $\displaystyle\int_0^4 \frac{dx}{1 + \sqrt{x}}$;

(9) $\displaystyle\int_0^4 \frac{x + 2}{\sqrt{2x + 1}} \, dx$;

(10) $\displaystyle\int_0^2 \frac{dx}{\sqrt{x + 1} + \sqrt{(x + 1)^3}}$;

(11) $\displaystyle\int_1^{\sqrt{3}} \frac{dx}{x^2 \sqrt{1 + x^2}}$;

(12) $\displaystyle\int_{-2}^{-\sqrt{2}} \frac{dx}{\sqrt{x^2 - 1}}$.

12. 利用函数的奇偶性计算下列积分.

(1) $\displaystyle\int_{-\pi}^{\pi} x^4 \sin x \, dx$;

(2) $\displaystyle\int_{-1}^{1} \frac{x^3 \sin^2 x}{x^4 + 2x^2 + 1} \, dx$;

(3) $\displaystyle\int_{-\frac{\pi}{2}}^{\frac{\pi}{2}} \sqrt{\cos x - \cos^3 x} \, dx$;

(4) $\displaystyle\int_{-2}^{2} \frac{x + |x|}{2 + x^2} \, dx$.

13. 证明下列命题.

(1) $\displaystyle\int_a^b f(x) \, dx = \int_a^b f(a + b - x) \, dx$;

(2) $\displaystyle\int_0^1 x^m (1 - x)^n \, dx = \int_0^1 x^n (1 - x)^m \, dx$;

(3) $\displaystyle\int_0^a x^3 f(x^2) \, dx = \frac{1}{2} \int_0^{a^2} x f(x) \, dx \ (a > 0)$;

(4) $\displaystyle\int_x^1 \frac{dt}{1 + t^2} = \int_1^{\frac{1}{x}} \frac{dt}{1 + t^2} \ (x > 0)$.

14. 用分部积分法计算下列各题.

(1) $\displaystyle\int_0^1 x e^{-x} \, dx$;

(2) $\displaystyle\int_0^{e-1} \ln(x + 1) \, dx$;

(3) $\displaystyle\int_{\frac{\pi}{4}}^{\frac{\pi}{3}} \frac{x}{\sin^2 x} \, dx$;

(4) $\displaystyle\int_1^e x \ln x \, dx$;

(5) $\displaystyle\int_0^1 x \arctan x \, dx$;

(6) $\displaystyle\int_0^{\frac{\pi}{2}} x \sin 2x \, dx$;

(7) $\displaystyle\int_1^4 \frac{\ln x}{\sqrt{x}} \, dx$;

(8) $\displaystyle\int_0^2 \ln(x + \sqrt{x^2 + 1}) \, dx$.

15. 判断下列广义积分的敛散性,若收敛,计算其值.

(1) $\displaystyle\int_0^{+\infty} e^{-ax} \, dx \ (a > 0)$;

(2) $\displaystyle\int_e^{+\infty} \frac{\ln x}{x} \, dx$;

(3) $\displaystyle\int_{-\infty}^{+\infty}\frac{\mathrm{d}x}{1+x^2}$;

(4) $\displaystyle\int_{1}^{+\infty}\frac{\mathrm{d}x}{x(1+x^2)}$;

(5) $\displaystyle\int_{0}^{1}\frac{x\mathrm{d}x}{\sqrt{1-x^2}}$;

(6) $\displaystyle\int_{0}^{2}\frac{\mathrm{d}x}{(1-x)^2}$;

(7) $\displaystyle\int_{1}^{2}\frac{x\mathrm{d}x}{\sqrt{x-1}}$;

(8) $\displaystyle\int_{1}^{e}\frac{\mathrm{d}x}{x\sqrt{1-(\ln x)^2}}$.

16. 计算由下列曲线所围成的图形的面积.

(1) $y=x^2$, $x+y=2$;

(2) $y=\mathrm{e}^x$, $y=\mathrm{e}^{-x}$, $y=\mathrm{e}^2$;

(3) $y=3-x^2$, $y=2x$;

(4) $y=3-2x-x^2$, $y=0$;

(5) $y=\sqrt{x}$, $y=x$;

(6) $y=\dfrac{1}{x}$, $y=x$, $x=2$;

(7) $y=\mathrm{e}^x$, $y=\mathrm{e}^{-x}$, $x=1$;

(8) $y=x^2$, $4y=x^2$, $y=1$.

17. 计算星形线 $x=a\cos^3 t$, $y=a\sin^3 t$ 所围成的图形
(见图 6-27) 的面积.

18. 计算由曲线 $r=2a(2+\cos\theta)$ 所围成的图形的面积.

19. 计算由下列曲线所围成的图形绕指定的轴旋转而
成的旋转体的体积.

(1) $y=x^2$, $y=0$, $x=2$, 绕 x 轴;

(2) $x=5-y^2$, $x=1$, 绕 y 轴;

(3) $y=\sqrt{2x-x^2}$, $y=\sqrt{x}$, 绕 x 轴;

(4) $x=\sqrt{1-y^2}$, $x=1-\sqrt{1-y^2}$, 绕 y 轴.

20. 计算由下列曲线所围成的图形分别绕 x 轴、y 轴旋
转而成的旋转体的体积.

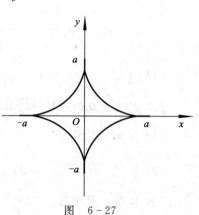

图 6-27

(1) $y=\sqrt{x}$, $x=1$, $x=4$, $y=0$;

(2) $y=\sin x$, $x=\dfrac{\pi}{2}$, $x=0$, $y=0$.

21. 计算下列曲线的弧长.

(1) $y=x^2$, $x\in[0,1]$;

(2) $y=\ln x$, $x\in[\sqrt{3},\sqrt{8}]$;

(3) $y=\dfrac{2}{3}(x-1)^{\frac{3}{2}}$, $x\in[1,4]$;

(4) $y=\sqrt{1-x^2}$, $x\in\left[0,\dfrac{1}{2}\right]$.

22. 计算星形线 $x=a\cos^3 t$, $y=a\sin^3 t$ 的全长.

B 组

1. 设 $f(x)=\dfrac{1}{1+x^2}+\sqrt{1-x^2}\displaystyle\int_{0}^{1}f(x)\mathrm{d}x$, 求 $\displaystyle\int_{0}^{1}f(x)\mathrm{d}x$.

2. 设 $f(x)$ 在区间 $[a,b]$ 上连续, 在 (a,b) 内可导, 且 $\dfrac{2}{b-a}\displaystyle\int_{a}^{\frac{a+b}{2}}f(x)\mathrm{d}x=f(b)$, 证明: 在区

间 (a,b) 内至少存在一点 ξ ,使 $f'(\xi)=0$.

3. 设 $f(x)$ 在区间 $[0,1]$ 上连续,在 $(0,1)$ 内可导,且满足 $f(1)=2\int_0^{\frac{1}{2}} xf(x)\mathrm{d}x$,证明:存在一点 $\xi\in(0,1)$,使 $f(\xi)+\xi f'(\xi)=0$.

4. 设 $f(x)$ 在 $[a,b]$ 上连续,且 $f(x)>0$,令 $F(x)=\int_a^x f(t)\mathrm{d}t+\int_b^x \dfrac{\mathrm{d}t}{f(t)}$,证明:

(1) $f'(x)\geqslant 2$;　　　　　　　　　　(2) $F(x)$ 在 (a,b) 内有且仅有一个零点.

5. 设 $f(x)$ 为连续函数,求满足下列等式的 $f(x)$ 及常数 a .

(1) $x^5+1=\int_a^{x^3} f(t)\mathrm{d}t$;　　　　　　　(2) $\mathrm{e}^{x-1}-x=\int_x^a f(t)\mathrm{d}t$.

6. 设 $f(x)$ 具有一阶连续导数,且 $f(0)=0,f'(0)\neq 0$,求 $\lim\limits_{x\to 0}\dfrac{\int_0^{x^2} f(t)\mathrm{d}t}{x^2\int_0^x f(t)\mathrm{d}t}$.

7. 设 $f(x)=\int_0^x t(1-t)\mathrm{e}^{-2t}\mathrm{d}t$,问当 x 为何值时, $f(x)$ 取得极大值或极小值.

8. 当 $x>0$ 时, $f(x)$ 可导,且满足 $f(x)=1+\int_1^x \dfrac{1}{x}f(t)\mathrm{d}t$,求 $f(x)$.

9. 证明: $\int_0^{\frac{\pi}{2}}\cos^m x\cdot\sin^m x\mathrm{d}x=\dfrac{1}{2^m}\int_0^{\frac{\pi}{2}}\cos^m x\mathrm{d}x$.

10. 证明:广义积分 $\int_2^{+\infty}\dfrac{\mathrm{d}x}{x\,(\ln x)^k}$ 当 $k>1$ 时收敛;当 $k\leqslant 1$ 时发散.

阅读材料 6

微积分的发明权之争

　　牛顿与莱布尼茨应该分享发明微积分的荣誉,但不幸的是,在他们生前爆发了一场旷日持久的关于微积分发明权的争论.事实上,莱布尼茨发表第一篇微积分论文的时间是 1684 年,比牛顿早 3 年(牛顿的《原理》发表于 1687 年),但牛顿早在 17 世纪 60 年代就发明了微积分,而莱布尼茨曾于 1673 年访问过伦敦,并和牛顿及一些知道牛顿工作的人通过信,于是就发生了莱布尼茨是否独立取得微积分成果的问题.牛顿的拥护者们认为只有牛顿才是真正的微积分发明者,公开指责莱布尼茨剽窃牛顿成果.莱布尼茨于 1711 年为此向英国皇家学会提出申诉(当时他是会员,牛顿是会长),结果遭到学会的驳斥.这场争论把欧洲数学家分成两派——英国派和大陆派.争论双方停止了学术交流,互相攻击,以致影响了数学的正常发展.直到 19 世纪初,两派的隔阂才消除.当然,这场争论的性质不纯粹是数学的,其中也包含着两派的民族主义情绪.

　　牛顿和莱布尼茨死后很久,学者们经过认真的调查研究,逐渐取得一致意见:牛顿和莱布尼茨几乎同时发明了微积分,他们的工作也是互相独立的.在创作时间上,牛顿略早于莱布尼茨(牛顿创立微积分的主要时间是 1665~1667 年,莱布尼茨是 1673~1676 年),但在发表时间上,莱布尼茨又略早于牛顿,所以发明微积分的荣誉属于牛顿和莱布尼茨两人.

第 7 章 微 分 方 程

历史使人聪明,诗歌使人机智,数学使人精细.

——培根

微积分研究的对象是函数,但在实际问题中,往往很难直接得到所研究的变量之间的函数关系,却很容易建立这些变量与它们的导数或微分之间的联系,从而得到一个关于未知函数的导数或微分的方程,即微分方程.通过求解方程,同样可以找出未知的函数关系.因此,微分方程是数学联系实际,并应用于实际的重要途径和桥梁,是各个学科进行科学研究的强有力的工具.

本章主要介绍微分方程的一些基本概念,几种常见方程类型及其解法.

§7.1 微分方程的基本概念

7.1.1 微分方程的定义

定义 1 含有未知函数的导数或微分的方程称为**微分方程**.如果未知函数是一元函数,则方程称为**常微分方程**,以下简称**微分方程**.

在几何学、物理学等领域可以看到许多表述自然定律和运行机理的微分方程的例子.

例 1 曲线 $y=f(x)$ 上任意一点 (x,y) 处的切线的斜率等于横坐标 x 的 2 倍,即有方程

$$\frac{\mathrm{d}y}{\mathrm{d}x}=2x. \tag{1}$$

对式(1)两端积分,有 $y=x^2+C.$ 若曲线通过点 $(1,3)$,代入可得 $C=2.$ 于是,该曲线方程为

$$y=x^2+2.$$

例 2 著名的科学家伽利略在研究自由落体运动时发现,如果落体在 t 时刻下落的距离为 s,则加速度 $\dfrac{\mathrm{d}^2 s}{\mathrm{d}t^2}$ 是一个常数,即有方程

$$\frac{\mathrm{d}^2 s}{\mathrm{d}t^2}=g. \tag{2}$$

对式(2)连续积分两次,有 $s=\dfrac{1}{2}gt^2+C_1 t+C_2.$ 又由 $s|_{t=0}=0,\dfrac{\mathrm{d}s}{\mathrm{d}t}\big|_{t=0}=0,$ 得 $C_1=0,C_2=0.$ 因此,自由落体运动的规律为

$$s=\frac{1}{2}gt^2.$$

定义 2 微分方程中的未知函数的最高阶导数的阶数,称为微分方程的**阶**.

例如,方程(1)为一阶微分方程;方程(2)为二阶微分方程.又如,方程 $x^2 y''' + 2y = 0$ 为三阶微分方程.

n 阶微分方程的一般形式为

$$F(x, y, y', y'', \cdots, y^{(n)}) = 0, \tag{3}$$

其中 x 为自变量,y 为未知函数.在方程(3)中,$y^{(n)}$ 必须出现,而其余变量可以不出现.例如,在 n 阶微分方程 $y^{(n)} + 1 = 0$ 中,其余变量都没有出现.

如果方程(3)可表为如下形式:

$$y^{(n)} + a_1(x) y^{(n-1)} + \cdots + a_{n-1}(x) y' + a_n(x) y = f(x), \tag{4}$$

则称方程(3)为 **n 阶线性微分方程**,其中 $a_1(x), a_2(x), \cdots, a_n(x)$ 和 $f(x)$ 为 x 的函数.

不能表示成形如式(4)的微分方程,统称为**非线性微分方程**.

例如,方程(1)、方程(2)为线性微分方程;方程 $y' = \dfrac{x}{y}, y'' + x (y')^2 = \dfrac{2}{x}, \cos(y'') + \ln y = x + 1$ 均为非线性微分方程.

7.1.2 微分方程的解

建立和求解微分方程,目的就是要找到满足方程的未知函数,于是有以下定义:

定义 3 如果将某个函数代入微分方程后,能使方程两端相等,则称这个函数就是微分方程的**解**.

例如,可验证:函数 $y = x^2 + C, y = x^2 + 2$ 都是方程(1)的解;函数 $s = \dfrac{1}{2} g t^2, s = \dfrac{1}{2} g t^2 + C_1 t,$ $s = \dfrac{1}{2} g t^2 + C_1 t + C_2$ 都是方程(2)的解.

在对解进行验证时,可以看到,方程的解中可能含一个或多个任意常数,也可能不含任意常数.为了反映解的不同特点,可以进一步给出以下定义:

定义 4 如果微分方程的解中含有任意常数的个数等于微分方程的阶数,则称这样的解为微分方程的**通解**.

例如,方程(1)的通解为 $y = x^2 + C$;方程(2)的通解为 $s = \dfrac{1}{2} g t^2 + C_1 t + C_2$.

为了完全确定地反映客观事物的规律性,需要确定通解中任意常数的值.用来确定通解中任意常数的条件称为**初始条件**.常见的初始条件为

$$y|_{x=x_0} = y_0, y'|_{x=x_0} = y_1, \cdots, y^{(n-1)}|_{x=x_0} = y_{n-1},$$

其中 $x_0, y_0, y_1, \cdots, y_{n-1}$ 为给定常数.

由初始条件确定了通解中的任意常数后所得到的解,称为微分方程的**特解**.

例如,方程(1)的初始条件为 $y|_{x=1} = 3$,特解为 $y = x^2 + 2$;方程(2)的初始条件为 $s|_{t=0} = 0,$ $\dfrac{\mathrm{d}s}{\mathrm{d}t}\Big|_{t=0} = 0$,特解为 $s = \dfrac{1}{2} g t^2$.

例 3 函数 $y = C x^2 + \dfrac{1}{2}$(其中 C 为任意常数)是微分方程 $xy' - 2y + 1 = 0$ 的解吗?如果是,它是通解还是特解?

解 将 $y = C x^2 + \dfrac{1}{2}$ 及 $y' = 2Cx$ 代入所给方程,得

$$2Cx^2 - 2\left(Cx^2 + \frac{1}{2}\right) + 1 = 2Cx^2 - 2Cx^2 - 1 + 1 = 0,$$

所以 $y = Cx^2 + \dfrac{1}{2}$ 是方程 $xy' - 2y + 1 = 0$ 的解.

由于 $y = Cx^2 + \dfrac{1}{2}$ 中含有一个任意常数,而所给方程又是一阶微分方程,所以 $y = Cx^2 + \dfrac{1}{2}$ 是所给方程的通解.

例 4 验证函数 $y = C_1 x + C_2 e^x$(其中 C_1, C_2 为任意常数)是微分方程
$$(1 - x)y'' + xy' - y = 0$$
的通解,并求满足初始条件 $y|_{x=0} = -1, y'|_{x=0} = 1$ 的特解.

解 将 $y = C_1 x + C_2 e^x$, $y' = C_1 + C_2 e^x$ 及 $y'' = C_2 e^x$ 代入所给方程,得
$$C_2(1-x)e^x + x(C_1 + C_2 e^x) - (C_1 x + C_2 e^x) = C_2 e^x - C_2 x e^x + C_1 x + C_2 x e^x - C_1 x - C_2 e^x = 0,$$
所以 $y = C_1 x + C_2 e^x$ 是所给方程的解.

由于 $y = C_1 x + C_2 e^x$ 中含有两个任意常数,而所给方程又是二阶的,所以 $y = C_1 x + C_2 e^x$ 是所给方程的通解.

将 $y|_{x=0} = -1$ 代入通解中,得 $C_2 = -1$. 将 $y'|_{x=0} = 1$ 代入 $y' = C_1 + C_2 e^x$ 中,得 $C_1 + C_2 = 1$,所以 $C_1 = 2$. 于是,所求特解为 $y = 2x - e^x$.

§7.2 一阶微分方程

一阶微分方程是微分方程中最基本的一类方程,它的一般形式为
$$F(x, y, y') = 0.$$

一阶微分方程有时也写成如下的对称形式
$$P(x, y)\mathrm{d}x + Q(x, y)\mathrm{d}y = 0.$$
在该方程中,变量 x 与 y 对称,它既可看作 y 是 x 的函数的微分方程,也可看作 x 是 y 的函数的微分方程. 现将一阶微分方程的解法分类介绍如下:

7.2.1 可分离变量的微分方程

形如
$$g(y)\mathrm{d}y = f(x)\mathrm{d}x \tag{1}$$
的一阶微分方程,称为**可分离变量的微分方程**.

对方程(1)两边同时积分,得
$$\int g(y)\mathrm{d}y = \int f(x)\mathrm{d}x,$$
即 $G(y) = F(x) + C$,它所确定的隐函数 $y = f(x)$ 就是微分方程(1)的通解.

例 1 求方程 $\dfrac{\mathrm{d}y}{\mathrm{d}x} = -\dfrac{x}{y}$ 的通解.

解 将所给方程分离变量,得
$$y\mathrm{d}y = -x\mathrm{d}x.$$
两端积分,得

$$\frac{1}{2}y^2 = -\frac{1}{2}x^2 + C_1,$$

即 $x^2 + y^2 = C(C = 2C_1)$ 为所给方程的通解.

例 2 求方程 $\dfrac{\mathrm{d}y}{\mathrm{d}x} = -\dfrac{x(1+y^2)}{y(1+x^2)}$ 满足初始条件 $y|_{x=1} = 1$ 的特解.

解 将所给方程分离变量,得

$$\frac{y}{1+y^2}\mathrm{d}y = -\frac{x}{1+x^2}\mathrm{d}x.$$

两端积分,得

$$\frac{1}{2}\ln(1+y^2) = -\frac{1}{2}\ln(1+x^2) + \frac{1}{2}\ln C,$$

即 $(1+x^2)(1+y^2) = C$ 为所给方程的通解.

由 $y|_{x=1} = 1$ 得,$C = 4$. 因此,所求的特解为 $(1+x^2)(1+y^2) = 4$.

7.2.2 齐次方程

形如

$$\frac{\mathrm{d}y}{\mathrm{d}x} = f\left(\frac{y}{x}\right) \tag{2}$$

的一阶微分方程,称为**齐次方程**.

齐次方程通过变量替换,可化为可分离变量的微分方程.令

$$u = \frac{y}{x} \quad \text{或} \quad y = ux,$$

其中 u 是新的未知函数,$u = u(x)$,于是有

$$\frac{\mathrm{d}y}{\mathrm{d}x} = u + x\frac{\mathrm{d}u}{\mathrm{d}x}.$$

代入方程(2),得到 $u + x\dfrac{\mathrm{d}u}{\mathrm{d}x} = f(u)$. 分离变量后两端积分得

$$\int\frac{\mathrm{d}u}{f(u) - u} = \int\frac{\mathrm{d}x}{x},$$

将 $u = \dfrac{y}{x}$ 回代,即可求得方程(2)的通解.

例 3 求齐次方程 $\dfrac{\mathrm{d}y}{\mathrm{d}x} = \dfrac{y^2}{xy - x^2}$ 的通解.

解 所给方程可化为

$$\frac{\mathrm{d}y}{\mathrm{d}x} = \frac{\left(\dfrac{y}{x}\right)^2}{\dfrac{y}{x} - 1}.$$

令 $u = \dfrac{y}{x}$,则 $y = ux$,$\dfrac{\mathrm{d}y}{\mathrm{d}x} = u + x\dfrac{\mathrm{d}u}{\mathrm{d}x}$. 代入上式得

$$u + x\frac{\mathrm{d}u}{\mathrm{d}x} = \frac{u^2}{u - 1},$$

即

$$x\frac{\mathrm{d}u}{\mathrm{d}x} = \frac{u}{u - 1}.$$

分离变量,得到

$$\left(1-\frac{1}{u}\right)\mathrm{d}u=\frac{1}{x}\mathrm{d}x.$$

两端积分,得

$$u-\ln|u|=\ln|x|-\ln C,$$

即

$$ux=Ce^u.$$

将 $u=\dfrac{y}{x}$ 代入上式,可得原方程的通解 $y=Ce^{\frac{y}{x}}$.

例 4 求齐次方程 $\dfrac{\mathrm{d}y}{\mathrm{d}x}=\dfrac{xy}{x^2+xy-y^2}$ 的通解.

解 将 x 看作 y 的函数,可将所给方程化为

$$\frac{\mathrm{d}x}{\mathrm{d}y}=\frac{x^2+xy-y^2}{xy}=\frac{x}{y}+1-\frac{y}{x}.$$

令 $u=\dfrac{x}{y}$,则 $x=uy,\dfrac{\mathrm{d}x}{\mathrm{d}y}=u+y\dfrac{\mathrm{d}u}{\mathrm{d}y}$. 代入上式得,

$$u+y\frac{\mathrm{d}u}{\mathrm{d}y}=u+1-\frac{1}{u},$$

即 $y\dfrac{\mathrm{d}u}{\mathrm{d}y}=\dfrac{u-1}{u}$.

分离变量,得到

$$\frac{u}{u-1}\mathrm{d}u=\frac{1}{y}\mathrm{d}y.$$

两端积分,得

$$u+\ln|u-1|=\ln|y|-\ln C,$$

即 $\dfrac{y}{u-1}=Ce^u$.

将 $u=\dfrac{x}{y}$ 代入上式,可得原方程的通解 $\dfrac{y^2}{x-y}=Ce^{\frac{x}{y}}$.

7. 2. 3 一阶线性微分方程

形如

$$\frac{\mathrm{d}y}{\mathrm{d}x}+P(x)y=Q(x) \tag{3}$$

的一阶微分方程,称为**一阶线性微分方程**. 若 $Q(x)=0$,方程变为

$$\frac{\mathrm{d}y}{\mathrm{d}x}+P(x)y=0, \tag{4}$$

称为**一阶线性齐次微分方程**. 若 $Q(x)$ 不恒为零,则称方程为**一阶线性非齐次微分方程**.

1. 一阶线性齐次微分方程的解法

将方程(4)分离变量,得

$$\frac{\mathrm{d}y}{y}=-P(x)\mathrm{d}x.$$

两端积分,得

$$\ln|y| = -\int P(x)\mathrm{d}x + \ln C,$$

其中 $\int P(x)\mathrm{d}x$ 表示 $P(x)$ 的一个原函数. 由此可得, 方程 (4) 的通解为

$$y = C\mathrm{e}^{-\int P(x)\mathrm{d}x}.$$

2. 一阶线性非齐次微分方程的解法

采用所谓的**常数变易法**来求非齐次微分方程的通解. 把方程 (4) 通解中的常数 C 换成 x 的函数 $C(x)$, 即令

$$y = C(x)\mathrm{e}^{-\int P(x)\mathrm{d}x}, \tag{5}$$

于是

$$\frac{\mathrm{d}y}{\mathrm{d}x} = C'(x)\mathrm{e}^{-\int P(x)\mathrm{d}x} - C(x)P(x)\mathrm{e}^{-\int P(x)\mathrm{d}x}.$$

将式 (5) 代入方程 (3), 得到

$$C'(x)\mathrm{e}^{-\int P(x)\mathrm{d}x} - C(x)P(x)\mathrm{e}^{-\int P(x)\mathrm{d}x} + P(x)C(x)\mathrm{e}^{-\int P(x)\mathrm{d}x} = Q(x),$$

即 $C'(x) = Q(x)\mathrm{e}^{\int P(x)\mathrm{d}x}$. 两端积分, 得

$$C(x) = \int Q(x)\mathrm{e}^{\int P(x)\mathrm{d}x}\mathrm{d}x + C,$$

其中 $\int Q(x)\mathrm{e}^{\int P(x)\mathrm{d}x}\mathrm{d}x$ 表示 $Q(x)\mathrm{e}^{\int P(x)\mathrm{d}x}$ 的一个原函数. 代入式 (5), 可得方程 (3) 的通解

$$y = \mathrm{e}^{-\int P(x)\mathrm{d}x}\left[\int Q(x)\mathrm{e}^{\int P(x)\mathrm{d}x}\mathrm{d}x + C\right]. \tag{6}$$

例 5 求方程 $y' - \dfrac{2}{x+1}y = (x+1)^3$ 的通解.

解 由方程

$$y' - \frac{2}{x+1}y = 0$$

分离变量, 得

$$\frac{\mathrm{d}y}{y} = \frac{2}{x+1}\mathrm{d}x.$$

两端积分, 得

$$\ln|y| = 2\ln|x+1| + \ln C,$$

即得到方程 $y' - \dfrac{2}{x+1}y = 0$ 的通解 $y = C(x+1)^2$.

设 $y = C(x)(x+1)^2$, 则 $y' = C'(x)(x+1)^2 + 2C(x)(x+1)$. 代入原方程, 可得,

$$C'(x)(x+1)^2 + 2C(x)(x+1) - 2C(x)(x+1) = (x+1)^3,$$

整理可得, $C'(x) = x+1$. 积分得, $C(x) = \dfrac{1}{2}x^2 + x + C$.

因此, 所给方程的通解为 $y = \left(\dfrac{1}{2}x^2 + x + C\right)(x+1)^2$.

例 6 求方程 $y\mathrm{d}x + (x - y^3)\mathrm{d}y = 0(y>0)$ 的通解.

解 将 x 看成 y 的函数, 方程化为

$$\frac{\mathrm{d}x}{\mathrm{d}y} + \frac{1}{y}x = y^2.$$

这是一阶线性非齐次方程,其中 $P(y) = \dfrac{1}{y}$,$Q(y) = y^2$,利用式(6),并将 y 看作自变量,得到原方程的通解

$$x = \mathrm{e}^{-\int P(y)\mathrm{d}y}\left[\int Q(y)\mathrm{e}^{\int P(y)\mathrm{d}y}\mathrm{d}y + C\right] = \mathrm{e}^{-\int \frac{1}{y}\mathrm{d}y}\left[\int y^2 \mathrm{e}^{\int \frac{1}{y}\mathrm{d}y}\mathrm{d}y + C\right]$$

$$= \mathrm{e}^{-\ln y}\left[\int y^2 \mathrm{e}^{\ln y}\mathrm{d}y + C\right] = \frac{1}{y}\left[\int y^3 \mathrm{d}y + C\right]$$

$$= \frac{1}{y}\left(\frac{1}{4}y^4 + C\right).$$

§7.3　可降阶的高阶微分方程

从本节开始,将讨论二阶及二阶以上的高阶微分方程. 对于某些特殊的高阶微分方程,可以通过适当的代换降低阶数,从而利用前面的方法求出它们的解来.

7.3.1　$y^{(n)} = f(x)$ 型的微分方程

这类微分方程的右端仅含有自变量 x. 因此,只要连续积分 n 次,便可得到方程的含有 n 个任意常数的通解.

例 1　求微分方程 $y''' = \mathrm{e}^{-2x} - 1$ 的通解.

解　将所给方程连续积分三次,得

$$y'' = -\frac{1}{2}\mathrm{e}^{-2x} - x + C_1,$$

$$y' = \frac{1}{4}\mathrm{e}^{-2x} - \frac{1}{2}x^2 + C_1 x + C_2,$$

$$y = -\frac{1}{8}\mathrm{e}^{-2x} - \frac{1}{6}x^3 + \frac{1}{2}C_1 x^2 + C_2 x + C_3 = -\frac{1}{8}\mathrm{e}^{-2x} - \frac{1}{6}x^3 + D_1 x^2 + C_2 x + C_3,$$

其中 $D_1 = \dfrac{1}{2}C_1$.

7.3.2　$y'' = f(x, y')$ 型的微分方程

这类微分方程不显含未知函数 y. 如果设 $p = y'$,那么

$$y'' = \frac{\mathrm{d}p}{\mathrm{d}x} = p',$$

从而方程化为一阶微分方程 $p' = f(x, p)$.

例 2　求微分方程 $y'' - \dfrac{2}{x+1}y' = 0$ 的通解.

解　设 $p = y'$,则 $y'' = \dfrac{\mathrm{d}p}{\mathrm{d}x} = p'$,原方程可化为

$$p' = \frac{2}{x+1}p.$$

分离变量,得

$$\frac{\mathrm{d}p}{p}=\frac{2}{x+1}\mathrm{d}x,$$

两端积分,得

$$\ln|p|=2\ln|x+1|+\ln C,$$

即 $p=y'=C(x+1)^2$. 再积分,得到所给方程的通解

$$y=\frac{1}{3}C(x+1)^3+C_2=C_1(x+1)^3+C_2,$$

其中 $C_1=\frac{1}{3}C$.

例 3　求微分方程 $(1+x^2)y''=2xy'$ 满足初始条件 $y|_{x=0}=1,y'|_{x=0}=3$ 的特解.

解　设 $y'=p$,则 $y''=\dfrac{\mathrm{d}p}{\mathrm{d}x}=p'$,原方程可化为

$$p'=\frac{2x}{1+x^2}p.$$

分离变量,两端积分得

$$\frac{\mathrm{d}p}{p}=\frac{2x}{1+x^2}\mathrm{d}x,\ \ln|p|=\ln(1+x^2)+\ln C_1,$$

即 $p=y'=C_1(1+x^2)$. 由条件 $y'|_{x=0}=3$,得 $C_1=3$. 所以,$y'=3(1+x^2)$. 再积分,得 $y=x^3+3x+C_2$. 由条件 $y|_{x=0}=1$ 得,$C_2=1$. 于是,所求方程的特解为

$$y=x^3+3x+1.$$

7.3.3　$y''=f(y,y')$ 型的微分方程

这类微分方程不显含自变量 x. 如果设 $p=y'$,那么

$$y''=\frac{\mathrm{d}p}{\mathrm{d}x}=\frac{\mathrm{d}p}{\mathrm{d}y}\cdot\frac{\mathrm{d}y}{\mathrm{d}x}=p\frac{\mathrm{d}p}{\mathrm{d}y},$$

从而方程化为一阶微分方程 $p\dfrac{\mathrm{d}p}{\mathrm{d}y}=f(y,p)$.

例 4　求微分方程 $yy''-y'^2=0$ 的通解.

解　设 $p=y'$,则 $y''=\dfrac{\mathrm{d}p}{\mathrm{d}x}=\dfrac{\mathrm{d}p}{\mathrm{d}y}\cdot\dfrac{\mathrm{d}y}{\mathrm{d}x}=p\dfrac{\mathrm{d}p}{\mathrm{d}y}$. 代入原方程,得到

$$yp\frac{\mathrm{d}p}{\mathrm{d}y}-p^2=0.$$

当 $y\neq0,p\neq0$ 时,约去 p 并分离变量,得

$$\frac{\mathrm{d}p}{p}=\frac{\mathrm{d}y}{y}.$$

两端积分,得 $\ln|p|=\ln|y|+\ln C_1$,即 $p=y'=C_1y$. 分离变量后,再积分可得原方程的通解

$$\frac{\mathrm{d}y}{y}=C_1\mathrm{d}x,\ln|y|=C_1x+\ln C_2,$$

即 $y=C_2\mathrm{e}^{C_1x}$.

当 $p=0$ 时,即 $y'=0$,得 $y=C$. 显然,该解已含在通解 $y=C_2\mathrm{e}^{C_1x}$ 中(只需取 $C_1=0$).

§7.4 二阶线性微分方程解的结构

微分方程

$$y''+P(x)y'+Q(x)y=f(x) \tag{1}$$

称为**二阶线性微分方程**,其中 $P(x),Q(x),f(x)$ 都是连续函数.

当 $f(x)$ 不恒为零时,方程(1)称为**二阶线性非齐次微分方程**.

当 $f(x)\equiv0$ 时,方程

$$y''+P(x)y'+Q(x)y=0 \tag{2}$$

称为**二阶线性齐次微分方程**.

7.4.1 二阶线性齐次微分方程解的结构

定理 1 如果 $y_1(x),y_2(x)$ 是方程(2)的两个解,则

$$y=C_1y_1(x)+C_2y_2(x) \tag{3}$$

也是方程(2)的解,其中 C_1,C_2 为任意常数.

证 由 $y=C_1y_1(x)+C_2y_2(x)$,得

$$y'=C_1y'_1(x)+C_2y'_2(x),y''=C_1y''_1(x)+C_2y''_2(x).$$

代入方程(2),得到

$$\begin{aligned}
y''+P(x)y'+Q(x)y&=[C_1y''_1(x)+C_2y''_2(x)]+P(x)[C_1y'_1(x)+C_2y'_2(x)]+Q(x)\\
&\quad[C_1y_1(x)+C_2y_2(x)]\\
&=C_1[y''_1(x)+P(x)y'_1(x)+Q(x)y_1(x)]+C_2[y''_2(x)+P(x)y'_2\\
&\quad(x)+Q(x)y_2(x)]=0,
\end{aligned}$$

因此,$y=C_1y_1(x)+C_2y_2(x)$ 是方程(2)的解.

需要指出,$y=C_1y_1(x)+C_2y_2(x)$ 是方程(2)的解,但它不一定是方程(2)的通解.

例如,设 $y_1(x)$ 是方程的一个解,则 $y_2(x)=2y_1(x)$ 也是方程的解. 这时,

$$y=C_1y_1(x)+C_2y_2(x)=C_1y_1(x)+2C_2y_1(x)=(C_1+2C_2)y_1(x)=Cy_1(x),$$

其中 $C=C_1+2C_2$,这显然不是方程的通解.那么在什么情况下,$y=C_1y_1(x)+C_2y_2(x)$ 才是方程的通解呢? 要解决这个问题,还得引入一个新的概念:函数的线性相关与线性无关.

定义 设 $y_1=y_1(x),y_2=y_2(x)$ 是定义在某区间内的两个函数,如果存在不为零的常数 k,使得

$$\frac{y_2(x)}{y_1(x)}=k$$

成立,则称 $y_1(x),y_2(x)$ 在该区间内**线性相关**,否则称**线性无关**.

例如,函数 $x,2x$ 在任何区间内是线性相关的. 又如,函数 $1,x$ 在任何区间内是线性无关的.

有了线性无关的概念后,有如下关于二阶线性齐次微分方程(2)的通解结构的定理.

定理 2 如果 $y_1(x),y_2(x)$ 是方程(2)的两个线性无关的特解,则

$$y=C_1y_1(x)+C_2y_2(x)$$

就是方程(2)的通解,其中 C_1,C_2 为任意常数.

例如,方程 $y''-\dfrac{1}{x}y'=0$ 是二阶线性齐次微分方程,容易验证 $y_1=1$ 与 $y_2=x^2$ 是所给方程的两个解,且 $\dfrac{y_2}{y_1}=x^2\neq$ 常数,即它们是线性无关的.因此,方程 $y''-\dfrac{1}{x}y'=0$ 的通解为

$$y=C_1+C_2x^2.$$

又如,方程 $y''-y'-2y=0$ 也是二阶线性齐次微分方程.容易验证 $y_1=\mathrm{e}^{-x}$,$y_2=\mathrm{e}^{2x}$ 是所给方程的两个解,且 $\dfrac{y_2}{y_1}=\mathrm{e}^{3x}\neq$ 常数,即它们是线性无关的.因此,方程 $y''-y'-2y=0$ 的通解为

$$y=C_1\mathrm{e}^{-x}+C_2\mathrm{e}^{2x}.$$

7.4.2　二阶线性非齐次微分方程解的结构

关于二阶线性非齐次微分方程(1)的通解结构,可以表述如下:

定理 3　如果 $y^*=y^*(x)$ 是方程(1)的一个特解,又

$$Y=C_1y_1(x)+C_2y_2(x)$$

是方程(1)所对应的齐次微分方程(2)的通解,则方程(1)的通解为

$$y=Y+y^*=C_1y_1(x)+C_2y_2(x)+y^*.$$

证　把 $y=Y+y^*$ 代入方程(1),得

$$
\begin{aligned}
y''+P(x)y'+Q(x)y &= (Y+y^*)''+P(x)(Y+y^*)'+Q(x)(Y+y^*)\\
&= Y''+y^{*}{}''+P(x)(Y'+y^{*}{}')+Q(x)(Y+y^*)\\
&= [Y''+P(x)Y'+Q(x)Y]+[y^{*}{}''+P(x)y^{*}{}'+Q(x)y^*]=f(x),
\end{aligned}
$$

因此,$y=Y+y^*$ 是方程(1)的解.

又 $y=Y+y^*$ 中含有两个任意常数,故 $y=Y+y^*$ 是方程(1)的通解.

例如,方程 $y''-y=x^2$ 是二阶线性非齐次微分方程.已知 $Y=C_1\mathrm{e}^x+C_2\mathrm{e}^{-x}$ 是对应的齐次方程 $y''-y=0$ 的通解,而 $y^*=-x^2-2$ 是所给方程的一个特解,因此

$$y=C_1\mathrm{e}^x+C_2\mathrm{e}^{-x}-x^2-2$$

是所给方程的通解.

二阶线性非齐次微分方程(1)的特解有时可用下述定理来帮助求出.

定理 4　如果 $y_1^*(x)$ 与 $y_2^*(x)$ 分别为方程

$$y''+P(x)y'+Q(x)y=f_1(x)\quad\text{和}\quad y''+P(x)y'+Q(x)y=f_2(x)$$

的特解,则 $y^*=y_1^*(x)+y_2^*(x)$ 是方程

$$y''+P(x)y'+Q(x)y=f_1(x)+f_2(x) \tag{4}$$

的特解.

证　将 $y^*=y_1^*(x)+y_2^*(x)$ 代入方程(4),得

$$
\begin{aligned}
y''+P(x)y'+Q(x)y &= [y_1^*(x)+y_2^*(x)]''+P(x)[y_1^*(x)+y_2^*(x)]'+\\
&\quad Q(x)[y_1^*(x)+y_2^*(x)]\\
&= [y_1^{*}{}''(x)+y_2^{*}{}''(x)]+P(x)[y_1^{*}{}'(x)+y_2^{*}{}'(x)]+\\
&\quad Q(x)[y_1^*(x)+y_2^*(x)]\\
&= [y_1^{*}{}''(x)+P(x)y_1^{*}{}'(x)+Q(x)y_1^*(x)]+[y_2^{*}{}''(x)+\\
&\quad P(x)y_2^{*}{}'(x)+Q(x)y_2^*(x)]
\end{aligned}
$$

$$= f_1(x) + f_2(x),$$

因此，$y^* = y_1^*(x) + y_2^*(x)$ 是方程(4)的解.

§7.5 二阶线性常系数齐次微分方程

形如

$$y'' + py' + qy = 0 \tag{1}$$

的方程，称为**二阶线性常系数齐次微分方程**，其中 p,q 为常数.

由解的结构定理可知，求解方程(1)的关键是设法找到方程(1)的两个线性无关的解. 注意到方程(1)的系数是常数，可以设想方程的解 $y = y(x)$ 的导数 y' 和 y'' 应是 y 的常数倍，而函数 $y = e^{rx}$ 恰好具备这一性质. 于是不妨设方程(1)的解为 $y = e^{rx}$，其中 r 为待定常数. 将 $y = e^{rx}$ 代入方程(1)，有

$$(r^2 + pr + q)e^{rx} = 0.$$

即有

$$r^2 + pr + q = 0, \tag{2}$$

称(2)为方程(1)的**特征方程**，特征方程的解

$$r_{1,2} = \frac{-p \pm \sqrt{p^2 - 4q}}{2}$$

称为方程(1)的**特征根**.

显然，函数 $y = e^{rx}$ 是方程(1)的解的充分必要条件是 r 为特征方程(2)的根.

由于特征方程(2)为二次方程，特征根会有三种不同情况，因此下面根据特征根的取值分别讨论，给出方程(1)的通解.

(1)当 $p^2 - 4q > 0$ 时，特征方程(2)有两个不相等的实根，r_1 和 r_2.

这时，方程(1)有两个特解

$$y_1 = e^{r_1 x}, \quad y_2 = e^{r_2 x}.$$

由于

$$\frac{y_2}{y_1} = \frac{e^{r_2 x}}{e^{r_1 x}} = e^{(r_2 - r_1)x} \neq 常数,$$

即 y_1 与 y_2 是线性无关的，所以方程(1)的通解为

$$y = C_1 e^{r_1 x} + C_2 e^{r_2 x}.$$

(2)当 $p^2 - 4q = 0$ 时，特征方程(2)有两个相等的实根，$r = -\dfrac{p}{2}$.

这时，方程(1)有一个特解

$$y_1 = e^{rx}.$$

可以验证，方程(1)有另一个特解

$$y_2 = x e^{rx}.$$

由于

$$\frac{y_2}{y_1} = x \neq 常数,$$

即 y_1 与 y_2 是线性无关的，所以方程(1)的通解为

$$y=(C_1+C_2x)e^{rx}.$$

（3）当 $p^2-4q<0$ 时，特征方程（2）有一对共轭复根

$$r_1=\alpha+\beta i,\quad r_2=\alpha-\beta i,$$

其中 $\alpha=-\dfrac{p}{2},\beta=\dfrac{\sqrt{4q-p^2}}{2}.$

这时，通过直接验证可知，函数

$$y_1=e^{\alpha x}\cos\beta x,\quad y_2=e^{\alpha x}\sin\beta x$$

是方程（1）的两个特解，且由

$$\frac{y_2}{y_1}=\tan\beta x\neq 常数$$

知，y_1 与 y_2 是线性无关的，所以方程（1）的通解可表示为

$$y=e^{\alpha x}(C_1\cos\beta x+C_2\sin\beta x).$$

综上所述，求二阶线性常系数齐次微分方程

$$y''+py'+qy=0$$

的通解的步骤如下：

（1）写出相应的特征方程 $r^2+pr+q=0$；

（2）求出特征方程的两个特征根：r_1,r_2；

（3）根据特征根的不同情况，按照表 7-1 写出微分方程（1）的通解.

表　7-1　不同特征根的方程（1）的通解

特征方程 $r^2+pr+q=0$ 的两个根 r_1,r_2	微分方程 $y''+py'+qy=0$ 的通解
两个不相等的实根 r_1,r_2	$y=C_1e^{r_1x}+C_2e^{r_2x}$
两个相等的实根 r	$y=(C_1+C_2x)e^{rx}$
一对共轭复根 $r_{1,2}=\alpha\pm\beta i$	$y=e^{\alpha x}(C_1\cos\beta x+C_2\sin\beta x)$

例 1　求微分方程 $y''-y'-2y=0$ 的通解.

解　所给微分方程的特征方程为

$$r^2-r-2=0,$$

特征根 $r_1=2,r_2=-1$，因此所给方程的通解为

$$y=C_1e^{2x}+C_2e^{-x}.$$

例 2　求微分方程 $9y''+6y'+y=0$ 的通解.

解　所给微分方程的特征方程为

$$9r^2+6r+1=0,$$

特征根 $r_1=r_2=-\dfrac{1}{3}$，因此所给方程的通解为

$$y=(C_1+C_2x)e^{-\frac{1}{3}x}.$$

例 3　求微分方程 $y''-4y'+8y=0$ 的通解.

解　所给微分方程的特征方程为

$$r^2-4r+8=0,$$

特征根 $r_{1,2}=2\pm2i$，因此所给方程的通解为

$$y = e^{2x}(C_1 \cos 2x + C_2 \sin 2x).$$

例 4 求微分方程 $y'' + y = 0$ 满足初始条件 $y|_{x=0} = 1, y'|_{x=0} = 1$ 的特解.

解 所给微分方程的特征方程为

$$r^2 + 1 = 0,$$

特征根 $r_{1,2} = \pm i$,因此所给方程的通解为

$$y = C_1 \cos x + C_2 \sin x.$$

由条件 $y|_{x=0} = 1$,得 $C_1 = 1$. 而 $y' = -\sin x + C_2 \cos x$,由条件 $y'|_{x=0} = 1$ 得,$C_2 = 1$. 因此,所求特解为 $y = \cos x + \sin x$.

§7.6 二阶线性常系数非齐次微分方程

形如

$$y'' + py' + qy = f(x) \tag{1}$$

的方程,称为**二阶线性常系数非齐次微分方程**,其中 p, q 为常数.

由解的结构定理可知,只要求出方程(1)的一个特解 y^* 和它对应的齐次方程

$$y'' + py' + qy = 0 \tag{2}$$

的通解 Y,就可以求得非齐次线性方程(1)的通解. 由于在 §7.5 中已解决了求齐次方程(2)通解的办法,现在着重解决方程(1)的一个特解问题.

一般来说,方程(1)的特解与方程(1)中函数 $f(x)$ 的形式类似,因此,方程(1)的特解的一个有效的方法是,先用一个与方程(1)中函数 $f(x)$ 形式类似但系数待定的函数,作为方程(1)的特解(称为试解函数),代入方程,再利用方程两边对任意 x 取值均恒等的条件,确定待定系数,从而求出方程(1)的特解. 这种方法称为**待定系数法**.

下面,就 $f(x)$ 的两种常见类型,介绍试解函数的设定方法.

1. $f(x) = P_m(x) e^{\lambda x}$ 型

因为 $f(x)$ 是 m 次多项式 $P_m(x)$ 与指数函数 $e^{\lambda x}$ 的乘积,故设 $y^* = Q(x) e^{\lambda x}$,其中 $Q(x)$ 为多项式. 代入方程后,有

$$[Q''(x) + 2\lambda Q'(x) + \lambda^2 Q(x)] e^{\lambda x} + p[Q'(x) + \lambda Q(x)] e^{\lambda x} + q Q(x) e^{\lambda x} = P_m(x) e^{\lambda x},$$ 消去 $e^{\lambda x}$,并以 $Q''(x)$、$Q'(x)$、$Q(x)$ 为准合并同类项,得

$$Q''(x) + (2\lambda + p) Q'(x) + (\lambda^2 + p\lambda + q) Q(x) = P_m(x). \tag{3}$$

(1)如果 λ 不是方程(2)的特征根,即 $\lambda^2 + p\lambda + q \neq 0$,要使等式(3)恒成立,$Q(x)$ 应为 m 次多项式,即设

$$y^* = Q_m(x) e^{\lambda x} = (a_0 x^m + a_1 x^{m-1} + \cdots + a_{m-1} x + a_m) e^{\lambda x},$$

其中 $a_0, a_1, \cdots, a_{m-1}, a_m$ 为待定常数. 将 y^* 代入方程(1),比较等式两端 x 同次幂的系数,就可以确定 $a_0, a_1, \cdots, a_{m-1}, a_m$ 的值,从而求出特解 y^*.

(2)如果 λ 是方程(2)的特征方程的单根,即 $\lambda^2 + p\lambda + q = 0$,而 $2\lambda + p \neq 0$,此时 $Q(x)$ 应为 $m + 1$ 次多项式,即设

$$y^* = x Q_m(x) e^{\lambda x},$$

并且可用同样的方法来确定 $Q_m(x)$ 中的系数.

（3）如果 λ 是方程（2）的特征方程的重根，即 $\lambda^2+p\lambda+q=0$ 且 $2\lambda+p=0$，此时 $Q(x)$ 应为 $m+2$ 次多项式，即设

$$y^*=x^2Q_m(x)e^{\lambda x},$$

并用同样的方法来确定 $Q_m(x)$ 中的系数.

综上讨论，如果 $f(x)=P_m(x)e^{\lambda x}$，则二阶线性常系数非齐次微分方程（1）具有形如

$$y^*=x^kQ_m(x)e^{\lambda x}$$

的特解，其中当 λ 是对应的齐次微分方程（2）的特征根时，k 等于重数，当 λ 不是特征根时，k 取零.

例 1 求微分方程 $y''-y=-5x^2$ 的通解.

解 对应齐次方程的特征方程为

$$r^2-1=0,$$

解得 $r_1=1,r_2=-1$，于是对应齐次方程的通解为

$$Y=C_1e^x+C_2e^{-x}.$$

由于 $f(x)=-5x^2=-5x^2e^{0x}$，而 $\lambda=0$ 不是特征根，又 $-5x^2$ 是二次多项式，因此设特解为

$$y^*=(ax^2+bx+c)e^{0x}=ax^2+bx+c,$$

其中 a,b,c 为待定系数. 代入所给方程，有

$$-ax^2-bx+(2a-c)=-5x^2.$$

比较等式两端 x 的同次幂的系数，解得 $a=5,b=0,c=10$，所以 $y^*=5x^2+10$. 因而所给方程的通解为

$$y=C_1e^x+C_2e^{-x}+5x^2+10.$$

例 2 求微分方程 $y''-2y'=(5x+3)e^{2x}$ 的通解.

解 对应齐次方程的特征方程为

$$r^2-2r=0,$$

解得 $r_1=0,r_2=2$，于是对应齐次方程的通解为

$$Y=C_1+C_2e^{2x}.$$

由于 $f(x)=(5x+3)e^{2x}$，而 $\lambda=2$ 是特征方程的单根，又 $5x+3$ 是一次多项式，因此设特解为

$$y^*=x(ax+b)e^{2x},$$

其中 a,b 为待定系数. 代入所给方程，有

$$4ax+(2a+2b)=5x+3.$$

比较等式两端 x 的同次幂的系数，解得 $a=\dfrac{5}{4},b=\dfrac{1}{4}$，所以，$y^*=\dfrac{1}{4}x(5x+1)e^{2x}$. 因而，所给方程的通解为

$$y=C_1+C_2e^{2x}+\frac{1}{4}x(5x+1)e^{2x}.$$

例 3 求微分方程 $y''+2y'+y=3x^2e^{-x}$ 的一个特解.

解 对应齐次方程的特征方程为

$$r^2+2r+1=0,$$

解得 $r_1 = r_2 = -1$.

由于 $f(x) = 3x^2 e^{-x}$,而 $\lambda = -1$ 是特征方程的重根,又 $3x^2$ 是二次多项式,因此设特解为

$$y^* = x^2(ax^2 + bx + c)e^{-x},$$

其中 a, b, c 为待定系数.代入所给方程,有

$$12ax^2 + 6bx + 2c = 3x^2.$$

比较等式两端 x 的同次幂的系数,解得 $a = \dfrac{1}{4}, b = 0, c = 0$.因而,得到所给方程的一个特解

$$y^* = \frac{1}{4}x^4 e^{-x}.$$

2. $f(x) = e^{\lambda x}[P_l(x)\cos \omega x + P_n(x)\sin \omega x]$ **型**

类似于类型1,只给出试解函数的设定方法,不再给出推导过程.

如果 $f(x) = e^{\lambda x}[P_l(x)\cos \omega x + P_n(x)\sin \omega x]$,则微分方程(1)有如下形式的特解

$$y^* = x^k e^{\lambda x}[Q_m(x)\cos \omega x + R_m(x)\sin \omega x],$$

其中 $Q_m(x), R_m(x)$ 均为 m 次多项式,次数 $m = \max\{l, n\}$,其系数待定,且当 $\lambda \pm \omega i$ 为对应齐次方程(2)的特征根时,$k = 1$,否则 $k = 0$.

例4 求微分方程 $y'' - 5y' + 6y = \sin x$ 的通解.

解 对应齐次方程的特征方程为

$$r^2 - 5r + 6 = 0,$$

解得 $r_1 = 2, r_2 = 3$,于是对应齐次方程的通解为

$$Y = C_1 e^{2x} + C_2 e^{3x}.$$

由于 $f(x) = \sin x = e^{0x}(0 \cdot \cos x + 1 \cdot \sin x)$,而 $\lambda \pm \omega i = \pm i$ 不是特征根,又 $0, 1$ 均为零次多项式,因此设特解为

$$y^* = a\cos x + b\sin x,$$

其中 a, b 为待定系数.代入所给方程,有

$$5(a - b)\cos x + 5(a + b)\sin x = \sin x.$$

比较 $\cos x, \sin x$ 前的系数,得 $a = \dfrac{1}{10}, b = \dfrac{1}{10}$,因而

$$y^* = \frac{1}{10}(\cos x + \sin x).$$

因而,所给方程的通解

$$y = C_1 e^{2x} + C_2 e^{3x} + \frac{1}{10}\cos x + \frac{1}{10}\sin x.$$

例5 求微分方程 $y'' + 4y = \cos 2x$ 的通解.

解 对应齐次方程的特征方程为

$$r^2 + 4 = 0,$$

解得 $r_{1,2} = \pm 2i$,于是对应齐次方程的通解为

$$Y = C_1 \cos 2x + C_2 \sin 2x.$$

由于 $f(x) = \cos 2x = e^{0x}(1 \cdot \cos 2x + 0 \cdot \sin 2x)$,而 $\lambda \pm \omega i = \pm 2i$ 是特征根,又 $1, 0$ 均为零次多项式,因此设特解为

$$y^* = x(a\cos 2x + b\sin 2x),$$

其中 a,b 为待定系数.代入所给方程,有

$$4b\cos 2x - 4a\sin 2x = \cos 2x.$$

比较 $\cos x,\sin x$ 前的系数,得 $a=0,b=\dfrac{1}{4}$,因而 $y^* = \dfrac{1}{4}x\sin 2x$. 因而,所给方程的通解

$$y = C_1\cos 2x + C_2\sin 2x + \frac{1}{4}x\sin 2x.$$

例 6　如何设微分方程 $y'' + y' = x\cos x + x^2\sin x$ 的特解? 为什么?

解　对应齐次方程的特征方程为

$$r^2 + r = 0,$$

解得 $r_1 = 0, r_2 = -1$.

由于 $f(x) = x\cos x + x^2\sin x = e^{0x}(x\cos x + x^2\sin x)$,而 $\lambda \pm \omega i = \pm i$ 不是特征根,又 x,x^2 这两个多项式的次数最高为二次,因此设特解为

$$y^* = (a_1x^2 + b_1x + c_1)\cos x + (a_2x^2 + b_2x + c_2)\sin x.$$

例 7　如何设微分方程 $y'' + 2y' + 5y = xe^{-x}\cos 2x$ 的特解? 为什么?

解　对应齐次方程的特征方程为

$$r^2 + 2r + 5 = 0,$$

解得 $r_{1,2} = -1 \pm 2i$. 由于

$$f(x) = xe^{-x}\cos 2x = e^{-x}(x\cos 2x + 0 \cdot \sin 2x),$$

而 $\lambda \pm \omega i = -1 \pm 2i$ 是特征根,又 $x,0$ 这两个多项式的次数最高为一次,因此设特解为

$$y^* = xe^{-x}[(a_1x + b_1)\cos 2x + (a_2x + b_2)\sin 2x].$$

例 8　求微分方程 $y'' + y = e^x + \cos x$ 的一个特解.

解　对应齐次方程的特征方程为

$$r^2 + 1 = 0,$$

解得 $r_{1,2} = \pm i$.

因为 $f(x) = f_1(x) + f_2(x)$,此处 $f_1(x) = e^x, f_2(x) = \cos x$,由线性微分方程解的结构定理可知,所给方程的特解形式为

$$y^* = y_1^* + y_2^*,$$

其中 y_1^*,y_2^* 分别是方程

$$y'' + y = e^x \text{ 和 } y'' + y = \cos x$$

的特解.

设 $y_1^* = ae^x$,代入方程 $y'' + y = e^x$,消去 e^x,得 $2a = 1, a = \dfrac{1}{2}$,所以 $y_1^* = \dfrac{1}{2}e^x$.

设 $y_2^* = x(a\cos x + b\sin x)$,代入方程 $y'' + y = \cos x$,有

$$2b\cos x - 2a\sin x = \cos x.$$

比较 $\cos x,\sin x$ 前的系数,得 $a=0,b=\dfrac{1}{2}$,所以 $y_2^* = \dfrac{1}{2}x\sin x$.

因而,得到所给方程的一个特解 $y^* = \dfrac{1}{2}(e^x + x\sin x)$.

第7章 考核要求

◇理解微分方程和微分方程解的概念.
◇掌握可分离变量的微分方程、齐次微分方程、一阶线性微分方程的解法.
◇掌握可降阶的高阶微分方程的解法.
◇了解二阶线性齐次微分方程和二阶线性非齐次微分方程的解的结构.
◇掌握二阶线性常系数齐次微分方程的解法.
◇掌握二阶线性常系数非齐次微分方程的解法.

习 题 7

A 组

1. 指出下列微分方程的阶数,同时指出它是线性的,还是非线性的.

(1) $x(y')^2 - 2yy' + x = 0$;

(2) $x^2 y'' - xy' + y = x \ln x$;

(3) $xy''' + 2y'' + x^2 y = 0$;

(4) $(7x - 6y)\mathrm{d}x + (x+y)\mathrm{d}y = 0$;

(5) $(\sin xy)\mathrm{d}y + (x^2 - x)\mathrm{d}x = \mathrm{d}x$;

(6) $\dfrac{\mathrm{d}^2 y}{\mathrm{d}x^2} + b\dfrac{\mathrm{d}y}{\mathrm{d}x} + cy = \sin x$

2. 验证下列函数是否为所给微分方程的解,如果是解,指明是通解还是特解.

(1) $xy' = 3y, y = Cx^3$;

(2) $y'' - (a+b)y' + aby = 0, y = C_1 e^{ax} + C_2 e^{bx}$;

(3) $y'' + y = 0, y = 3\sin x - 4\cos x$;

(4) $y'' - 2y' + y = 0, y = x^2 e^x$.

3. 已知曲线过点 $(1,0)$,且在该曲线上任一点 (x,y) 处的切线的斜率等于该点横坐标的平方,求此曲线的方程.

4. 验证函数 $y = (C_1 + C_2 x)e^{-x}$ 是微分方程 $y'' + 2y' + y = 0$ 的通解,并求满足初始条件 $y|_{x=0} = 4, y'|_{x=0} = -2$ 的特解.

5. 设函数 $y = (1+x)^2 u(x)$ 是微分方程 $y' - \dfrac{2}{x+1}y = (x+1)^3$ 的通解,求 $u(x)$.

6. 把一个质量为 m 的物体以初速度 v_0 自地面垂直上抛,设它所受空气阻力与速度成正比,比例系数为 k,求物体在上升过程中速度 v 所满足的微分方程及初始条件.

7. 求下列可分离变量的微分方程的通解.

(1) $3x^2 + 5x - 5y' = 0$;

(2) $(y+1)^2 \dfrac{\mathrm{d}y}{\mathrm{d}x} + x^2 = 0$;

(3) $y^2 \mathrm{d}x + (x-1)\mathrm{d}y = 0$;

(4) $y' = 10^{x+y}$;

(5) $xy' - y \ln y = 0$;

(6) $\sqrt{1-x^2}\, y' = \sqrt{1-y^2}$;

(7) $y' = \dfrac{xy+y}{x+xy}$;

(8) $(e^{x+y} - e^x)\mathrm{d}x + (e^{x+y} + e^y)\mathrm{d}y = 0$;

(9) $\sin x \cos^2 y \mathrm{d}x + \cos^2 x \mathrm{d}y = 0$;

(10) $\sec^2 x \tan y \mathrm{d}x + \sec^2 y \tan x \mathrm{d}y = 0$

8. 求一曲线的方程,该曲线通过点 $(0,1)$ 且曲线上任一点处的切线垂直于此点与原点的连线.

9. 求下列齐次方程的通解.

(1) $(x^2+y^2)\mathrm{d}x-2xy\mathrm{d}y=0$;

(2) $x\dfrac{\mathrm{d}y}{\mathrm{d}x}=y\ln\dfrac{y}{x}$;

(3) $x^2y'=x^2+xy+y^2$;

(4) $\dfrac{\mathrm{d}y}{\mathrm{d}x}=\dfrac{y}{y-x}$;

(5) $(xy-x^2)\mathrm{d}y=y^2\mathrm{d}x$;

(6) $(x\mathrm{e}^{\frac{y}{x}}+y)\mathrm{d}x=x\mathrm{d}y$.

10. 求下列一阶线性微分方程的通解或在给定初始条件下的特解.

(1) $y'+5y=4$;

(2) $\dfrac{\mathrm{d}y}{\mathrm{d}x}+2xy=4x$;

(3) $(x^2+1)y'-2xy=(x^2+1)^2$;

(4) $y'+y\cos x=\mathrm{e}^{-\sin x}$;

(5) $\dfrac{\mathrm{d}y}{\mathrm{d}x}=\dfrac{y}{2x-y^2}$;

(6) $\dfrac{\mathrm{d}y}{\mathrm{d}x}=\dfrac{1}{x+\mathrm{e}^y}$;

(7) $y'-\dfrac{y}{x+2}=x^2+2x, y\big|_{x=-1}=\dfrac{3}{2}$;

(8) $y'-\dfrac{y}{x}=-\dfrac{2}{x}\ln x, y\big|_{x=1}=1$.

11. 求一曲线方程,使该曲线通过原点,并且在点 (x,y) 处的切线斜率等于 $2x-y$.

12. 求下列微分方程的通解或在给定初始条件下的特解.

(1) $y'''=x+\sin x$;

(2) $y''=y'+x$;

(3) $y'''-\dfrac{1}{x}y''=0$;

(4) $yy''+2y'^2=0$;

(5) $y'''=\mathrm{e}^{ax}$,
$y\big|_{x=1}=y'\big|_{x=1}=y''\big|_{x=1}=0$;

(6) $y''=\dfrac{3}{2}y^2, y\big|_{x=0}=1, y'\big|_{x=0}=1$.

13. 求 $y''=x$ 的经过点 $(0,1)$ 且在此点与直线 $y=\dfrac{x}{2}+1$ 相切的曲线的方程.

14. 判断下列函数组在定义区间内是线性相关,还是线性无关.

(1) $2x$ 与 x^3;

(2) $3\sin 2x$ 与 $7\sin x\cos x$;

(3) e^x 与 $x\mathrm{e}^x$;

(4) e^{-x^2} 与 e^{x^2};

(5) $\cos^2 x-\dfrac{1}{2}$ 与 $1-2\sin^2 x$;

(6) $\ln(1+x)$ 与 $\ln(1+x)^3$.

15. 验证函数 $y_1=\cos x$ 与 $y_2=\sin x$ 都是微分方程 $y''+y=0$ 的解,并写出该方程的通解.

16. 证明函数 $y=C_1\mathrm{e}^{x^2}+C_2x\mathrm{e}^{x^2}$ 是微分方程 $y''-4xy'+(4x^2-2)y=0$ 的通解.

17. 证明函数 $y=C_1\mathrm{e}^x+C_2\mathrm{e}^{-x}-2(\cos x+x\sin x)$ 是微分方程 $y''-y=4x\sin x$ 的通解.

18. 求下列线性齐次微分方程的通解或在给定初始条件下的特解.

(1) $y''-7y'+6y=0$;

(2) $y''-6y'+9y=0$;

(3) $y''+25y'=0$;

(4) $9y''+y=0$;

(5) $16y''-8y'+y=0$;

(6) $y''+6y'+13y=0$;

(7) $4y''+4y'+y=0, y\big|_{x=0}=2$,
$y'\big|_{x=0}=0$;

(8) $y''+4y'+29y=0, y\big|_{x=0}=0$,
$y'\big|_{x=0}=15$.

19. 求下列线性非齐次微分方程的通解或在给定初始条件下的特解.

(1) $y''-3y'=6x+2$;

(2) $y''-2y'+2y=x^2$;

(3) $y''-2y'+y=x\mathrm{e}^x$;

(4) $y''-3y'+2y=3\mathrm{e}^{2x}+2x+1$;

(5) $y'' + 6y' + 25y = 2\sin x + 3\cos x$；　(6) $y'' + 4y = 2\sin 2x$；

(7) $y'' - 4y' + 3y = 8e^{3x}$，　　　　(8) $y'' + y = \cos 3x, y|_{x=\frac{\pi}{2}} = 4$，

　　$y|_{x=0} = 3, y'|_{x=0} = 9$；　　　　$y'|_{x=\frac{\pi}{2}} = 1$．

20. 如何设下列微分方程特解，为什么？

(1) $y'' - y = (1-x)e^x$；　　　　(2) $y'' - 2y' + y = (x^2+1)e^x + 1 - x$；

(3) $y'' - y' - 2y = \cos x + x\sin x$；　(4) $y'' - 2y' + 5y = xe^x\cos 2x$．

B　组

1. 验证下列函数是否为所给微分方程的通解.

(1) $(x-2y)y' = 2x - y, x^2 - xy + y^2 = C$；

(2) $\left(\dfrac{1}{y}y'\right)^2 + \dfrac{1}{y}y'' = x^2 - \ln y, \ln y = x^2 + 2 + C_1 e^x + C_2 e^{-x}$．

2. 验证形如 $yf(xy)\mathrm{d}x + xg(xy)\mathrm{d}y = 0$ 的微分方程, 可经变量代换 $u = xy$ 化为可分离变量的微分方程, 并求其通解.

3. 已知方程 $y' = \dfrac{y}{x} + \varphi\left(\dfrac{x}{y}\right)$ 有通解 $y = \dfrac{x}{\sqrt{\ln Cx}}$, 求函数 $\varphi(x)$.

4. 设 y_1, y_2, y_3 是 $y' + p(x)y = Q(x)$ 的三个互不相同的解, 证明: $\dfrac{y_2 - y_1}{y_3 - y_1}$ 是常数.

5. 通过适当变换将下列微分方程化为变量可分离方程式线性方程, 并求解方程.

(1) $e^y y' - \dfrac{1}{x}e^y = x^2$；　　　　(2) $\dfrac{1}{y}y' - \dfrac{1}{x}\ln y = x$；

(3) $\dfrac{\mathrm{d}y}{\mathrm{d}x} = (x+y)^2$；　　　　(4) $\dfrac{\mathrm{d}y}{\mathrm{d}x} = \dfrac{y^2 - x}{2y(x+1)}$．

6. 求以下列函数为通解的微分方程.

(1) $y = Cx + C^3$；　　　　(2) $x^2 + y^2 = Cx$；

(3) $y = C_1 + C_2 x$；　　　　(4) $y = C_1 e^x + C_2 e^{-x}$．

7. 求满足下列条件的微分方程.

(1) 未知方程 $y'' + \alpha y' + \beta y = \gamma e^x$ 有特解: $y = 2e^{2x} + (1+x)e^x$；

(2) 未知方程为二阶线性非齐次方程, 且有 3 个特解: $y_1 = xe^x + e^{2x}, y_2 = xe^x + e^{-x}, y_3 = xe^x + e^{2x} - e^{-x}$.

8. 设 $f(x)$ 二阶可导, 且满足方程 $f''(x) + f'(x) - 2f(x) = 0$. 若 $f(a) = f(b) = 0$, 证明: 在区间 $[a, b]$ 上, $f(x) \equiv 0$.

9. 求满足下列条件的函数 $f(x)$.

(1) 函数 $f(x)$ 满足方程 $\displaystyle\int_0^x tf(t)\mathrm{d}t = f(x) + x^2$；

(2) 函数 $f(x)$ 满足方程 $f(x) = e^x + \displaystyle\int_0^x tf(t)\mathrm{d}t - x\int_0^x f(t)\mathrm{d}t$；

(3) 函数 $f(x)$ 满足方程 $f(x) = \sin x - \displaystyle\int_0^x (x-t)f(t)\mathrm{d}t$；

(4) 函数 $f(x)$ 满足方程 $x\displaystyle\int_0^x f(t)\mathrm{d}t = (x+1)\int_0^x tf(t)\mathrm{d}t$.

10. 设函数 $f(x)$ 在 $(1, +\infty)$ 上连续,若曲线 $y=f(x)$,直线 $x=1, x=t(t>1)$ 与 x 轴所围平面图形绕 x 轴旋转一周而成的旋转体体积为

$$V(t) = \frac{\pi}{3}\left[t^2 f(t) - f(1)\right],$$

又知 $f(2) = \frac{2}{9}$,求 $f(x)$.

阅读材料 7

三次数学危机

大约在公元前五百多年前,有个毕达哥拉斯学派,这个学派提倡"万物皆数"的观念.

他们认为一切事物和现象可以归结为整数与整数的比,这在几何上相当于说:对两条任意给定的线段,总能找到第三条线段作为公共度量单位,将它们划分为整数段.根据勾股定理,导致了无理量的发现.假设直角三角形是等腰的,直角边是 1,那么弦长不可能用任何的整数之比表示出来.当毕达哥拉斯学派成员希帕索斯把他的这个发现告知其他成员时,其他成员大惊失色,因为毕达哥拉斯学派的许多理论都是建立在"万物皆数"理论上的.据说他们把希帕索斯扔到海里淹死了.无理量的发现,产生了数学上"第一次数学危机",当时的学者们不再相信算术,而几何是可以看见的,因此他们转而研究几何.古希腊学者欧多克索斯提出了新比例理论,大大推动了几何学的发展,一百多年后终于发展成系统的欧几里得几何.但第一次数学危机直到 19 世纪数学家建立实数理论后才真正解决.

牛顿和莱布尼茨的微积分是不严格的,特别是在使用无限小概念上的随意与混乱,这使他们的学说从一开始就受到怀疑与批评.因为在牛顿、莱布尼茨的微积分体系中,无穷小量既可以作为分母,又可以作为所求极限值的附加项而舍去.英国哲学家、牧师伯克莱,他在发表的《分析学家,或致一位不信神的数学家》中集中攻击牛顿的流数术,且对莱布尼茨的微积分也是竭力非难.贝克莱问道:"无穷小"作为一个量,究竟是不是 0? 如果是 0,就不该作为分母.如果不是 0,在求极限中就不能任意去掉.贝克莱还讽刺挖苦说:无穷小作为一个量,既不是 0,又不是非 0,那它一定是"消逝量的鬼魂"了.这就是著名的"贝克莱悖论".贝克莱悖论的提出引起了数学发展的第二次比较大的危机——无穷小量危机.

对牛顿微积分的这一责难刺激了数学家们为建立微积分的严格基础而努力.数学家们的探索终于在 19 世纪初开始初见成效,这方面真正有影响的先驱是法国数学家柯西.他们以严格化为目标,对微积分的基本概念给出了明确的定义,并在此基础上重建和拓展了微积分的重要事实与定理.他的许多定义和论述已经相当接近于微积分的现代形式,尤其是关于微积分基本定理的叙述与证明,几乎与今天的教科书完全一样.但人们不久便发现柯西的理论实际上也存在漏洞.例如,他用了许多"无限趋近""想要多小就多小"等直觉描述的语言.特别是,微积分计算建立在实数基础上,但直到 19 世纪中叶,数学家们还没有给出实数的明确定义.把微积分建立在"纯粹算术"的基础之上,这方面取得成功的数学家主要有德国数学家维尔斯特拉斯、康托、戴德金等.他们建立了实数理论,用有理数体系解释无理数,这事实

上是对毕达哥拉斯学派万物皆数观念的重新阐述. 至此, 第一次数学危机才真正解决. 特别是维尔斯特拉斯, 他用 $\varepsilon-\delta$ 语言重建微积分体系, 使微积分做到了真正的严格化. 第二次数学危机得到了比较圆满的解决.

在微积分的严格化过程中, 导致了集合论的建立. 狄利柯雷、黎曼等人都研究过这方面的问题, 但只有康托系统地研究了这个问题, 建立了现代集合论. 集合论在 20 世纪初已逐渐渗透到了各个数学分支, 成为了分析理论、测度论、拓扑学及数理科学中必不可少的工具. 20 世纪初, 世界上最伟大的数学家希尔伯特在德国传播了康托的思想, 把它称为"数学家的乐园"和"数学思想最惊人的产物". 伴随着集合论的产生, 英国哲学家罗素提出的罗素悖论引发了第三次数学危机. 时至今日, 数学大厦的基础仍然有裂缝, 但这并不影响数学的飞速发展. 恰恰相反, 由于计算机的出现, 使得数学开始进入其发展的第四次高峰, 我们现在仍然处于这第四次发展高峰之中.

习题参考答案

习 题 1

A 组

1. (1) $(-4,2)$;　(2) $(-\infty,-3]\cup[7,+\infty)$;

(3) $\left(-\infty,-\dfrac{1}{2}\right)$;　(4) $[-2,2]$.

2. (1) $|x-2|=|(x+1)-3|\leqslant|x+1|+3<$ $\dfrac{1}{2}+3=\dfrac{7}{2}$.

(2) $|a-b|=|(a-c)+(c-b)|\leqslant|a-c|+|c-b|$.

3. (1) $(-\infty,5)\cup(5,+\infty)$;　(2) $(-\infty,-2]\cup[2,+\infty)$;　(3) $[-1,3]$;　(4) $(-\infty,1)\cup(1,2)\cup(2,+\infty)$;　(5) $(-2,2)$;　(6) $[-1,0)\cup(0,1]$;　(7) $(0,1]$;　(8) $[0,2)\cup(2,+\infty)$;　(9) $[-1,0)\cup(0,1)$.

(10) $(-\infty,1)\cup(2,+\infty)$.

4. (1) 不同,定义域不同;

(2) 不同,对应法则不同;

(3) 相同,定义域和对应法则均相同;

(4) 不同,定义域不同;

(5) 相同,定义域和对应法则均相同;

(6) 不同,对应法则不同;

(7) 相同,定义域和对应法则均相同;

(8) 不同,定义域不同;

(9) 不同,定义域不同;

(10) 不同,对应法则不同.

5. (1) 定义域为 $(-4,4)$,其图形如图 1 所示;

(2) 定义域为 **R**,其图形如图 2 所示.

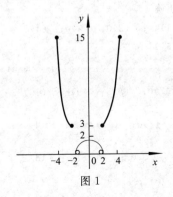

图 1

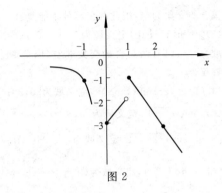

图 2

6. $f(0)=0,\ f\left(\dfrac{\pi}{6}\right)=\dfrac{1}{2},\ f\left(-\dfrac{\pi}{4}\right)=\dfrac{\sqrt{2}}{2},$ $f(-2)=0$.其图形如图 3 所示.

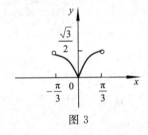

图 3

7. (1) $(-\infty,+\infty)$ 上无界,$(-1,1)$ 上有界;

(2) $(1,2)$ 上无界,$(2,+\infty)$ 上有界.

8. (1) 单调减少;　(2) 单调减少;　(3) 单调增加;　(4) 单调增加.

9. (1) 非奇非偶函数;　(2) 偶函数;　(3) 奇函数;　(4) 偶函数;　(5) 非奇非偶函数;　(6) 奇函数;　(7) 偶函数;　(8) 非奇非偶函数.

10. 设 $g(x)=f(x)+f(-x)$,其定义域为 $(-\infty,+\infty)$,又 $g(-x)=f(-x)+f(x)=g(x)$,因此 $f(x)+f(-x)$ 为偶函数.同理可证 $f(x)-f(-x)$ 为奇函数.

11. (1) 4π;　(2) $\dfrac{\pi}{2}$;　(3) 2;　(4) $\dfrac{\pi}{2}$;　(5) π;

(6) 2π.

12. (1) 反函数为 $y=\dfrac{1-x}{1+x}, x\in(-\infty,-1)\cup(-1,+\infty)$;

(2) 反函数为 $y=x^3-1$;

(3) 反函数为 $y=\lg x-1, x\in(0,+\infty)$;

(4)反函数为 $y=\dfrac{1-e^x}{2}$.

13.(1) $y=\sqrt{u}$ 的定义域为 $[0,+\infty)$，$u=\ln\dfrac{1}{2+x^2}=-\ln(2+x^2)$ 的值域为 $(-\infty,-\ln 2]$，因此两集合的交集为空，因此两个函数不能复合.

(2) $y=\ln(1-u)$ 的定义域为 $(-\infty,1)$，$u=\sin x$ 的值域为 $[-1,1]$，两集合的交集非空，因此两个函数能够复合.

14.(1) $y=\arcsin(1-x)^2$，定义域为 $[0,2]$；

(2) $y=\sqrt{e^x-1}$，定义域为 $[0,+\infty)$；

(3) $y=\sin\sqrt{2x-1}$，定义域为 $\left[\dfrac{1}{2},+\infty\right)$；

(4) $y=\ln^2\left(\dfrac{x}{3}\right)$，定义域为 $(0,+\infty)$.

15. $f[1+f(x)]=f\left(\dfrac{2}{1+x}\right)=\dfrac{1-\dfrac{2}{1+x}}{1+\dfrac{2}{1+x}}=$

$\dfrac{x-1}{x+3}$，定义域为 $\{x\,|\,x\neq-3,x\neq-1\}$.

16. 设 $t=x+1$，则 $f(t)=(t-1)^2+3(t-1)+5$ $=t^2+t+3$，因此 $f(x)=x^2+x+3$，

$f(x-1)=(x-1)^2+(x-1)+3=x^2-x+3$.

17.(1) $[-1,1]$；　(2) $[1,e]$；　(3) $\left[\dfrac{1}{5},\dfrac{4}{5}\right]$；

(4) $[2k\pi,(2k+1)\pi]$.

18.(1) $y=\sin u,u=2x$；

(2) $y=u^{\frac{3}{2}},u=1+x$；

(3) $y=\sqrt{u},u=\tan v,v=e^x$；

(4) $y=u^2,u=\cos v,v=3x+\dfrac{\pi}{4}$；

(5) $y=\ln v,v=\ln v,v=\ln x$；

(6) $y=2^u,u=v^2,v=\cot t,t=\dfrac{1}{x}$.

B　组

1. $f(x)=f(x-4)=(x-4)^2$.

2.(1) $f(x)=\begin{cases}4x-5 & \text{当 } x\geqslant 5 \\ 2x+5 & \text{当 } x<5\end{cases}$；

(2) $f(x)=\begin{cases}x^2-9 & \text{当 } x\in(-\infty,-3]\cup[3,+\infty) \\ 9-x^2 & \text{当 } x\in(-3,3)\end{cases}$

3. $\dfrac{x}{\sqrt{1+nx^2}}$.

4. $\pi-\arcsin a$.

5.(1) $f(x)=\dfrac{1}{x^2+2}$；　(2) $\varphi(x)=\dfrac{x+1}{x-1}$.

6. $f(x)=-\dfrac{x}{3}-\dfrac{2}{3x}$.

习　题　2

A　组

1.(1)发散；　(2)收敛于 0；　(3)收敛于 2；

(4)发散.

2.(略)

3.(略)

4. $\lim\limits_{x\to+\infty}2^{-x}=0$，$\lim\limits_{x\to-\infty}2^{-x}=+\infty$，$\lim\limits_{x\to\infty}2^{-x}$ 不存在.

5. $\lim\limits_{x\to+\infty}\operatorname{arccot}x=0$，$\lim\limits_{x\to-\infty}\operatorname{arccot}x=\pi$，$\lim\limits_{x\to\infty}\operatorname{arccot}x$ 不存在.

6. $\lim\limits_{x\to 0}\cos x=1$，$\lim\limits_{x\to\frac{\pi}{2}}\cos x=0$，$\lim\limits_{x\to\infty}\cos x$ 不存在.

7. $\lim\limits_{x\to\infty}\ln(1+x)=+\infty$，$\lim\limits_{x\to 0}\ln(1+x)=0$，$\lim\limits_{x\to-1^+}\ln(1+x)=-\infty$.

8. $\lim\limits_{x\to 0^-}f(x)=\lim\limits_{x\to 0^+}\dfrac{-x}{x}=-1$，$\lim\limits_{x\to 0^+}f(x)=\lim\limits_{x\to 0^+}\dfrac{x}{x}=1$，因此 $\lim\limits_{x\to 0}f(x)$ 不存在.

9. $\lim\limits_{x\to 1^-}f(x)=\lim\limits_{x\to 1^-}x^2=1$，$\lim\limits_{x\to 1^+}f(x)=\lim\limits_{x\to 1^+}(x+1)=2$，因此 $\lim\limits_{x\to 1}f(x)$ 不存在.

10.(1)错误，无穷小是以零为极限的变量；

(2)正确；

(3)错误，无穷小是绝对值越来越小的变量；

(4)错误，例如 n 个 $\left\{\dfrac{1}{n}\right\}$ 的和为 1，不是无穷小；

(5)错误，无穷大是绝对值越来越大的变量；

(6)错误，选有界变量 0，则无穷大与 0 之积仍为 0，不是无穷大；

(7)错误，例如 $x\to\infty$ 时，无穷大 $x,-x$ 的和为 0；

(8)正确.

11.(1) ∞；　(2)0；　(3)0；　(4)0.

12.(略)

13.(1)5；　(2)-9；　(3)0；　(4)8；　(5)12；

(6) $2x$；　(7)0；　(8)5；　(9)2；　(10) $\dfrac{1}{5}$；

(11) ∞；　(12)0；　(13) $-\dfrac{1}{2}$；　(14) ∞；

(15) -1；　(16) $\dfrac{3^{30}}{2^{30}}$；　(17)2；　(18) $\dfrac{3}{2}$；

(19)1；　(20)1.

14. $\dfrac{3}{4}$.

15. 1.

16. (1) 3; (2) $\dfrac{5}{3}$; (3) $\dfrac{1}{2}$; (4) 2; (5) 1;

(6) $\dfrac{1}{2a}$; (7) 1; (8) x.

17. 圆内接正 n 边形面积为 $\dfrac{1}{2}nR^2\sin\dfrac{2\pi}{n}$,

$\lim\limits_{n\to\infty}\dfrac{1}{2}nR^2\sin\dfrac{2\pi}{n}=\pi R^2\lim\limits_{n\to\infty}\dfrac{\sin\dfrac{2\pi}{n}}{\dfrac{2\pi}{n}}=\pi R^2$.

18. (1) e^{-2}; (2) e^2; (3) e^{-2}; (4) e^{-1};

(5) e; (6) e^3.

19. (1) $\dfrac{2}{3}$; (2) $\dfrac{3}{5}$; (3) 2; (4) 5; (5) 2;

(6) $-\dfrac{2}{5}$.

20. (必要性) 由于 $\alpha(x)\sim\beta(x)$, 则 $\lim\dfrac{\beta(x)}{\alpha(x)}=1$,

因此 $\lim\dfrac{\alpha(x)-\beta(x)}{\alpha(x)}=\lim\left[1-\dfrac{\beta(x)}{\alpha(x)}\right]=1-$

$\lim\dfrac{\beta(x)}{\alpha(x)}=1-1=0$, 故 $\alpha(x)-\beta(x)=o[\alpha(x)]$.

(充分性) 因为 $\alpha(x)-\beta(x)=o[\alpha(x)]$, 即

$\lim\dfrac{\alpha(x)-\beta(x)}{\alpha(x)}=\lim\left[1-\dfrac{\beta(x)}{\alpha(x)}\right]=0$, 则

$\lim\dfrac{\beta(x)}{\alpha(x)}=\lim\left[1-\left(1-\dfrac{\beta(x)}{\alpha(x)}\right)\right]=1-$

$\lim\left[1-\dfrac{\beta(x)}{\alpha(x)}\right]=1-0=1$, 从而 $\alpha(x)\sim\beta(x)$.

21. 设 x 是区间 $(-\infty,+\infty)$ 内任意取定的一点, 当 x 有增量 Δx 时, 对应的函数增量为

$\Delta y=\cos(x+\Delta x)-\cos x$

$=-2\sin\dfrac{\Delta x}{2}\cdot\sin\left(x+\dfrac{\Delta x}{2}\right).$

因为

$\lim\limits_{\Delta x\to 0}\Delta y=-2\lim\limits_{\Delta x\to 0}\dfrac{\Delta x}{2}\cdot\sin\left(x+\dfrac{\Delta x}{2}\right)=0,$

这就证明了 $y=\cos x$ 对于任意 $x\in(-\infty,+\infty)$ 都是连续的, 继而证明了函数 $y=\cos x$ 在区间 $(-\infty,+\infty)$ 上的连续性.

22. $f(1)=1$. $\lim\limits_{x\to 1^-}f(x)=\lim\limits_{x\to 1^+}f(x)=1$, 因此 $\lim\limits_{x\to 1}f(x)=f(1)$, 故连续.

23. (1) 间断点为 $x=\pm 1, x=\pm 1$ 均为第二类无穷间断点;

(2) 间断点为 $x=1,2. x=1$ 为第一类可去间断点; $x=2$ 为第二类无穷间断点;

(3) 间断点为 $x=0, x=0$ 为第二类间断点;

(4) 间断点为 $x=0, x=0$ 为第一类跳跃间断点.

24. $\dfrac{5}{2}$.

25. 连续区间为 $(-\infty,-3)\bigcup(-3,2)\bigcup(2,+\infty)$. $\lim\limits_{x\to 0}f(x)=\dfrac{1}{2}$, $\lim\limits_{x\to -3}f(x)=-\dfrac{8}{5}$, $\lim\limits_{x\to 2}f(x)=\infty$.

26. (1) 1; (2) $\cos e$; (3) e^6; (4) e.

27. (1) $\sqrt{3}$; (2) 1; (3) 1; (4) 2.

28. 提示: 构造函数 $f(x)=x^5-3x+1$.

29. 提示: 构造 $f(x)=x\cdot 2^x-1$.

30. 设 $g(x)=f(x)-f(x+a)$, 因 $g(x)$ 在闭区间 $[0,a]$ 上连续, 又 $g(0)=f(0)-f(a)$,

$g(a)=f(a)-f(2a)=f(a)-f(0)$,

此时 $g(0)\cdot g(a)=-[f(0)-f(a)]^2\leqslant 0$

① 当 $g(0)g(a)=0$, 即 $f(0)=f(a)$ 时, 则取 $\xi=0,a$ 即可.

② 当 $g(0)g(a)<0$, 由零点定理可知, 在 $(0,a)$ 内至少有一点 ξ, 使得 $g(\xi)=0$, 即 $f(\xi)=f(\xi+a)$.

综上所述, $\exists\xi\in[0,a]$, 满足 $f(\xi)=f(\xi+a)$.

B 组

1. (略)

2. -3.

3. $a=1,b=-1$.

4. 3.

5. $\ln 3$.

6. (1) 等价无穷小; (2) 同阶无穷小, 但不等价; (3) 等价无穷小; (4) 高阶无穷小

7. (1) $x\to -1$ 时, $f(x)$ 是无穷小; $x\to 1$ 时, $f(x)$ 是无穷大;

(2) $x\to +\infty$ 时, $f(x)$ 是无穷小; $x\to -\infty$ 时, $f(x)$ 是无穷大;

(3) $x\to 1$ 时, $f(x)$ 是无穷小; $x\to 0^+$ 或 $x\to +\infty$ 时, $f(x)$ 是无穷大;

(4) $x\to 0^+$ 时, $f(x)$ 是无穷小; $x\to\dfrac{\pi}{2}^-$ 时, $f(x)$ 是无穷大.

8. 若 $f(x_1)=f(x_2)=\cdots=f(x_n)$, 则取 $\xi=x_1,x_2,\cdots,x_n$ 即可.

若 $f(x_1),f(x_2),\cdots,f(x_n)$ 不全相等, 可设 $f(x_i)=\max\{f(x_1),f(x_2),\cdots,f(x_n)\}$,

$$f(x_j) = \min\{f(x_1), f(x_2), \cdots, f(x_n)\},\ 则$$

$f(x_i) > f(x_j).\ 而\ \dfrac{f(x_1) + f(x_2) + \cdots + f(x_n)}{n}\ 介于$

$f(x_i), f(x_j)$ 之间，根据介值定理，在以 x_i, x_j 为端点的区间内至少有一点 ξ，使得

$$f(\xi) = \frac{f(x_1) + f(x_2) + \cdots + f(x_n)}{n},$$

从而结论得证.

习 题 3

A 组

1. $\dfrac{\mathrm{d}y}{\mathrm{d}x} = a.$

2. $v(t) = \dfrac{\mathrm{d}s}{\mathrm{d}t} = 2t, v(2) = 4.$

3. (1) $-f'(x_0)$；　(2) $2f'(x_0)$；
(3) $-f'(x_0)$；　(4) $f'(x_0)$.

4. $f'_-(1) = 2, f'_+(1) = 3, f'_-(1) \neq f'_+(1)$，故 $f'(1)$ 不存在.

5. $f'_-(0) = 1, f'_+(0) = 1$，因此 $f'(0) = 1.$

6. (1) 连续不可导；　(2) 可导且连续.

7. 切线方程为 $y = 1$；法线方程为 $x = 0.$

8. $(4, 8).$

9. (1) $20x^3 - 6x + 1$；　(2) $\dfrac{1}{3} + \dfrac{3}{x^2} + \dfrac{1}{\sqrt{x}} + \dfrac{1}{\sqrt{x^3}}$；

(3) $5x^4 + 5^x \ln 5$；　(4) $2\mathrm{e}^x - \dfrac{1}{x\ln 2}$；

(5) $6\cos x - 3\sec^2 x$；　(6) $\dfrac{1}{\sqrt{1-x^2}} - \dfrac{1}{1+x^2}.$

10. (1) $\tan x + x\sec^2 x - 2\sec x \tan x$；

(2) $2x\ln x\csc x + x\csc x - x^2\ln x\csc x\cot x$；

(3) $-\dfrac{2\cos x}{x^3} - \dfrac{\sin x}{x^2}$；　(4) $-\dfrac{2\mathrm{e}^x}{(1+\mathrm{e}^x)^2}$；

(5) $\dfrac{1}{1+\cos x}$；

(6) $\dfrac{-2\csc^2 x \cdot (x+\sqrt{x}) - \cot x}{2\sqrt{x}(1+\sqrt{x})^2}.$

11. (1) $v(t) = 12 - gt$；　(2) $t = \dfrac{12}{g}.$

12. $a = \dfrac{1}{3}, b = -\dfrac{2}{3}.$

13. (1) $-40(1-2x)^{19}$；　(2) $\dfrac{3}{2\sqrt{3x-5}}$；

(3) $-2x\mathrm{e}^{-x^2}$；　(4) $\dfrac{1}{x\ln x}$；　(5) $2\sin(4x-2)$；

(6) $\dfrac{1}{3}\cot\dfrac{x}{3}\sec^2\dfrac{x}{3}$；　(7) $\dfrac{6\ln^2 x^2}{x}$；

(8) $-3\ln 2 \cdot 2^{\cos^3 x}\cos^2 x\sin x$；

(9) $2x\sin\dfrac{1}{x} - \cos\dfrac{1}{x}$；　(10) $\dfrac{1}{1+x^2}.$

14. (1) $\dfrac{1}{2x} + \dfrac{1}{2x\sqrt{\ln x}}$；　(2) $\dfrac{2\sqrt{x}+1}{4\sqrt{x}\sqrt{x+\sqrt{x}}}$；

(3) $\csc x$；

(4) $-n\sin nx\sin^n x + n\cos nx\sin^{n-1} x\cos x$；

(5) $-\dfrac{1}{\sqrt{2x(1-x)(1+x)^2}}$；

(6) $y' = 2\mathrm{e}^{2x}\sqrt{1-\mathrm{e}^{2x}} - \dfrac{\mathrm{e}^{4x}}{\sqrt{1-\mathrm{e}^{2x}}} + \dfrac{\mathrm{e}^x}{1+\mathrm{e}^{2x}}$；

(7) $\dfrac{4}{(\mathrm{e}^t + \mathrm{e}^{-t})^2}$；　(8) $y' = \dfrac{1 - \sqrt{1-x^2}}{x^2\sqrt{1-x^2}}.$

15. (1) $4 - \dfrac{1}{x^2}$；　(2) $\dfrac{\mathrm{e}^x - \mathrm{e}^{-x}}{2}$；

(3) $-2\sin x - x\cos x$；

(4) $\dfrac{1}{\sqrt{2x-3}} + \dfrac{x-3}{\sqrt{(2x-3)^3}}$；

(5) $\dfrac{-x^2\sin x - 2x\cos x + 2\sin x}{x^3}$；

(6) $\dfrac{3x}{\sqrt{(1-x^2)^5}}$；　(7) $-\dfrac{2(x^2-1)}{(1-x^2)^2}$；

(8) $(6x + 4x^3)\mathrm{e}^{x^2}$；

(9) $\dfrac{2\sqrt{1-x^2} + 2x\arcsin x}{\sqrt{(1-x^2)^3}}$；

(10) $-\dfrac{2x^4 + 2}{\sqrt{(1-x^4)^3}}.$

16. (1) $y^{(n)} = (-1)^n\mathrm{e}^{-x}$；　(2) $y^{(n)} = (x+n)\mathrm{e}^x$；

(3) $y^{(n)} = (-1)^n(n-2)!\ x^{1-n}\ (n>1)$；

(4) $y^{(n)} = 2(-1)^n n!\ (1+x)^{-n-1}.$

17. (1) $\dfrac{\mathrm{d}y}{\mathrm{d}x} = \dfrac{y-2x}{2y-x}$；　(2) $\dfrac{\mathrm{d}y}{\mathrm{d}x} = -\csc^2(x+y)$；

(3) $\dfrac{\mathrm{d}y}{\mathrm{d}x} = \dfrac{\mathrm{e}^{x+y} - y}{x - \mathrm{e}^{x+y}}$；

(4) $\dfrac{\mathrm{d}y}{\mathrm{d}x} = \dfrac{y\cos x + \sin(x-y)}{\sin(x-y) - \sin x}.$

18. 切线方程为 $x + y = \dfrac{\sqrt{2}}{2}a$；法线方程为 $y = x.$

19. (1) $y' = (\ln x)^x\left[\ln(\ln x) + \dfrac{1}{\ln x}\right]$；

(2) $y' = \dfrac{(2x+3)^4 \cdot \sqrt{x-6}}{\sqrt[3]{x+1}}$
$\left[\dfrac{8}{2x+3} + \dfrac{1}{2(x-6)} - \dfrac{1}{3(x+1)}\right].$

20. (1) $\dfrac{dy}{dx}=\dfrac{b(t^2+1)}{a(t^2-1)}$; (2) $\dfrac{dy}{dx}=\dfrac{2t}{1-t^2}$.

21. (1) $\dfrac{d^2y}{dx^2}=-\dfrac{b}{a^2}\csc^3 t$;

(2) $\dfrac{d^2y}{dx^2}=\dfrac{2}{(1+t)\sqrt{1-t}}$.

22. 增量 $\Delta y=y|_{x=1.01}-y|_{x=1}=[2(1.01)^2-(1.01)]-1=0.0302$;

微分 $dy=f'(1)\Delta x=(4x-1)|_{x=1}\cdot(0.01)=0.03$.

23. $f'(x)=4$.

24. (1) $e^{-x}[\sin(3-x)-\cos(3-x)]dx$;

(2) $(x^2+1)^{-\frac{3}{2}}dx$;

(3) $-\dfrac{x}{\sqrt{x^2}\sqrt{1-x^2}}dx$;

(4) $dy=-\dfrac{2x}{1+x^4}dx$;

25. (1) $d(5x+C)=5dx$;

(2) $d(2\sqrt{x}+C)=\dfrac{1}{\sqrt{x}}dx$;

(3) $d\left(-\dfrac{1}{2}\cos 2x+C\right)=\sin 2x dx$;

(4) $d(-\dfrac{1}{3}e^{-3x}+C)=e^{-3x}dx$.

26. (1) 9.9867; (2) −0.002.

B 组

1. $f'(0)$.

2. $f'(1)=2$.

3. $a=2,b=-1$.

4. (1) $3x^2 f'(x^3)$;

(2) $\sin 2x[f'(\sin^2 x)-f'(\cos^2 x)]$;

(3) $(e^x+ex^{e-1})f'(e^x+x^e)$;

(4) $f'(e^x)\cdot e^x\cdot e^{f(x)}+f(e^x)\cdot e^{f(x)}\cdot f'(x)$.

5. (1) $y''=\dfrac{f''(\ln x)-f'(\ln x)}{x^2}$;

(2) $y''=\dfrac{f''(x)f(x)-[f'(x)]^2}{f^2(x)}$.

6. $f'(0)=(-1)(-2)\cdots(-100)=100!$, $f^{(101)}(x)=101!$.

习　题　4

A 组

1. $\xi=0$.

2. 提示:分别在 $[1,2]$、$[2,3]$、$[3,4]$ 上应用罗尔定理.

3. 设 $f(x)=a_0 x^n+a_1 x^{n-1}+\cdots+a_{n-1}x$, 由于

$f(0)=f(x_0)$, 在 $[0,x_0]$ 上应用罗尔定理,存在 $\xi\in(0,x_0)$, 使得 $f'(\xi)=0$, 即 $a_0 n\xi^{n-1}+a_1(n-1)\xi^{n-2}+\cdots+a_{n-1}=0$. 因此,方程 $a_0 nx^{n-1}+a_1(n-1)x^{n-2}+\cdots+a_{n-1}=0$ 必有一个小于 x_0 的正根.

4. 函数 $f(x)$ 分别在 $[x_1,x_2]$、$[x_2,x_3]$ 上应用罗尔定理,存在 $\xi_1\in(x_1,x_2)$, $\xi_2\in(x_2,x_3)$ 使得 $f'(\xi_1)=0$, $f'(\xi_2)=0$. 由于 $f'(\xi_1)=f'(\xi_2)$, 函数 $f'(x)$ 在 $[\xi_1,\xi_2]$ 上满足罗尔定理,因此存在 $\xi\in(\xi_1,\xi_2)\subseteq(x_1,x_3)$, 使得 $f''(\xi)=0$.

5. $\xi=e-1$.

6. (1) 设 $f(x)=x^n$, 它在 $[b,a]$ 上满足拉格朗日中值定理的条件,所以
$a^n-b^n=n\xi^{n-1}(a-b)$, 其中 $\xi\in(b,a)$.
因为 $b^{n-1}<\xi^{n-1}<a^{n-1}$, 因此可得 $nb^{n-1}(a-b)<a^n-b^n<na^{n-1}(a-b)$.

(2) 当 $x=y$ 时,易知结果成立.

当 $x\neq y$ 时,设 $f(t)=\arctan t$, 它在以 x,y 为端点的区间上满足拉格朗日中值定理的条件,所以 $\arctan x-\arctan y=\dfrac{1}{1+\xi^2}(x-y)$, 其中 ξ 在 x,y 之间.

因为 $\dfrac{1}{1+\xi^2}\leq 1$, 故

$|\arctan x-\arctan y|=\dfrac{1}{1+\xi^2}|x-y|\leq|x-y|$.

(3) 设 $f(t)=\arctan t$, 它在 $[0,h]$ 上满足拉格朗日中值定理的条件,所以 $\arctan h-\arctan 0=\dfrac{1}{1+\xi^2}(h-0)$, 即 $\arctan h=\dfrac{h}{1+\xi^2}$, 其中 $\xi\in(0,h)$.

又 $\dfrac{1}{1+h^2}<\dfrac{1}{1+\xi^2}<1$, 则可得 $\dfrac{h}{1+h^2}<\arctan h<h$.

7. 设 $f(x)=\arctan x+\text{arccot}\,x$, 由于 $f'(x)=0$, 则由拉格朗日中值定理的推论可知, $f(x)=C$. 设 $x=0$, 得 $C=\arctan 0+\text{arccot}\,0=\dfrac{\pi}{2}$, 即 $\arctan x+\text{arccot}\,x=\dfrac{\pi}{2}$.

8. 当 $x=0$ 时, $f(0)=0\leq M$, 结论成立.

当 $x\neq 0$ 时, $f(x)$ 在以 $x,0$ 为端点的区间上满足拉格朗日中值定理的条件,所以 $f(x)-f(0)=f'(\xi)x$, 即 $f(x)=f'(\xi)x$, 其中 ξ 在 $x,0$ 之间. 由于 $|f'(x)|\leq M$, 且 $x\in[-1,0)\cup(0,1]$, 因而 $|f(x)|=|f'(\xi)|\cdot|x|\leq M\cdot 1=M$.

9. $\xi=\dfrac{14}{9}$.

10.(1)2e; (2)$\frac{\sqrt{3}}{3}$; (3)0; (4)2; (5)$\frac{9}{2}$;

(6)$-\frac{3}{5}$; (7)1; (8)-1; (9)$\frac{4}{e}$; (10)$-\frac{1}{3}$;

(11)2; (12)1; (13)$\frac{1}{2}$; (14)0; (15)-1;

(16)0; (17)$e^{-\frac{2}{\pi}}$; (18)1; (19)e^{-1};

(20)$e^{\frac{2}{\pi}}$.

11. 因为 $\lim\limits_{x\to\infty}\frac{(x+\sin x)'}{(x-\sin x)'}=\lim\limits_{x\to\infty}\frac{1+\cos x}{1-\cos x}$ 不存在

且不为∞,因而不能使用洛比达法则.

而 $\lim\limits_{x\to\infty}\frac{x+\sin x}{x-\sin x}=\lim\limits_{x\to\infty}\frac{1+\frac{1}{x}\cdot\sin x}{1-\frac{1}{x}\cdot\sin x}=1$,其中

$\lim\limits_{x\to\infty}\frac{1}{x}\cdot\sin x=0$(无穷小乘以有界函数).

12.(1)函数在$(-\infty,-1]$,$[1,+\infty)$单调增加,

在$[-1,1]$单调减少;

(2) 函数在 $\left[\frac{1}{2},+\infty\right)$ 单调增加,在

$\left(-\infty,\frac{1}{2}\right]$单调减少;

(3)函数在$[-1,+\infty)$单调增加,在$(-\infty,-1]$

单调减少;

(4)函数在$\left[\frac{1}{2},+\infty\right)$单调增加,在$\left(0,\frac{1}{2}\right]$单

调减少;

(5)函数在$[2,+\infty)$单调增加,在$(0,2]$单调

减少;

(6)函数在$(-\infty,0]$,$[1,+\infty)$单调增加,在$[0,$

$1]$单调减少;

(7)函数在 **R** 上单调增加;

(8)函数在$[-1,1)$单调增加,在$(-\infty,-1]$,

$(1,+\infty)$单调减少.

13.(1)设 $f(x)=2\sqrt{x}+\frac{1}{x}-3$,由于当 $x>1$

时,有 $f'(x)=\frac{1}{\sqrt{x}}-\frac{1}{x^2}>0$.

又由于$f(x)$在$x=1$处连续,所以$f(x)$在$[1,$

$+\infty)$上单调增加,从而当$x>1$时,有$f(x)>f(1)$

$=0$,即 $2\sqrt{x}>3-\frac{1}{x}$.

(2)设 $f(x)=\frac{x}{2}-\sqrt{1+x}+1$,由于当 $x>0$

时,有 $f'(x)=\frac{1}{2}\left(1-\frac{1}{\sqrt{1+x}}\right)>0$.

又由于$f(x)$在$x=0$处连续,所以$f(x)$在$[0,$

$+\infty)$上单调增加,从而当$x>0$时,有 $f(x)>f(0)$

$=0$,即 $1+\frac{1}{2}x>\sqrt{1+x}$.

(3)设 $f(x)=x-\ln(1+x)$,由于当 $x>0$ 时,有

$f'(x)=1-\frac{1}{1+x}>0$.

又由于$f(x)$在$x=0$处连续,所以$f(x)$在$[0,$

$+\infty)$上单调增加,从而当$x>0$时,有 $f(x)>f(0)$

$=0$,即 $x>\ln(1+x)$.

(4)设 $f(x)=\ln(1+x)-x+\frac{x^2}{2}$,由于当 $x>0$

时,有 $f'(x)=x\left(1-\frac{1}{1+x}\right)>0$.

又由于$f(x)$在$x=0$处连续,所以$f(x)$在$[0,$

$+\infty)$上单调增加,从而当$x>0$时,有 $f(x)>f(0)$

$=0$,即 $\ln(1+x)>x-\frac{1}{2}x^2$.

(5)设 $f(x)=e^x-x-1$,$f'(x)=e^x-1$. 当 $x>0$

时,有 $f'(x)>0$;当 $x<0$ 时,有 $f'(x)<0$. 又由于

$f(x)$ 在 $x=0$ 处连续,所以 $f(x)$ 在 $[0,+\infty)$ 上单调

增加,在$(-\infty,0]$上单调减少. 因此当 $x\neq0$ 时,

$f(x)>f(0)=0$,即 $e^x>1+x$.

(6)设 $f(x)=2^x-x^2$,由于当 $x>4$ 时,有 $f'(x)$

$=2^x\ln2-2x>0$. 又由于$f(x)$在$x=4$处连续,所以

$f(x)$在$[4,+\infty)$上单调增加,从而当$x>4$时,有

$f(x)>f(4)=0$,即 $2^x>x^2$.

14. 要证 $f(x)$ 在 $\left(0,\frac{\pi}{2}\right)$ 内单调减少,就要证

明在 $\left(0,\frac{\pi}{2}\right)$ 内 $f'(x)<0$. 而

$$f'(x)=\frac{x\cos x-\sin x}{x^2},$$

很明显,在 $\left(0,\frac{\pi}{2}\right)$内,$x^2>0$,故只须证明 $x\cos x-$

$\sin x<0$.

设 $\varphi(x)=x\cos x-\sin x$,当 $x\in\left(0,\frac{\pi}{2}\right)$时,有

$$\varphi'(x)=-x\sin x<0.$$

又由于 $\varphi(x)$ 在 $x=0$ 处连续,所以 $\varphi(x)$ 在

$\left[0,\frac{\pi}{2}\right)$上单调减少,从而当 $0<x<\frac{\pi}{2}$ 时,有 $\varphi(x)$

$<\varphi(0)=0$,即在 $\left(0,\frac{\pi}{2}\right)$内,$x\cos x-\sin x<0$.

故函数 $f(x)=\frac{\sin x}{x}$ 在区间 $\left(0,\frac{\pi}{2}\right)$ 内单调

减少.

15.(1)极小值 $y|_{x=\frac{3}{2}}=-\frac{27}{16}$;

(2)极大值 $y|_{x=0}=-1$; (3)极小值 $y|_{x=0}=1$;

(4)极大值 $y|_{x=3}=108$,极小值 $y|_{x=5}=0$;

(5)极小值 $y|_{x=\frac{1}{e}}=-\frac{1}{e}$;

(6)极大值 $y|_{x=1}=0$,极小值 $y|_{x=e^2}=\frac{4}{e^2}$;

(7)极小值 $y|_{x=6}=108$;

(8)极大值 $y|_{x=\frac{12}{5}}=\frac{41}{\sqrt{710}}$.

16. $a=2$,极大值 $f\left(\frac{\pi}{3}\right)=\sqrt{3}$.

17.(1)最大值 13,最小值 5;

(2)最大值 142,最小值 7;

(3)最大值 $4e+\frac{1}{e}$,最小值 4;

(4)最大值 $\frac{\sqrt{2}}{2\sqrt{e}}$,最小值 $-\frac{\sqrt{2}}{2\sqrt{e}}$;

(5)最大值 $\frac{\pi}{2}$,最小值 $-\frac{\pi}{2}$;

(6)最大值 1,最小值 0;

(7)最大值 $\frac{5}{4}$,最小值 $\sqrt{6}-5$;

(8)最大值 $\frac{5}{2}$,最小值 2.

18. 设锅炉的高为 h,底半径为 r,则 $\pi r^2 h=50$.表面积 $S=2\pi r^2+2\pi rh=2\pi r^2+\frac{100}{r}$,令 $S'=0$,得 $r=\sqrt[3]{\frac{25}{\pi}}$,由此 $h=\frac{10}{\sqrt[3]{5\pi}}$.

19. 设边长为 x,则纸盒的容积 $V=(8-2x)(5-2x)x$. $V'=12x^2-52x+40$,令 $V'=0$,得 $x=1\left(x=\frac{10}{3}\right.$ 舍去).

20. 设经过 t s,轮船甲乙距离的平方为 y,则 $y=(75-12t)^2+(6t)^2$. $y'=-24(75-12t)+72t$,令 $y'=0$,得 $t=5$.

21.(1)凹区间 $\left[0,\frac{1}{2}\right]$,凸区间 $(-\infty,0]$,$\left[\frac{1}{2},+\infty\right)$,拐点 $(0,0)$,$\left(\frac{1}{2},\frac{1}{16}\right)$;

(2)凹区间 $(-\infty,-1]$,$[1,+\infty)$,凸区间 $[-1,1]$,拐点 $(-1,e^{-\frac{1}{2}})$,$(1,e^{-\frac{1}{2}})$;

(3)曲线为凹的,无拐点;

(4)曲线为凸的,无拐点;

(5)凹区间 $\left(-\infty,\frac{1}{2}\right]$,凸区间 $\left[\frac{1}{2},+\infty\right)$,拐点 $\left(\frac{1}{2},e^{\arctan\frac{1}{2}}\right)$;

(6)凹区间 $(-1,0]$,$(1,+\infty)$;凸区间 $(-\infty,-1)$,$[0,1)$,拐点 $(0,0)$;

(7)凹区间 $[-1,1]$,凸区间 $(-\infty,-1]$,$[1,+\infty)$,拐点 $\left(-1,\frac{7}{3}\right)$,$\left(1,\frac{7}{3}\right)$;

(8)凹区间 $[6,+\infty)$,凸区间 $(-\infty,-3)$,$(-3,6]$,拐点 $\left(6,\frac{11}{3}\right)$.

22. $a=-\frac{3}{2}$,$b=\frac{9}{2}$.

23.(1)水平渐近线 $y=1$,垂直渐近线 $x=0$,无斜渐近线.

(2)无水平渐近线,垂直渐近线 $x=1$,斜渐近线 $y=2x+4$.

(3)水平渐近线 $y=0$,垂直渐近线 $x=-1$,无斜渐近线.

(4)无水平渐近线,无垂直渐近线,斜渐近线 $y=-x+1$,斜渐近线 $y=x-1$.

24.(略)

B 组

1. 假设方程 $x^3-3x+1=0$ 在区间 $[0,1]$ 内有两个实根 x_1 和 x_2,不妨设 $x_1<x_2$.令 $f(x)=x^3-3x+1$,在 $[x_1,x_2]$ 上应用罗尔定理,必然存在一点 $\xi\in(x_1,x_2)$,使得 $f'(\xi)=0$,即 $3\xi^2-3=0$,得 $\xi=\pm1$,这与 $\xi\in(0,1)$ 矛盾.因而,方程 $x^3-3x+1=0$ 在区间 $[0,1]$ 内不可能有两个不同的实根.

2. 由拉格朗日中值定理可知,某时刻的速度为 $\frac{159}{2}=79.5$,已超过限速 65,故超速.

3. 由拉格朗日中值定理可知,某时刻的速度为 $\frac{110}{12}=9\frac{1}{6}>9$.

4. 由拉格朗日中值定理可知,$f(x+a)-f(x)=f'(\xi)a$,其中 ξ 介于 x 与 $x+a$ 之间.

$\lim\limits_{x\to\infty}[f(x+a)-f(x)]=a\lim\limits_{\xi\to\infty}f'(\xi)=a\lim\limits_{\xi\to\infty}f'(\xi)=ak$.

5. 要证 $f'(\xi)=-\frac{f(\xi)}{\xi}$,即 $f(\xi)+\xi f'(\xi)=0$.令 $g(x)=xf(x)$,它在 $[0,1]$ 上满足罗尔定理的条件,因而存在 $\xi\in(0,1)$,使得 $g'(\xi)=0$,即 $f(\xi)+\xi f'(\xi)=0$.

6. 要证 $f'(\xi) = -\dfrac{2f(\xi)}{\xi}$，即 $2f(\xi) + \xi f'(\xi) = 0$，也可写成 $2\xi f(\xi) + \xi^2 f'(\xi) = 0$. 令 $g(x) = x^2 f(x)$，它在 $[0,1]$ 上满足罗尔定理的条件，因而存在 $\xi \in (0,1)$，使得 $g'(\xi) = 0$，即 $2\xi f(\xi) + \xi^2 f'(\xi) = 0$，即为 $2f(\xi) + \xi f'(\xi) = 0$.

7. 设 $f(x) = x^5 + x - 1$，它在 $[0,1]$ 上连续，且 $f(0) = -1 < 0$，$f(1) = 1 > 0$，根据零点定理，至少有一点 $\xi \in (0,1)$，使得 $f(\xi) = 0$，即方程 $x^5 + x - 1 = 0$ 至少有一个正根.

又 $f'(x) = 5x^4 + 1 > 0$，因此 $f(x)$ 为单调增加的函数，因而方程 $x^5 + x - 1 = 0$ 只有一个正根.

8. (1) 设 $f(t) = e^t$，由 $f''(t) = e^t > 0$ 知，$f(t)$ 的图形为凹的. 根据定义，得 $\dfrac{f(x) + f(y)}{2} > f\left(\dfrac{x+y}{2}\right)$，即 $\dfrac{e^x + e^y}{2} > e^{\frac{x+y}{2}}$.

(2) 设 $f(t) = \cos t$，当 $t \in \left(-\dfrac{\pi}{2}, \dfrac{\pi}{2}\right)$ 时，$f''(t) = -\cos t < 0$ 知，$f(t)$ 的图形为凸的. 根据定义，得 $f\left(\dfrac{x+y}{2}\right) > \dfrac{f(x) + f(y)}{2}$，即 $\cos\left(\dfrac{x+y}{2}\right) > \dfrac{\cos x + \cos y}{2}$.

习 题 5

A 组

1. (1) $\dfrac{1}{2}x^2 - 3x + 3\ln|x| + \dfrac{1}{x} + C$；

(2) $\dfrac{8}{15}x^{\frac{15}{8}} + C$；

(3) $e^x + x + C$；

(4) $e^x + \dfrac{3^x}{\ln 3} + \dfrac{(2e)^x}{\ln(2e)} + \dfrac{6^x}{\ln 6} + C$；

(5) $-\dfrac{2}{\ln 5}\left(\dfrac{1}{5}\right)^x + \dfrac{1}{5\ln 2}\left(\dfrac{1}{2}\right)^x + C$；

(6) $\dfrac{100^x}{2\ln 10} - \dfrac{1}{2\ln 10}\left(\dfrac{1}{100}\right)^x - 2x + C$；

(7) $-\cot x - x + C$；

(8) $\dfrac{1}{3}x^3 + \dfrac{3}{2}x^2 + 9x + C$；

(9) $-\dfrac{1}{x} - \arctan x + C$；

(10) $x - \ln|x| + C$

(11) $\dfrac{1}{2}(x + \sin x) + C$；

(12) $-\dfrac{1}{2}\cot x + C$；

(13) $x + \tan x + C$；

(14) $\dfrac{1}{2}(\tan x + x) + C$

(15) $\sin x - \cos x + C$；

(16) $-\cot x - \tan x + C$；

(17) $\sin x - \cos x + C$；

(18) $2\arcsin x + C$.

2. $f(x) = -\dfrac{1}{x\sqrt{1-x^2}}$.

3. $\displaystyle\int f(x)\,\mathrm{d}x = -\sin x + C_1 x + C_2$

4. $y = \dfrac{1}{2}x^2 + e^x + 1$.

5. (略).

6. (1) $\dfrac{1}{3}e^{3x} + C$；

(2) $-\dfrac{1}{3}(1-2x)^{\frac{3}{2}} + C$；

(3) $\dfrac{1}{12}(1+x^2)^6 + C$；

(4) $\dfrac{1}{4}\sin(2x^2 - 1) + C$；

(5) $2\arcsin\sqrt{x} + C$；

(6) $\ln|\ln x| + C$

(7) $\ln(1+x^2) + 3\arctan x + C$；

(8) $2\arcsin x + \sqrt{1-x^2} + C$；

(9) $\dfrac{1}{4}\sin^4 x + C$

(10) $\dfrac{1}{2}x + \dfrac{1}{8}\sin 4x + C$；

(11) $\dfrac{1}{3}\sec^3 x + C$；

(12) $\dfrac{1}{3}\tan^3 x + \dfrac{1}{5}\tan^5 x + C$；

(13) $\dfrac{1}{4}\ln(1+x^4) - \dfrac{1}{2}\arctan x^2 + C$；

(14) $\dfrac{1}{2}\ln(1+e^{2x}) + C$；

(15) $\dfrac{\sqrt{2}}{2}\arctan\dfrac{x+1}{\sqrt{2}} + C$；

(16) $\arcsin\dfrac{x+1}{2} + C$；

(17) $-\dfrac{1}{2(\sin x - \cos x)^2} + C$；

(18) $\dfrac{1}{2}\arcsin(\sin^2 x) + C$；

(19) $2\sqrt{\tan x - 1} + C$；

$(20)\dfrac{1}{2\cos^2 x}+C.$

7.（略）.

8.$(1)-x\cos x+\sin x+C;$

$(2)\dfrac{x\cdot 3^x}{\ln 3}-\dfrac{3^x}{(\ln 3)^2}+C;$

$(3)x\tan x+\ln|\cos x|+C;$

$(4)-\dfrac{\arctan x}{x}+\ln|x|-\dfrac{1}{2}\ln(1+x^2)+C;$

$(5)x\ln(x^2+1)-2x+2\arctan x+C;$

$(6)x\arcsin x+\sqrt{1-x^2}+C;$

$(7)x\ln^2 x-2x\ln x+2x+C;$

$(8)-x^2\mathrm{e}^{-x}-2x\mathrm{e}^{-x}-2\mathrm{e}^{-x}+C;$

$(9)\dfrac{1}{2}x\sec^2 x-\dfrac{1}{2}\tan x+C;$

$(10)\dfrac{x\cos(\ln x)+x\sin(\ln x)}{2}+C.$

9.$I_n=\displaystyle\int\tan^{n-2}x(\sec^2 x-1)\mathrm{d}x=\int\tan^{n-2}x\mathrm{d}\tan x-$

$\displaystyle\int\tan^{n-2}x\mathrm{d}x=\dfrac{1}{n-1}\tan^{n-1}x-I_{n-2}.$

$\displaystyle\int\tan^5 x\mathrm{d}x=\dfrac{1}{4}\tan^4 x-\int\tan^3 x\mathrm{d}x=\dfrac{1}{4}\tan^4 x-$

$\left(\dfrac{1}{2}\tan^2 x-\displaystyle\int\tan x\mathrm{d}x\right)=\dfrac{1}{4}\tan^4 x-\dfrac{1}{2}\tan^2 x-$

$\ln|\cos x|+C.$

10.$(1)5\ln|x-3|-3\ln|x-2|+C;$

$(2)2\ln|x-1|-\dfrac{2}{x-1}-\ln|x|+C;$

$(3)\dfrac{1}{2}\ln(x^2+2x+3)-\dfrac{3}{\sqrt 2}\arctan\dfrac{x+1}{\sqrt 2}+C;$

$(4)2\ln|x-1|-\ln(1+x^2)-2\arctan x+C$

$(5)x+\dfrac{1}{6}\ln|x|-\dfrac{9}{2}\ln|x-2|+\dfrac{28}{3}\ln|x-3|+C;$

$(6)\dfrac{x^2}{2}+3x+6\ln|x-1|-\dfrac{4}{x-1}-\dfrac{1}{2(x-1)^2}+C;$

$(7)\dfrac{2}{\sqrt 3}\arctan\dfrac{2\left(\tan\dfrac{x}{2}+\dfrac{1}{2}\right)}{\sqrt 3}+C;$

$(8)\ln\left|\tan\dfrac{x}{2}\right|-2\ln\left|1+\tan\dfrac{x}{2}\right|+C;$

$(9)\ln\left|1+\tan\dfrac{x}{2}\right|+C;$

$(10)\dfrac{1}{2}\ln\left|\tan\dfrac{x}{2}\right|+\dfrac{1}{4}\left(\tan\dfrac{x}{2}\right)^2+\tan\dfrac{x}{2}+C;$

$(11)2\left[\sqrt{x+1}-\ln(1+\sqrt{x+1})\right]+C;$

$(12)2\ln\dfrac{\sqrt x}{\sqrt x+1}+C;$

$(13)3\ln|1+\sqrt[3]{x+2}|+\dfrac{3}{2}\sqrt[3]{(x+2)^2}-$

$3\sqrt[3]{x+2}+C;$

$(14)2\sqrt x-4\sqrt[4]{x}+4\ln|1+\sqrt[4]{x}|+C.$

B　组

1.$(1)2\arcsin\dfrac{\mathrm{e}^{\frac{x}{2}}}{4}+C;$

$(2)\arcsin(\tan x)+C;$

$(3)\dfrac{1}{8}\sin 4x+\dfrac{1}{4}\cos 2x+C;$

$(4)\ln|\ln\ln x|+C;$

$(5)\dfrac{1}{\sin x+\cos x}+C;$

$(6)-\dfrac{1}{2}\left(\arctan\dfrac{1}{x}\right)^2+C;$

$(7)-\cot x-\dfrac{1}{3}\cot^3 x+C;$

$(8)\dfrac{1}{2}\tan^2 x+\ln|\csc 2x-\cot 2x|+C;$

$(9)\dfrac{1}{2\sqrt 2}\ln\left|\dfrac{\sqrt 2+x}{\sqrt 2-x}\right|+C;$

$(10)-\arcsin\dfrac{\cos x}{\sqrt 2}$

$(11)\dfrac{1}{2}\tan^2 x+\ln|\cos x|+C;$

$(12)\dfrac{1}{3}\tan^3 x-\tan x+x+C$

$(13)\arctan\mathrm{e}^x+C;$

$(14)\dfrac{1}{\ln\frac{2}{3}}\ln\left|\dfrac{1+\left(\dfrac{2}{3}\right)^x}{1-\left(\dfrac{2}{3}\right)^x}\right|+C;$

$(15)-\dfrac{1}{6}\dfrac{1}{(1+x^2)^3}+\dfrac{1}{8}\dfrac{1}{(1+x^2)^4}+C;$

$(16)\dfrac{1}{8}\ln|x|-\dfrac{1}{24}\ln|x^3+8|+C;$

$(17)-2\sqrt{\dfrac{1+x}{x}}+\ln\left|\dfrac{1+\sqrt{\dfrac{1+x}{x}}}{1-\sqrt{\dfrac{1+x}{x}}}\right|+C;$

$(18)x\ln(x+\sqrt{x^2+1})-\sqrt{x^2+1}+C;$

$(19)-\cos x\ln\tan x+\ln|\csc x-\cot x|+C;$

$(20)\dfrac{\mathrm{e}^x}{x+1}+C.$

2.$aF(x)+bG(x)=\displaystyle\int\mathrm{d}x=x+C.$

$aG(x)-bF(x)=\displaystyle\int\dfrac{a\cos x-b\sin x}{a\sin x+b\cos x}\mathrm{d}x=$

$$\int \frac{\mathrm{d}(a\sin x + b\cos x)}{a\sin x + b\cos x} = \ln |a\sin x + b\cos x| + C.$$

由 $\begin{cases} aF(x) + bG(x) = x + C \\ aG(x) - bF(x) = \ln|a\sin x + b\cos x| + C \end{cases}$ 可得,

$$F(x) = \frac{ax - b\ln|a\sin x + b\cos x|}{a^2 + b^2} + C,$$

$$G(x) = \frac{bx + a\ln|a\sin x + b\cos x|}{a^2 + b^2} + C.$$

3. $G(x) = \int \dfrac{\mathrm{d}\left(x + \dfrac{\pi}{4}\right)}{\sqrt{2}\sin\left(x + \dfrac{\pi}{4}\right)} =$

$$\frac{\sqrt{2}}{2}\ln\left|\csc\left(x + \frac{\pi}{4}\right) - \cot\left(x + \frac{\pi}{4}\right)\right| + C,$$

$$G(x) + 2F(x) = \int \frac{(\sin x + \cos x)^2}{\sin x + \cos x}\mathrm{d}x =$$

$$\int (\sin x + \cos x)\mathrm{d}x = \sin x - \cos x + C,$$

$$F(x) = \frac{[G(x) + 2F(x)] - G(x)}{2} =$$

$$\frac{\sin x - \cos x}{2} - \frac{\sqrt{2}}{4}\ln\left|\csc\left(x + \frac{\pi}{4}\right) -\right.$$

$$\left.\cot\left(x + \frac{\pi}{4}\right)\right| + C.$$

4. $F(x) + G(x) = \int \dfrac{\mathrm{d}x}{\sin x + \cos x} =$

$$\frac{\sqrt{2}}{2}\ln\left|\csc\left(x + \frac{\pi}{4}\right) - \cot\left(x + \frac{\pi}{4}\right)\right| + C,$$

$$G(x) - F(x) = \int (\cos x - \sin x)\mathrm{d}x = \sin x + \cos x + C,$$

$$F(x) = \frac{[F(x) + G(x)] - [G(x) - F(x)]}{2} =$$

$$\frac{\sqrt{2}}{4}\ln\left|\csc\left(x + \frac{\pi}{4}\right) - \cot\left(x + \frac{\pi}{4}\right)\right| - \frac{\sin x + \cos x}{2} + C,$$

$$G(x) = \frac{[F(x) + G(x)] + [G(x) - F(x)]}{2} =$$

$$\frac{\sqrt{2}}{4}\ln\left|\csc\left(x + \frac{\pi}{4}\right) - \cot\left(x + \frac{\pi}{4}\right)\right| + \frac{\sin x + \cos x}{2} + C.$$

5. (1) $I_n = \dfrac{1}{\alpha + 1}\int (\ln x)^n \mathrm{d}x^{\alpha+1} = \dfrac{x^{\alpha+1}}{\alpha + 1}(\ln x)^n -$

$$\frac{n}{\alpha + 1}\int x^\alpha (\ln x)^n \mathrm{d}x = \frac{x^{\alpha+1}}{\alpha + 1}(\ln x)^n - \frac{n}{\alpha + 1}I_{n-1}.$$

(2) $I_n = \int (\arcsin x)^n \mathrm{d}x = x(\arcsin x)^n -$

$$n\int \frac{x(\arcsin x)^{n-1}}{\sqrt{1 - x^2}}\mathrm{d}x = x(\arcsin x)^n +$$

$$n\int (\arcsin x)^{n-1}\mathrm{d}\sqrt{1 - x^2}$$

$$= x(\arcsin x)^n + n\sqrt{1 - x^2}(\arcsin x)^{n-1} -$$

$$n(n-1)\int (\arcsin x)^{n-2}\mathrm{d}x$$

$$= x(\arcsin x)^n + n\sqrt{1 - x^2}(\arcsin x)^{n-1} -$$

$$n(n-1)I_{n-2}.$$

习 题 6

A 组

1. (略)

2. (1) $\dfrac{1}{2}$; (2) 2π .

3. (略)

4. (1) $\displaystyle\int_0^1 x^2\,\mathrm{d}x > \int_0^1 x^3\,\mathrm{d}x$;

(2) $\displaystyle\int_1^2 x^2\,\mathrm{d}x < \int_1^2 x^3\,\mathrm{d}x$;

(3) $\displaystyle\int_0^1 e^x\,\mathrm{d}x > \int_0^1 e^{x^2}\,\mathrm{d}x$;

(4) $\displaystyle\int_1^2 \ln x\,\mathrm{d}x > \int_1^2 \ln^2 x\,\mathrm{d}x$;

(5) $\displaystyle\int_0^{\frac{\pi}{2}} \sin x\,\mathrm{d}x < \int_0^{\frac{\pi}{2}} x\,\mathrm{d}x$;

(6) $\displaystyle\int_{-\frac{\pi}{2}}^0 \cos x\,\mathrm{d}x = \int_0^{\frac{\pi}{2}} \cos x\,\mathrm{d}x$.

5. (1) $4 < \displaystyle\int_1^3 (x^3 + 1)\,\mathrm{d}x < 56$;

(2) $\dfrac{1}{e} < \displaystyle\int_0^1 e^{-x^2}\,\mathrm{d}x < 1$;

(3) $0 < \displaystyle\int_{-1}^2 (4 - x^2)\,\mathrm{d}x < 12$;

(4) $\pi < \displaystyle\int_{\frac{\pi}{4}}^{\frac{5\pi}{4}} (1 + \sin^2 x)\,\mathrm{d}x < 2\pi$;

(5) $\dfrac{1}{9}\pi < \displaystyle\int_{\frac{\sqrt{3}}{3}}^{\sqrt{3}} x\arctan x\,\mathrm{d}x < \dfrac{2}{3}\pi$;

(6) $\dfrac{2}{5} < \displaystyle\int_1^2 \dfrac{x}{1 + x^2}\,\mathrm{d}x < \dfrac{1}{2}$.

6. 0 .

7. (1) $\sin e^x$;

(2) $2x\sqrt{1 + x^4}$;

(3) $-\dfrac{2x}{\sqrt{1 + x^4}}$;

(4) $-\cos[\pi\cos^2 x]\sin x - \cos[\pi\sin^2 x]\cos x$;

(5) $3x^2 e^{-x^6} - \dfrac{1}{2\sqrt{x}}e^{-x}$;

(6) $-3x^2\displaystyle\int_0^x \sin t\,\mathrm{d}t$.

8. (1) 1 ; (2) $\dfrac{1}{3}$; (3) $\dfrac{1}{4}$; (4) 1 .

9. (1) $2\ln 2 - 1$; (2) $\pi + 2$; (3) $\dfrac{2}{3}(2\sqrt{2} -$

1) $-\dfrac{2}{\ln 3}$; (4) $1-\dfrac{\pi}{4}$; (5) -1 ; (6) $\dfrac{\pi}{3}$;

(7) $1+\dfrac{\pi}{4}$; (8) 1 ; (9) 4 ; (10) $2\sqrt{2}$.

10.(1)错误,因为 $\dfrac{1}{x^2}$ 在 $x=0$ 处不连续,因此在 $[-1,1]$ 上不能使用牛顿-莱布尼茨公式.

(2)错误,因为 $\displaystyle\int_0^{\frac{\pi}{2}}\sqrt{(\sin x-\cos x)^2}\,\mathrm{d}x=$

$\displaystyle\int_0^{\frac{\pi}{2}}|\sin x-\cos x|\,\mathrm{d}x$,

$\displaystyle\int_0^{\frac{\pi}{4}}(\cos x-\sin x)\,\mathrm{d}x+\int_{\frac{\pi}{4}}^{\frac{\pi}{2}}(\sin x-\cos x)\,\mathrm{d}x=$
$2(\sqrt{2}-1)$.

11.(1) $\dfrac{3}{2}$; (2) $\dfrac{51}{512}$; (3) $\dfrac{1}{7}$; (4) $\dfrac{25}{2}$;

$\dfrac{1}{2}\ln 26$; (5) $\dfrac{\pi^2}{32}$; (6) $\dfrac{4}{5}$; (7) $\dfrac{\pi}{4}$;(8) $4-$
$2\ln 3$; (9) $\dfrac{22}{3}$; (10) $\dfrac{\pi}{6}$; (11) $\sqrt{2}-\dfrac{2\sqrt{3}}{3}$;

(12) $\ln\dfrac{\sqrt{3}+2}{\sqrt{2}+1}$.

12.(1) 0 ; (2) 0 ; (3) $\dfrac{4}{3}$; (4) $\ln 3$.

13.(1)令 $t=a+b-x$,则 $\displaystyle\int_a^b f(a+b-x)\,\mathrm{d}x=$
$\displaystyle-\int_b^a f(t)\,\mathrm{d}t=\int_a^b f(t)\,\mathrm{d}t=\int_a^b f(x)\,\mathrm{d}x$.

(2)令 $t=1-x$,则 $\displaystyle\int_0^1 x^m(1-x)^n\,\mathrm{d}x=$
$\displaystyle-\int_1^0 (1-t)^m t^n\,\mathrm{d}t=\int_0^1 t^n(1-t)^m\,\mathrm{d}t=$
$\displaystyle\int_0^1 x^n(1-x)^m\,\mathrm{d}x$.

(3)令 $t=x^2$,则 $\displaystyle\int_0^a x^3 f(x^2)\,\mathrm{d}x=$
$\displaystyle\dfrac{1}{2}\int_0^a x^2 f(x^2)\,\mathrm{d}x^2=\dfrac{1}{2}\int_0^{a^2} t f(t)\,\mathrm{d}t=$
$\displaystyle\dfrac{1}{2}\int_0^{a^2} x f(x)\,\mathrm{d}x$.

(4)令 $u=\dfrac{1}{t}$,则 $\displaystyle\int_x^1 \dfrac{\mathrm{d}t}{1+t^2}=\int_{\frac{1}{x}}^1 \dfrac{\mathrm{d}\frac{1}{u}}{1+\frac{1}{u^2}}=$

$\displaystyle-\int_{\frac{1}{x}}^1 \dfrac{\mathrm{d}u}{1+u^2}=\int_1^{\frac{1}{x}} \dfrac{\mathrm{d}u}{1+u^2}=\int_1^{\frac{1}{x}} \dfrac{\mathrm{d}t}{1+t^2}$.

14.(1) $1-\dfrac{2}{e}$; (2) $\varepsilon\ln\varepsilon-\varepsilon+1$;

(3) $-\dfrac{\sqrt{3}}{9}\pi+\dfrac{\pi}{4}+\ln\dfrac{\sqrt{3}}{\sqrt{2}}$; (4) $\dfrac{1}{4}e^2+\dfrac{1}{4}$;

(5) $\dfrac{\pi}{4}-\dfrac{1}{2}$; (6) $\dfrac{\pi}{4}$; (7) $8\ln 2-4$;

(8) $2\ln(2+\sqrt{5})-(\sqrt{5}-1)$.

15.(1) $\dfrac{1}{a}$; (2)发散; (3) π ; (4) $\dfrac{1}{2}\ln 2$;

(5) 1 ; (6)发散; (7) $\dfrac{8}{3}$; (8) $\dfrac{\pi}{2}$.

16~22.(略)

B 组

1. $m=\dfrac{\pi}{4-\pi}$.

2. 由积分中值定理, $\dfrac{2}{b-a}f(\eta)\left(\dfrac{a+b}{2}-a\right)=$
$f(b)$,即 $f(\eta)=f(b)$,其中 $\eta\in\left[a,\dfrac{a+b}{2}\right]$. 在 $[\eta,b]$ 上应用罗尔定理,至少存在一点 ξ ,使 $f'(\xi)=0$,其中 $\xi\in(\eta,b)\subseteq(a,b)$.

3. 设 $y=xf(x)$,由积分中值定理, $1\cdot f(1)=\eta f(\eta)$,其中 $\eta\in\left[0,\dfrac{1}{2}\right]$. 在 $[\eta,1]$ 上应用罗尔定理,至少存在一点 $\xi\in(\eta,1)\subseteq(0,1)$,使 $y'(\xi)=0$,即 $f(\xi)+\xi f'(\xi)=0$.

4. (1) $F'(x)=f(x)+\dfrac{1}{f(x)}\geqslant 2\sqrt{f(x)\dfrac{1}{f(x)}}$
$=2$;

(2) $F(a)=\displaystyle\int_b^a \dfrac{\mathrm{d}t}{f(t)}=-\int_a^b \dfrac{\mathrm{d}t}{f(t)}<0$, $F(b)=\displaystyle\int_a^b f(t)\,\mathrm{d}t>0$. 由零点定理,在 (a,b) 内至少有一点 ξ ,使 $F(\xi)=0$. 由 $F'(x)>0$ 可知, $F(x)$ 在 $[a,b]$ 上单调增加,因而有且仅有一个零点.

5. (1)等式两边同时求导,得 $5x^4=3x^2 f(x^3)$,即 $f(x^3)=\dfrac{5}{3}(x^3)^{\frac{2}{3}}$, $f(x)=\dfrac{5}{3}x^{\frac{2}{3}}$. 将 $f(x)$ 代入原等式,得 $a=-1$.

(2)等式两边同时求导,得 $e^{x-1}-1=-f(x)$,得 $f(x)=1-e^{x-1}$. 将 $f(x)$ 代入原等式,得 $a=1$.

6. 1.

7. 当 $x=0$ 时, $f(x)$ 取得极小值;当 $x=1$ 时, $f(x)$ 取得极大值.

8. $f(x)=\ln x+1$.

9. $\displaystyle\int_0^{\frac{\pi}{2}}\cos^m x\cdot\sin^m x\,\mathrm{d}x$

$=\dfrac{1}{2^m}\displaystyle\int_0^{\frac{\pi}{2}}\sin^m(2x)\,\mathrm{d}x=\dfrac{1}{2^{m+1}}\int_0^{\frac{\pi}{2}}\sin^m(2x)\,\mathrm{d}(2x)$

$=\dfrac{1}{2^{m+1}}\displaystyle\int_0^{\pi}\sin^m x\,\mathrm{d}x=\dfrac{1}{2^m}\int_0^{\frac{\pi}{2}}\sin^m x\,\mathrm{d}x$

$= \dfrac{1}{2^m} \displaystyle\int_0^{\frac{\pi}{2}} \cos^m x \, dx$.

10. 当 $k = 1$ 时，$\displaystyle\int_2^{+\infty} \dfrac{dx}{x(\ln x)} = \int_2^{+\infty} \dfrac{d\ln x}{\ln x} =$

$\lim\limits_{b \to +\infty}(\ln|\ln b| - \ln|\ln 2|) = +\infty$，

则 $\displaystyle\int_2^{+\infty} \dfrac{dx}{x(\ln x)^k}$ 发散.

当 $k \neq 1$ 时，$\displaystyle\int_2^{+\infty} \dfrac{dx}{x(\ln x)^k} = \int_2^{+\infty} \dfrac{d\ln x}{(\ln x)^k} =$

$\dfrac{1}{1-k} \lim\limits_{b \to +\infty}[(\ln b)^{1-k} - (\ln 2)^{1-k}]$.

当 $k > 1$ 时，$\lim\limits_{b \to +\infty}(\ln b)^{1-k} = 0$，则 $\displaystyle\int_2^{+\infty} \dfrac{dx}{x(\ln x)^k}$

收敛；

当 $k < 1$ 时，$\lim\limits_{b \to +\infty}(\ln b)^{1-k} = +\infty$，则

$\displaystyle\int_2^{+\infty} \dfrac{dx}{x(\ln x)^k}$ 发散.

习 题 7

A 组

1. (1) 一阶，非线性； (2) 二阶，线性； (3) 三阶，线性； (4) 一阶，非线性； (5) 一阶，非线性； (6) 二阶，线性.

2. (1) 通解； (2) 通解； (3) 特解； (4) 不是解.

3. $y = \dfrac{1}{3}x^3 - \dfrac{1}{3}$.

4. 将 $y = (c_1 + c_2 x)e^{-x}$，$y' = (c_2 - c_1 - c_2 x)e^{-x}$ 及 $y'' = (-2c_2 + c_1 + c_2 x)e^{-x}$ 代入微分方程 $y'' + 2y' + y = 0$，可知方程成立，即是解. 又函数 $y = (c_1 + c_2 x)e^{-x}$ 中任意函数为两个，等于微分方程 $y'' + 2y' + y = 0$ 的阶数，故是通解.

利用初始条件，解得 $c_1 = 4$，$c_2 = 2$. 因此，特解为 $y = (4 + 2x)e^{-x}$.

5. $u(x) = x + \dfrac{1}{2}x^2 + c$.

6. 由题意可得，$mg + kv = m \dfrac{dv}{dt}$，即 $\dfrac{dv}{dt} = g + \dfrac{kv}{m}$. 初始条件为 $\dfrac{dv}{dt}\Big|_{t=0} = v_0$.

7. (1) $y = \dfrac{1}{5}x^3 + \dfrac{1}{2}x^2 + C$；

(2) $x^3 + (y+1)^3 = C$；

(3) $1 - x = Ce^{-\frac{1}{y}}$；

(4) $10^x + 10^{-y} = C$；

(5) $y = e^{Cx}$；

(6) $\arcsin y = \arcsin x + C$；

(7) $y + \ln y = x + \ln x + C$；

(8) $(e^x + 1)(e^y - 1) = C$；

(9) $\tan y = -\sec x + C$；

(10) $\tan x \tan y = C$.

8. $x^2 + y^2 = 1$.

9. (1) $x\left(1 - \dfrac{y^2}{x^2}\right) = C$； (2) $\ln \dfrac{y}{x} - 1 = Cx$；

(3) $\arctan \dfrac{y}{x} = \ln x + C$； (4) $y\sqrt{1 - \dfrac{2x}{y}} = C$；

(5) $\dfrac{y}{x} = \ln y + C$； (6) $-e^{-\frac{y}{x}} = \ln x + C$.

10. (1) $P(x) = 5$，$Q(x) = 4$，则 $y = e^{-5x}\left[4\displaystyle\int e^{5x} dx + c\right] = e^{-5x}\left(\dfrac{4}{5}e^{5x} + C\right) = \dfrac{4}{5} + Ce^{-5x}$；

(2) $P(x) = 2x$，$Q(x) = 4x$，则 $y = e^{-x^2}\left[\displaystyle\int 4xe^{x^2} dx + C\right] = e^{-x^2}(2e^{x^2} + C) = 2 + Ce^{-x^2}$；

(3) $y' - \dfrac{2x}{x^2+1}y = x^2 + 1$，$P(x) = -\dfrac{2x}{x^2+1}$，$Q(x) = x^2 + 1$，则

$y = e^{\ln(x^2+1)}\left[\displaystyle\int(x^2+1)e^{-\ln(x^2+1)} dx + C\right] = (x^2 + 1)(x + C)$；

(4) $p(x) = \cos x$，$Q(x) = e^{-\sin x}$，则 $y = e^{-\sin x}\left[\displaystyle\int dx + C\right] = e^{-\sin x}(x + C)$；

(5) $\dfrac{dx}{dy} - \dfrac{2}{y}x = -y$，$P(y) = -\dfrac{2}{y}$，$Q(y) = -y$，则

$x = e^{2\ln y}\left[-\displaystyle\int ye^{-2\ln y} dy + C\right] = y^2\left[-\displaystyle\int \dfrac{1}{y} dy + c\right] = y^2[-\ln y + C]$；

(6) $\dfrac{dx}{dy} - x = e^y$，$P(y) = -1$，$Q(y) = e^y$，则 $x = e^y\left[\displaystyle\int dy + C\right] = e^y[y + C]$；

(7) $P(x) = -\dfrac{1}{x+2}$，$Q(x) = x^2 + 2x$，则 $y = e^{\ln(x+2)}\left[\displaystyle\int(x^2+2x)e^{-\ln(x+2)} dx + c\right] = (x+2)\left[\displaystyle\int x \, dx + c\right] = (x+2)\left(\dfrac{x^2}{2} + C\right)$，

由初始条件，$C = 1$. $y = (x+2)\left(\dfrac{x^2}{2} + 1\right)$；

(8) $P(x) = -\dfrac{1}{x}$，$Q(x) = -\dfrac{2}{x}\ln x$，则 $y = e^{\ln x}\left[-\displaystyle\int \dfrac{2}{x}\ln x e^{-\ln x} dx + C\right] =$

$x\left[2\int \ln x\mathrm{d}\dfrac{1}{x}+C\right]=x\left[\dfrac{2(1+\ln x)}{x}+C\right]=2(1+\ln x)+Cx$,

由初始条件，$C=-1$. $y=2(1+\ln x)-x$.

11. $y=2x-2+2\mathrm{e}^{-x}$.

12. (1) $y''=\dfrac{x^2}{2}-\cos x+C_1$, $y'=\dfrac{x^3}{6}-\sin x+C_1x+C_2$, $y=\dfrac{x^4}{24}+\cos x+C_1x^2+C_2x+C_3$.

(2) 设 $p=y'$ ，则 $y''=p'$ ，则 $p'-p=x$.

$p=\mathrm{e}^x\left[\int x\mathrm{e}^{-x}\mathrm{d}x+C_1\right]=\mathrm{e}^x\left[-\int x\mathrm{d}\mathrm{e}^{-x}+c_1\right]=\mathrm{e}^x\left[-x\mathrm{e}^{-x}-\mathrm{e}^{-x}+c_1\right]=-x-1+C_1\mathrm{e}^x$. 即 $y'=-x-1+C_1\mathrm{e}^x$ ，得 $y=-\dfrac{x^2}{2}-x+C_1\mathrm{e}^x+C_2$.

(3) 设 $p=y'$ ，则 $y''=p'$ ，$p'=\dfrac{p}{x}$. 分离变量 $\dfrac{\mathrm{d}p}{p}=\dfrac{\mathrm{d}x}{x}$ ，积分 $\ln p=\ln x+\ln C$ ，即 $p=Cx$. $y''=Cx$ ，$y'=C_1x^2+C_2$ ，$y=C_1x^3+C_2x+C_3$.

(4) 设 $p=y'$ ，则 $y''=\dfrac{\mathrm{d}p}{\mathrm{d}x}=\dfrac{\mathrm{d}p}{\mathrm{d}y}\cdot\dfrac{\mathrm{d}y}{\mathrm{d}x}=p\dfrac{\mathrm{d}p}{\mathrm{d}y}$. 代入原方程，得到 $yp\dfrac{\mathrm{d}p}{\mathrm{d}y}+2p^2=0$.

当 $y\neq 0$ ，$p\neq 0$ 时，约去 p 并分离变量，得 $\dfrac{\mathrm{d}p}{p}=-2\dfrac{\mathrm{d}y}{y}$. 两端积分，得 $\ln p=-2\ln y+\ln C_1$ ，即 $p=y'=\dfrac{C_1}{y^2}$. 分离变量后，再积分可得原方程的通解 $y^2\mathrm{d}y=C_1\mathrm{d}x$ ，$\dfrac{y^3}{3}=C_1x+C_2$ ，即 $y^3=3C_1x+3C_2$ ，也可写成 $y^3=C_1x+C_2$.

当 $p=0$ 时，即 $y'=0$ ，得 $y=c$. 显然，该解已含在通解 $y^3=C_1x+C_2$ 中(只需取 $C_1=0$).

(5) $y''=\dfrac{\mathrm{e}^{ax}}{a}+C_1$ ，$C_1=-\dfrac{\mathrm{e}^a}{a}$. $y'=\dfrac{\mathrm{e}^{ax}}{a^2}-\dfrac{\mathrm{e}^a}{a}x+C_2$ ，$C_2=\dfrac{(a-1)\mathrm{e}^a}{a^2}$ ；

$y=\dfrac{\mathrm{e}^{ax}}{a^3}-\dfrac{\mathrm{e}^a}{2a}x^2+\dfrac{(a-1)\mathrm{e}^a}{a^2}x+C_3$ ，$C_3=\dfrac{(-a^2+2a+2)\mathrm{e}^a}{2a^3}$ ；

$y=\dfrac{\mathrm{e}^{ax}}{a^3}-\dfrac{\mathrm{e}^a}{2a}x^2+\dfrac{(a-1)\mathrm{e}^a}{a^2}x+\dfrac{(-a^2+2a+2)\mathrm{e}^a}{2a^3}$.

(6) 设 $p=y'$ ，则 $y''=p\dfrac{\mathrm{d}p}{\mathrm{d}y}$. $p\dfrac{\mathrm{d}p}{\mathrm{d}y}=\dfrac{3}{2}y^2$ ，分

离变量 $2p\mathrm{d}p=3y^2\mathrm{d}y$ ，积分 $p^2=y^3+C$ ，即 $(y')^2=y^3+C_1$ ，由初始条件得，$C_1=0$. $y'=y^{\frac{3}{2}}$ ，分离变量 $y^{-\frac{3}{2}}\mathrm{d}y=\mathrm{d}x$ ，$-2y^{-\frac{1}{2}}=x+C_2$. 由初始条件得，$C_2=-2$. $-2y^{-\frac{1}{2}}=x-2$.

13. $y=\dfrac{x^3}{6}+\dfrac{x}{2}+1$.

14. (1) 线性无关；（2) 线性相关；（3) 线性无关；（4) 线性无关；（5) 线性相关；（6) 线性相关.

15. 易证 $y_1=\cos x$ 与 $y_2=\sin x$ 都是 $y''+y=0$ 的解，由于 $y_1=\cos x$ 与 $y_2=\sin x$ 线性无关，因此该方程的通解为 $y=C_1\cos x+C_2\sin x$.

16. 易证 e^{x^2} ，$x\mathrm{e}^{x^2}$ 为 $y''-4xy'+(4x^2-2)y=0$ 的解，又 e^{x^2} ，$x\mathrm{e}^{x^2}$ 线性无关，因而 $y=C_1\mathrm{e}^{x^2}+C_2x\mathrm{e}^{x^2}$ 为 $y''-4xy'+(4x^2-2)y=0$ 的通解.

17. 易证 e^x ，e^{-x} 为 $y''-y=0$ 的解，又 e^x ，e^{-x} 线性无关，则 $y=C_1\mathrm{e}^x+C_2\mathrm{e}^{-x}$ 为 $y''-y=0$ 的通解. 易证 $-2(\cos x+x\sin x)$ 是 $y''-y=4x\sin x$ 的特解，因而 $y=C_1\mathrm{e}^x+C_2\mathrm{e}^{-x}-2(\cos x+x\sin x)$ 为 $y''-y=4x\sin x$ 的通解.

18. (1) 特征方程 $r^2-7r+6=0$ ，特征根 $r=1,6$ ，通解 $y=C_1\mathrm{e}^x+C_2\mathrm{e}^{6x}$ ；

(2) 特征方程 $r^2-6r+9=0$ ，特征根 $r=3$ ，通解 $y=\mathrm{e}^{3x}(C_1+C_2x)$ ；

(3) 特征方程 $r^2+25r=0$ ，特征根 $r=0,-25$ ，通解 $y=C_1+C_2\mathrm{e}^{-25x}$ ；

(4) (略)；

(5) 特征方程 $16r^2-8r+1=0$ ，特征根 $r=\dfrac{1}{4}$ ，通解 $y=\mathrm{e}^{\frac{x}{4}}(C_1+C_2x)$ ；

(6) 特征方程 $r^2+6r+13=0$ ，特征根 $r=-3\pm 2\mathrm{i}$ ，通解 $y=\mathrm{e}^{-3x}(C_1\cos 2x+C_2\sin 2x)$ ；

(7) 特征方程 $4r^2+4r+1=0$ ，特征根 $r=-\dfrac{1}{2}$ ，通解 $y=\mathrm{e}^{-\frac{x}{2}}(C_1+C_2x)$. 由初始条件得，$C_1=2$ ，$C_2=1$. 特解 $y=\mathrm{e}^{-\frac{x}{2}}(2+x)$.

(8) 特征方程 $r^2+4r+29=0$ ，特征根 $r=-2\pm 5\mathrm{i}$ ，通解 $y=\mathrm{e}^{-2x}(c_1\cos 5x+c_2\sin 5x)$.

由初始条件得，$c_1=0,c_2=3$. 特解 $y=3\mathrm{e}^{-2x}\sin 5x$.

19. (1) 特征方程 $r^2-3r=0$ ，特征根 $r=0,3$. $f(x)=(6x+2)\mathrm{e}^{0x}$ ，$\lambda=0$ 为特征方程的单根，设 $y^*=x(ax+b)$. 代入原方程，可得 $a=-1,b=-\dfrac{4}{3}$. 通

解 $y=C_1+C_2\mathrm{e}^{3x}-x^2-\dfrac{4}{3}x$.

(2)特征方程 $r^2-2r+2=0$,特征根 $r=1\pm\mathrm{i}$. $f(x)=x^2\mathrm{e}^{0x}$,$\lambda=0$ 不是特征根,设 $y^*=ax^2+bx+c$.代入原方程,可得 $a=c=\dfrac{1}{2}$,$b=1$.通解 $y=\mathrm{e}^x(C_1\cos x+C_2\sin x)+\dfrac{1}{2}x^2+x+\dfrac{1}{2}$.

(3)特征方程 $r^2-2r+1=0$,特征根 $r=1$. $f(x)=x\mathrm{e}^x$,$\lambda=1$ 是特征方程的重根,设 $y^*=x^2(ax+b)$ e^x.代入原方程,可得 $a=\dfrac{1}{6}$,$b=0$.通解 $y=\mathrm{e}^x(C_1+C_2x)+\dfrac{1}{6}x^3\mathrm{e}^x$.

(4)特征方程 $r^2-3r+2=0$,特征根 $r=1,2$. $f_1(x)=3\mathrm{e}^{2x}$,$\lambda=2$ 是特征方程的单根,设 $y_1^*=ax\mathrm{e}^{2x}$. $f_2(x)=(2x+1)\mathrm{e}^{0x}$,$\lambda=0$ 不是特征根,设 $y_2^*=bx+c$. 因此 $y^*=ax\mathrm{e}^{2x}+bx+c$,代入原方程,可得 $a=3,b=1,c=2$.通解 $y=C_1\mathrm{e}^x+C_2\mathrm{e}^{2x}+3x\mathrm{e}^{2x}+x+2$.

(5)特征方程 $r^2+6r+25=0$,特征根 $r=-3\pm4\mathrm{i}$. $f(x)=\mathrm{e}^{0x}(3\cos x+2\sin x)$,$\lambda\pm\omega\mathrm{i}=\pm\mathrm{i}$ 不是特征根,因此设 $y*=a\cos x+b\sin x$. 代入方程,有 $a=\dfrac{5}{51}$,$b=\dfrac{11}{102}$.通解 $y=\mathrm{e}^{-3x}(c_1\cos 4x+c_2\sin 4x)+\dfrac{5}{51}\cos x+\dfrac{11}{102}\sin x$.

(6)特征方程 $r^2+4=0$,特征根 $r=\pm2\mathrm{i}$. $f(x)=\mathrm{e}^{0x}(0\cos 2x+2\sin 2x)$,$\lambda\pm\omega\mathrm{i}=\pm2\mathrm{i}$ 是特征根,因此设 $y*=x(a\cos 2x+b\sin 2x)$. 代入方程,有 $a=-\dfrac{1}{2}$,$b=0$.

通解 $y=C_1\cos 2x+C_2\sin 2x-\dfrac{1}{2}x\cos 2x$.

(7)特征方程 $r^2-4r+3=0$,特征根 $r=1,3$. $f(x)=8\mathrm{e}^{3x}$,$\lambda=3$ 是特征方程的单根,设 $y^*=ax\mathrm{e}^{3x}$.代入原方程,可得 $a=4$.通解 $y=C_1\mathrm{e}^x+C_2\mathrm{e}^{3x}+4x\mathrm{e}^{3x}$. 由初始条件得,$C_1=2,C_2=1$. 特解 $y=2\mathrm{e}^x+\mathrm{e}^{3x}+4x\mathrm{e}^{3x}$.

(8)特征方程 $r^2+1=0$,特征根 $r_{1,2}=\pm\mathrm{i}$,对应齐次方程的通解 $Y=C_1\cos x+C_2\sin x$.

$f(x)=\mathrm{e}^{0x}(\cos 3x+0\cdot\sin 3x)$,而 $\lambda\pm\omega\mathrm{i}=\pm3\mathrm{i}$ 不是特征根,因此设 $y*=a\cos 3x+b\sin 3x$. 代入方程,有 $a=-\dfrac{1}{8}$,$b=0$,因而 $y*=-\dfrac{1}{8}\cos 3x$.

方程通解 $y=c_1\cos x+c_2\sin x-\dfrac{1}{8}\cos 3x$. 由初

始条件得,$C_1=-\dfrac{11}{8}$,$C_2=4$.

特解 $y=-\dfrac{11}{8}\cos x+4\sin x-\dfrac{1}{8}\cos 3x$.

20.(1)特征方程 $r^2-1=0$,特征根 $r=\pm1$. $\lambda=1$ 为特征方程的单根,$y^*=x(ax+b)\mathrm{e}^x$.

(2)特征方程 $r^2-2r+1=0$,特征根 $r=1$. $f_1(x)=(x^2+1)\mathrm{e}^x$,$\lambda_1=1$ 为特征方程的重根,$y_1^*=x^2(ax^2+bx+c)\mathrm{e}^x$. $f_2(x)=(1-x)\mathrm{e}^{0x}$,$\lambda_2=0$ 不是特征根,$y_2^*=mx+n$. 因此 $y^*=y_1^*+y_2^*=x^2(ax^2+bx+c)\mathrm{e}^x+mx+n$.

(3)特征方程 $r^2-r-2=0$,特征根 $r=-1,2$. $\pm\mathrm{i}$ 不是特征根,

$y*=(a_1x+b_1)\cos x+(a_2x+b_2)\sin x$.

(4)特征方程 $r^2-2r+5=0$,特征根 $r=1\pm2\mathrm{i}$. $f(x)=\mathrm{e}^x(x\cos 2x+0\sin 2x)$,$1\pm2\mathrm{i}$ 是特征根,$y*=x\mathrm{e}^x[(a_1x+b_1)\cos 2x+(a_2x+b_2)\sin 2x]$.

B 组

1.(1)$x^2-xy+y^2=C$,两边同时对 x 求导,得 $2x-y-xy'+2yy'=0$,得 $(x-2y)y'=2x-y$,即 $x^2-xy+y^2=C$ 是微分方程 $(x-2y)y'=2x-y$ 的解,且为通解.

(2)$\ln y=x^2+2+C_1\mathrm{e}^x+C_2\mathrm{e}^{-x}$,两边同时对 x 求导,得 $\dfrac{y'}{y}=2x+C_1\mathrm{e}^x-C_2\mathrm{e}^{-x}$.

由 $y'=(2x+C_1\mathrm{e}^x-C_2\mathrm{e}^{-x})y$ 求导,得 $y''=(2+C_1\mathrm{e}^x+c_2\mathrm{e}^{-x})y+(2x+C_1\mathrm{e}^x-C_2\mathrm{e}^{-x})y'$,

即 $\dfrac{y''}{y}=(2+C_1\mathrm{e}^x+C_2\mathrm{e}^{-x})+(2x+C_1\mathrm{e}^x-C_2\mathrm{e}^{-x})^2$.

代入原方程不成立,故不是解.

2.$u=xy$,则 $\dfrac{\mathrm{d}u}{\mathrm{d}x}=x\dfrac{\mathrm{d}y}{\mathrm{d}x}+y$. 代入原方程,即

$\dfrac{u}{x}f(u)+xg(u)\dfrac{\dfrac{\mathrm{d}u}{\mathrm{d}x}-y}{x}=0$,化简得

$\dfrac{g(u)}{u[g(u)-f(u)]}\mathrm{d}u=\dfrac{\mathrm{d}x}{x}$.

两边同时积分,得

$\displaystyle\int\dfrac{g(u)}{u[g(u)-f(u)]}\mathrm{d}u=\ln x+C$,

最后将 $u=xy$ 代入即可.

3.$\varphi(x)=-\dfrac{1}{2x^3}$.

4.y_2-y_1,y_3-y_1 都是 $y'+p(x)y=0$ 的解,即 $y_2-y_1=C_1\mathrm{e}^{-\int p(x)\mathrm{d}x}$,$y_3-y_1=C_2\mathrm{e}^{-\int p(x)\mathrm{d}x}$.

因此 $\dfrac{y_2-y_1}{y_3-y_1}=\dfrac{C_1}{C_2}$,为常数.

5. (1) $\mathrm{e}^y=x\left(\dfrac{x^2}{2}+C\right)$; (2) $\ln y=x(x+C)$;

(3) $\arctan(x+y)=x+C$;

(4) $y^2=(x+1)\left[-\dfrac{x}{x+1}-\ln(x+1)+C\right]$.

6. (1) $y=y'x+(y')^3$; (2) $y^2-x^2=2xyy'$;

(3) $y''=0$; (4) $y''-y=0$.

7. (1) 由 $y=2\mathrm{e}^{2x}+(1+x)\mathrm{e}^x$ 可得,$y'=4\mathrm{e}^{2x}+$ $(2+x)\mathrm{e}^x$,$y''=8\mathrm{e}^{2x}+(3+x)\mathrm{e}^x$.

代入原方程,$(8+4\alpha+2\beta)\mathrm{e}^{2x}+(3+2\alpha+\beta)\mathrm{e}^x+$ $(1+\alpha+\beta)x\mathrm{e}^x=\gamma\mathrm{e}^x$. 由此,$8+4\alpha+2\beta=0,3+2\alpha+\beta$ $=\gamma,1+\alpha+\beta=0$.

解得,$\alpha=-3,\beta=2,\gamma=-1$.

(2) 设所求方程对应的齐次方程为 $y''+\alpha y'+\beta y$ $=0$,$y_3-y_2=\mathrm{e}^{2x}-2\mathrm{e}^{-x}$ 为该方程的解,代入方程可 得,$\alpha=-1,\beta=-2$. 因而齐次方程为 $y''-y'-2y$ $=0$.

$y''-y'-2y=0$ 的通解为 $y=C_1\mathrm{e}^{-x}+C_2\mathrm{e}^{2x}$,因 而非齐次方程的一个特解为 $y^*=x\mathrm{e}^x$.

设非齐次方程为 $y''-y'-2y=\omega$,将 $y^*=x\mathrm{e}^x$ 代入方程,解得 $\omega=(1-2x)\mathrm{e}^x$.

所求方程为 $y''-y'-2y=(1-2x)\mathrm{e}^x$.

8. $f''(x)+f'(x)-2f(x)=0$ 的特征方程为 $r^2+r-2=0$,特征根为 $-2,1$,故通解为 $f(x)=C_1\mathrm{e}^x$ $+C_2\mathrm{e}^{-2x}$. 由 $f(a)=f(b)=0$ 可知,$C_1=C_2=0$,即 $f(x)\equiv0$.

9. (1) $f(x)=2(1-\mathrm{e}^{\frac{1}{2}x^2})$;

(2) $f(x)=\dfrac{1}{2}(\cos x+\sin x+\mathrm{e}^x)$;

(3) $f(x)=\dfrac{1}{2}(\sin x+x\cos x)$;

(4) $y=\dfrac{c}{x^3}\mathrm{e}^{-\frac{1}{x}}$.

10. $f(x)=\dfrac{x}{1+x^3}$.

附录 A　常用初等代数公式与基本三角公式

一、常用初等代数公式

1. 指数的运算性质

$(1) a^m \cdot a^n = a^{m+n}$；

$(2) \dfrac{a^m}{a^n} = a^{m-n}$；

$(3) (a^m)^n = a^{mn}$；

$(4) (ab)^m = a^m \cdot b^m$；

$(5) \left(\dfrac{a}{b}\right)^m = \dfrac{a^m}{b^m}$.

2. 对数的运算性质

(1) 若 $a^y = x$，则 $y = \log_a x$；

$(2) \log_{a^m} b^n = \dfrac{n}{m} \log_a b$；

$(3) \log_a(xy) = \log_a x + \log_a y$；

$(4) \log_a \dfrac{y}{x} = \log_a y - \log_a x$；

$(5) \log_a b = \dfrac{\log_c b}{\log_c a}, \log_a b = \dfrac{\ln b}{\ln a}$；

$(6) a^{\log_a x} = x, e^{\ln x} = x$.

3. 常用数列公式

(1) 等差数列：$a_1, a_1 + d, a_1 + 2d, \cdots, a_1 + (n-1)d, \cdots$，其公差为 d，前 n 项的和为

$$s_n = a_1 + (a_1 + d) + (a_1 + 2d) + \cdots + [a_1 + (n-1)d] = \frac{a_1 + [a_1 + (n-1)d]}{2} n.$$

(2) 等比数列：$a_1, a_1 q, a_1 q^2, \cdots, a_1 q^{n-1}, \cdots$，其公比为 $q(q \neq 1)$，前 n 项的和为

$$s_n = a_1 + a_1 q + a_1 q^2 + \cdots + a_1 q^{n-1} = \frac{a_1(1 - q^n)}{1 - q}.$$

(3) 一些常见数列的前 n 项和

$$1^2 + 2^2 + 3^2 + \cdots + n^2 = \frac{1}{6} n(n+1)(2n+1);$$

$$1^2 + 3^2 + 5^2 + \cdots + (2n-1)^2 = \frac{1}{3} n(4n^2 - 1);$$

$$1 \times 2 + 2 \times 3 + 3 \times 4 + \cdots + n(n+1) = \frac{1}{3} n(n+1)(n+2);$$

$$\frac{1}{1 \times 2} + \frac{1}{2 \times 3} + \frac{1}{3 \times 4} + \cdots + \frac{1}{n(n+1)} = 1 - \frac{1}{n+1}.$$

4. 二项展开及分解公式

$(1) (a+b)^n = C_n^0 a^n + C_n^1 a^{n-1} b + C_n^2 a^{n-2} b^2 + \cdots + C_n^k a^{n-k} b^k + \cdots + C_n^n b^n$，其中组合系数 $C_n^m = \dfrac{n(n-1)(n-2)\cdots(n-m+1)}{m!}, C_n^0 = 1, C_n^n = 1$.

$(2) a^n - b^n = (a-b)(a^{n-1} + a^{n-2} b + a^{n-3} b^2 + \cdots + b^{n-1})$.

二、常用基本三角公式

1. 基本公式

$$\sin^2 x + \cos^2 x = 1\,;\, 1 + \tan^2 x = \sec^2 x\,;\, 1 + \cot^2 x = \csc^2 x.$$

2. 倍角公式

$$\sin 2x = 2\sin x \cos x\,;\, \cos 2x = \cos^2 x - \sin^2 x = 2\cos^2 x - 1 = 1 - 2\sin^2 x\,;$$

$$\tan 2x = \frac{2\tan x}{1 - \tan^2 x}.$$

3. 半角公式

$$\sin^2 \frac{x}{2} = \frac{1 - \cos x}{2}\,;\, \cos^2 \frac{x}{2} = \frac{1 + \cos x}{2}\,;\, \tan \frac{x}{2} = \frac{1 - \cos x}{\sin x} = \frac{\sin x}{1 + \cos x}.$$

4. 加法公式

$$\sin(x \pm y) = \sin x \cos y \pm \cos x \sin y\,;\, \cos(x \pm y) = \cos x \cos y \mp \sin x \sin y\,;$$

$$\tan(x \pm y) = \frac{\tan x \pm \tan y}{1 \mp \tan x \tan y}.$$

5. 和差化积公式

$$\sin x + \sin y = 2\sin \frac{x+y}{2}\cos \frac{x-y}{2}\,;\, \sin x - \sin y = 2\cos \frac{x+y}{2}\sin \frac{x-y}{2}\,;$$

$$\cos x + \cos y = 2\cos \frac{x+y}{2}\cos \frac{x-y}{2}\,;\, \cos x - \cos y = -2\sin \frac{x+y}{2}\sin \frac{x-y}{2}.$$

6. 积化和差公式

$$\sin x \cos y = \frac{1}{2}\left[\sin(x+y) + \sin(x-y)\right]\,;\, \cos x \sin y = \frac{1}{2}\left[\sin(x+y) - \sin(x-y)\right]\,;$$

$$\cos x \cos y = \frac{1}{2}\left[\cos(x+y) + \cos(x-y)\right]\,;\, \sin x \sin y = -\frac{1}{2}\left[\cos(x+y) - \cos(x-y)\right].$$

7. 万能公式

$$\sin x = \frac{2\tan \frac{x}{2}}{1 + \tan^2 \frac{x}{2}}\,;\quad \cos x = \frac{1 - \tan^2 \frac{x}{2}}{1 + \tan^2 \frac{x}{2}}\,;\quad \tan x = \frac{2\tan \frac{x}{2}}{1 - \tan^2 \frac{x}{2}}.$$

参 考 文 献

[1] 教育部《普通高等学校少数民族预科教材》编写委员会. 高等数学[M]. 北京:国家行政学院出版社,2007.

[2] 同济大学数学系. 高等数学(上册)[M]. 6 版.北京:高等教育出版社,2007.

[3] 滕桂兰,杨万禄. 高等数学(上册)[M]. 3 版.天津:天津大学出版社,2000.

[4] 华东师范大学数学系. 数学分析(上册)[M]. 2 版.北京:高等教育出版社,1991.

[5] 郑长波. 高等数学[M]. 大连:大连理工大学出版社,2010.